智慧烟草农业导论

陈天恩　邓云龙　陈　栋　等　著

INTRODUCTION TO SMART TOBACCO AGRICULTURE

中国农业科学技术出版社

图书在版编目（CIP）数据

智慧烟草农业导论 / 陈天恩等著. --北京：中国农业科学技术出版社，2024. 3

ISBN 978-7-5116-6609-3

Ⅰ. ①智… Ⅱ. ①陈 Ⅲ. ①智能技术－应用－烟草－研究－中国 Ⅳ. ①S572

中国国家版本馆CIP数据核字（2023）第255905号

责任编辑 白姗姗
责任校对 李向荣
责任印制 姜义伟 王思文

出 版 者 中国农业科学技术出版社
北京市中关村南大街12号 邮编：100081
电 话 （010）82106638（编辑室） （010）82106624（发行部）
（010）82109709（读者服务部）
网 址 https: // castp.caas.cn
经 销 者 各地新华书店
印 刷 者 北京建宏印刷有限公司
开 本 170 mm × 240 mm 1/16
印 张 18
字 数 290千字
版 次 2024年3月第1版 2024年3月第1次印刷
定 价 128.00元

《智慧烟草农业导论》

主　著：陈天恩　邓云龙　陈　栋

副主著：施　旭　刘　帅　高　松　黄　坤
史晓慧　邵小东

著　者：李　瑾　马石全　吴文彪　李祯寿
卢宪祺　潘元宏　张　驰　赵丽娟
王　聪　侯秋强　姜舒文　单双吕
朱万山　张铁怀　鲁梦瑶　宋文峰
诸定莲　官群荣　张明政　肖长东
马　晨　龙宝安　王　秀　普恩平
张瑞瑞　吴锦慧　易　娇　王付锋
闫双全　李应强　梅雨婷　范文彪
吴　思　李继飞　汤卫荣　张　阳
狄　涛　尚志伟　王媛媛　赵渐云
张苇宁　纪春涛　许祥奇　李　刚
黄传健　张　阳　马小净　薛　飙
杨晓琳　万　兴　杨枕霏　张雪辉
张鲁民　王晓萌　郭　建　赵　丽

序 言 Preface

当前，我国正处于从传统农业向现代农业转型发展的关键阶段，科技创新正在逐步取代传统农业生产要素，成为保障农业可持续、高质量发展的最重要驱动力。其中，信息技术与智能装备科技创新及其向农业的加速渗透与融合催生的智慧农业，正在成为一种全新的农业生产方式，受到广泛关注。智慧农业通过数据和知识的乘数效应驱动着农业生产力大幅提升、资源要素配置不断优化、经营模式持续迭代升级，甚至农业生产组织方式的重构，为农业发展赋予新动能，正引领农业发展方式发生深刻变化。

烟草农业是我国农业的有机组成部分。作为烟草行业的“第一车间”，烟草农业承担着原料烟叶稳产保供、烟农增收致富等重要使命；立足烟叶生产特殊需求，研究并示范推广智慧烟草农业技术，有助于在新的形势下找准烟叶发展方位、稳固烟叶发展基础、做优烟叶供给体系。智慧烟草农业将成为烟草农业高质量发展的重要基石。

智慧烟草农业是学科交叉融合的新兴领域，涉及技术领域广、应用产业环节多，既要研究前沿技术的可适性问题，也要关注生产实践中的可用性问题。近10年来，作者团队先后在安徽皖南、云南、重庆、河南、贵州、福建等多个烟区，分别围绕烟叶不同生产环节需求，开展了智慧烟草农业技术研究与示范应用。特别是在2020年，与中国烟草云南省公司在红河哈尼族彝族自治州成立云南智慧烟草农业双创新基地，围绕红河烟叶生产全过程，系统性开展了智慧烟草农业技术试点应用；2021年，与中国烟草总公司郑州烟草研究院联合成立了智慧烟叶生产协同创新实验室，围绕多尺度烟草农业信息融合感知理论、方法与技术，多源异构烟草农业数据融合分析算法与生产决策模型，以及关键环节设施、设备作业智能测控技术与智能装备创制等开展了研究，对智慧烟草农业的理论与技术体系进行了整体思考和梳理。

当前，随着全行业加快推进数字化转型，很多烟区已经在烟叶生产中尝试引进智慧烟草农业技术，但从事烟草农业工作的数字化专业技术人才相对匮乏，烟农和基层人员的烟叶生产数字化认知及专业素养相对较低。本书总结作者团队多年来在智慧烟草农业领域的研究实践，系统全面介绍智慧烟草农业技术，可以用作智慧烟草农业技术培训的参考书籍。未来，智慧烟草农业技术创新的重点仍将是烟叶生产数据的透彻感知传输、智能分析应用和自主测控作业等，如何突破这些关键技术，进一步实现烟叶生产减工降本、提质增效和绿色可持续发展，路漫漫其修远，需吾辈上下求索。希望本书的面世可以抛砖引玉，引发更多烟草科研工作者、智慧农业专家和行业相关人士对智慧烟草农业的兴趣，共同探索数字科技创新驱动现代烟草农业发展的路径。

参与本书撰写的除了作者团队的研究人员，还包括云南省烟草公司红河州公司的多位专家，同时有幸得到中国烟草总公司郑州烟草研究院、安徽皖南烟叶有限责任公司、贵州省烟草科学研究所、国家农业智能装备工程技术研究中心相关专家的指导；相关研发工作得到了国家烟草专卖局科技司、中国烟草总公司，以及各省区市烟草公司科技部门、烟叶生产部门和信息中心的支持与关心，著作过程中家人给予的理解和督促也十分重要。在此一并致谢！

陈天恩

2023年10月20日星期五

（国家农业信息化工程技术研究中心 研究员）

目　录 Contents

绪　论

1.1 智慧农业概述

1.1.1 农业科技创新与智慧农业战略需求

在新一轮技术革命与产业革命的双重驱动下，世界各国加速部署农业科技创新战略，纷纷将农业科技创新作为建设农业强国的源动力，相继启动多项重大科技计划，大力推进以数字技术为支撑的现代农业科技创新。根据埃森哲和前沿经济联合发布的《人工智能如何提高行业利润和创新》（How AI Boosts Industry Profits and Innovation）预测，到2035年，AI将使16个行业的经济增长率平均提高1.7%，推动社会劳动生产率提高40%以上。其中，AI对于农林牧副渔部门的经济增长影响最为显著，AI的应用将驱动全球农业部门经济增加值（Gross Value Added，GVA）的增长率由当前的1.3%提高到3.4%。同时，信息技术、生物技术、智能制造等与农业的交叉重组、渗透融合，也深刻影响着农业科技发展趋势，孕育出生物育种、智慧农业、农机智能制造等一批战略性新兴产业。农业科技创新活动不断突破地域、行业、组织的界限，演化为创新体系的竞争，新一轮农业科技革命步伐加快，进入了高新尖技术引领的加速成长期。

党的十八大以来，以习近平同志为核心的党中央对我国智慧农业建设作出了一系列重要战略部署。未来20～30年，在全面构建国内国际双循环的新格局下，推动农业高质高效发展，既要保供给，更要注重保总量、保多样、保质量。为实现这一目标，亟须顺应全球信息科技创新趋势，把握现代农业发展规律，坚持“四个面向”，以农业科技自立自强为基点，加快实施智慧农业发展战略，满足保障粮食安全、生态安全、食品安全的多重需求，支撑农业高质量发展和乡村全面振兴，为全球现代农业建设贡献中国智慧。

（1）发展智慧农业是保障粮食安全、推进农业高质量发展的需要。伴随着人口、资源与环境约束的日益突出，传统农业生产已无法满足日益增长的食物消费需求，在人口红利不断下降的趋势下，必须加快推进智慧农业发展，以机器替代人力、电脑替代人脑，推动数智技术在农业全要素、各环节的全面应用，以提高劳动生产率、资源利用率和土地产出率，保障国家粮食安全，并为维护世界粮食安全提供“中国方案”。

（2）发展智慧农业是维护生态安全、推动农业可持续发展的需要。面对农业资源环境硬约束与生产发展的矛盾日益凸显等挑战，如何确保国家农业生态安全，突破资源环境“紧箍咒”，降低农业灾害风险，迫切需要开展农业工程科技部署，在提高土地产出率的同时，实施以数字技术为核心的绿色农业发展战略，加快形成资源节约型、环境友好型、生态保育型的现代农业产业形态，实现农业可持续发展。我国智慧农业建设经验表明，智慧农业的发展有助于解决生态资源环境约束问题。如京东数科采用人工智能技术养牛，节水60%；山东民和牧业有限公司采用工厂化立体智能养鸡技术，氨气排放减少80%。发展智慧农业，是推进农业绿色发展的重大技术与产业选择。

（3）发展智慧农业是确保食品安全、构筑安全可控供应链的需要。随着生活水平的提高、居民生活方式的转变，城乡居民对食物的消费观念也发生了重大变化，对食物的消费需求从“数量型”向“质量型”转变、由“吃得饱”向“吃得好”“吃得安全”“吃得健康”转变，由此，对优质、绿色、安全、健康农产品的需求进一步扩大。面对生产端与消费端之间的信息不对称，如何确保农产品质量安全，以更好地满足城乡居民多层次、个性化、高质量的农产品需求，迫切需要加强智慧农业科技创新，深化农业全产业链的源头控制，通过构筑安全可控的供应链，实现农产品生产加工过程的质量管理，保证流通过程的品质维持，确保城乡居民“舌尖上”的安全。

（4）发展智慧农业是构筑服务体系、让农民增收更有底气的需要。大国小农是我国的基本农情，中国农业现代化的实现，取决于2亿小农户能不能融入现代化；中国乡村振兴的实现，重点在于2亿小农户能不能振兴。当前，我国农业生产方式粗放、农户数字素养不高、社会化服务体系还不健全，不但制约了农民增收，还导致了农业效益低下，如何培育新的产业形态、构筑健全的服务体系已成为新时期“三农”工作的重点。由此，迫切需要构筑面向小农户的服务体系，充分发挥互联网平台的市场信息服务价值，让亿万小农户与瞬息万变的大市场有效对接，以此实现巩固拓展脱贫攻坚成果同乡村振兴有效衔接，让农民增收更有底气。

（5）发展智慧农业是突破关键技术、抢占农业科技制高点的需要。近年来，为顺应数字化时代趋势，我国实施了一批智慧农业重大科技项目和工程，在北斗卫星导航农机自动驾驶系统、植物工厂、无人机农业应用等技术领域，达到国际先进水平或处于并行地位，200马力（1马力=746 W）以上拖拉机、水稻精量直播机、60行大型播种施肥机、精量植保机械、10 kg/s喂入量智能稻麦联合收获机、6行智能采棉机、高含水率玉米收获机等重大装备均实现国产自主化，为现代农业发展提供了重要支撑。但是，与欧美等发达国家相比，我国智慧农业多项关键核心技术仍被“卡脖子”，农业动植物本体传感器基本处于空白，高端农业环境传感器和生命信息感知设备被美国、日本、德国等垄断，大马力高端智能装备90%以上依赖进口，动植物生长模型与核心数据主要来自美国、以色列、荷兰、日本，在这些技术应用领域，我国与发达国家相差至少10年。要实现农业科技强国目标，亟须大力加强智慧农业核心技术攻关，进一步加强国际科技合作，积极参与国际标准制定与重大问题研究，围绕“卡脖子”技术与“短板”技术进行集中攻关与重点示范，激发产学研主体科技创新活力，持续提升智慧农业科技创新水平，加快实现核心技术安全自主可控。

1.1.2 智慧农业的内涵

根据已有研究，结合现代农业发展趋势，本书认为智慧农业是将现代信息装备技术与农业全要素、全过程、全生命周期融合，形成以农业信息感知、定量决策、智能控制、精准投入、个性化服务为技术特征的现代农业产业形态或工程科技，是农业信息化发展从数字化到智能化的高级形态。其本质在于利用数据信息、知识管理与智能装备，换取对资源最大限度地节约利用，从而实现农业可持续发展。

智慧农业有狭义与广义之分。狭义的智慧农业主要指智慧农业生产，即人类通过利用大数据、云计算、移动互联网、区块链、人工智能等新一代信息技术推进农业种养方式变革，实现种养业生产全过程的数字化、网络化、智能化的一种生产方式；广义的智慧农业则是涵盖了从产前资源环境监测、产中农业生产、产后农业服务与产业培育等农业全生命周期的精准种植业、智慧养殖业、智慧渔业、智慧农产品供应链、农业大数据智能与信息服务等新型农业产业形态、服务模式与工程科技，是推进农业资源节约、要素优化配置、供需有效对接、管理精准高效的现代农业产业形态。

1.1.3 智慧农业关键技术

1.1.3.1 农业环境信息感知技术

环境信息感知技术是智慧农业的关键核心技术之一。现阶段，国际上先进农业的环境信息感知技术逐步向精细化和微型化方向发展，呈现以温度、湿度等物理量传感为主逐渐向以土壤养分、水中微量元素含量、作物氮素含量等化学量传感为主发展的趋势。如美国云端灌溉管理工具公司CropMetrics将土壤传感器和云分析技术相结合，可为50万英亩美国农田制定实时灌溉计划；日本系统整合厂商PS solutions开发的“电子稻草人”解决方案，基于LTE通信技术，利用布置在农田中的温湿度传感器、光照辐射传感器、土壤水分传感器、二氧化碳浓度传感器，帮助农民实时掌握作物的生长环境。我国对农业环境信息感知技术的研究主要集中在水体、土壤、气象等信息获取的技术上，特别是近年来随着纳米传感器、气敏传感器、生化传感器及MEMS传感器的新突破，农业环境信息感知技术迎来高速发展。如赵春江院士研究团队在国际上首次提出了土壤氮素的LIBS光谱传感方法，获得了重要科学突破，成功研制了第一代传感器样机，受到20多项中国专利和PCT国际专利保护。何勇教授研究团队自主研制的多种土壤多维水分快速测量、非侵入式快速获取土壤三维剖面盐分连续分布、土壤养分野外光谱快速测试等技术装备，实现了土壤水、盐和养分特性等指标的快速多维准确测试。

1.1.3.2 动植物生命信息感知技术

生命信息感知技术分为植物生命信息感知技术和动物生命信息感知技术。在植物生命信息感知技术方面，不仅包括理化性质检测，而且包括光谱、多光谱、高光谱、核磁共振等先进检测方法。如美国普渡大学等机构开发了一种由石墨烯纳米片层、铂纳米粒子和葡萄糖氧化酶组成的微型生物传感器，可以探测到浓度为0.3 μmol/L的葡萄糖，且造价低廉，为精确探测农产品中的葡萄糖含量提供了技术支持。以色列希伯来大学利用叶片厚度传感器监测植物的叶片生长状况和水分含量，从而可以精准调整植物的供水量。

在动物生命信息感知技术方面，美国的Greenseeker、德国的Veris等传感器可以实时获取冠层营养状态、径流、虫情等信息；芬兰的GASERA等传感器可以实时获取动物生理状态等信息；冰岛Star-Oddi公司的DST系列鱼类生长状态与行为监测传感器，可对鱼体健康状况进行实时监视和预报；澳大利亚利用加速仪、GPS、磁感仪、陀螺仪、倾斜角等可穿戴设备，可以对动物的进食、反刍、行动状态等进行识别，进而评估动物的健康状态。

近年来，国内对生命信息感知技术的研究也逐步深入。例如在植物生命信息感知技术方面，国家农业信息化工程技术研究中心研发的用于植物体内还原型谷胱甘肽的原位在线检测微电极生物传感器，能够有效实现微创、高灵敏度、结果准确、短时间样本处理，对还原型谷胱甘肽的生理反应响应灵敏度检测效率高于其他检测方法。但值得注意的是虽然国内部分学者在动物疾病监测、发情监测和产前产后行为检测等大型动物行为分析领域中取得了一定的研究成果，但我国的生命信息感知核心技术仍较为落后，与先进国家存在较大差距。

1.1.3.3 农产品品质信息感知技术

国外对农产品品质信息感知的研究主要集中在新型传感器的研发上。如德国弗劳恩霍夫分子生物学和应用生态学研究所，开发了一种利用气敏传感器监测水果成熟度的设备，该设备可以对水果散发出的不同气味进行提纯分析，可精确判断水果成熟度，帮助水果销售商合理安排销售计划；日本科研人员研发的Insent味觉分析系统（又名电子舌），采用了同人舌头味觉细胞工作原理类似的人工脂膜传感器技术，可以客观评价食品（或药品）的苦味、涩味、酸味、咸味、鲜味、甜味等基本味觉感官指标，并具体分析苦、涩和鲜的回味，以用于食品品质的控制。

我国对于农产品品质信息感知技术的研究也主要集中在相关领域传感器的研发和相关检测方法的优化方面。如中国农业大学林建涵教授团队设计开发出的用于食源性致病菌快速检测的新型微生物传感器，能够有效实现鼠伤寒沙门菌的在线、灵敏和定量检测，检测下限可达58个细菌，其研究成果已发表在传感器领域国际顶尖期刊“Biosensors and Bioelectronics”上，并获得了Walmart公司基金会对相关阻抗生物传感器的两期产业化资助；吴汉明院士团队基于新材料（如柔性二维半导体材料等）的传感器和芯片技术，研制出集气体、湿度、温度与光谱检测等传感器于一体的RFID芯片，可实现蔬果苯醚甲环唑、咪鲜胺、褪黑素和赤霉素在线监测。

1.1.3.4 农机作业传感器技术

农机传感技术可分为农机工况感知、农机作业质量感知和农机作业数量感知3种技术。美国、德国等先进国家已在研发的基础上逐步推动农机作业传感器技术的示范推广，不断丰富其应用场景，如美国几乎所有大型农场的农业机械都安装了GPS定位系统等位置传感工况传感器；瓦尔蒙特工业公司等开发的智能红外湿度计，已实现每相隔固定时间对植物叶面湿度进行扫描，并将结果反馈给智能灌溉系统，以评估是否需要对农田灌水；德国农场主通过车载Telematics系统，实现了对农机的统一管理、精准监测和使用调度。

我国也高度重视农机传感器的研发，围绕耕、种、管、收等关键环节自主研发了系列农机传感器，并将农业机械传感器纳入农机装备行业重点任务关键零部件发展专项。如哈尔滨工业大学信息技术研究所设计了一种农机深耕作业鉴别方法，该方法利用速度传感器、功率传感器和摄像头，可实现农机作业面积准确测量；国家农业信息化工程技术研究中心研发的农机深松作业远程监管系统，利用导航装置和距离测量装置，能快速获取深松作业的位置信息、作业量、作业深度值，实现对深松作业质量和数量的有效监管。

1.1.3.5 农业大数据技术

近年来，大数据技术在农业领域的应用得到了迅速发展，并呈现出由处理结构化数据向处理非结构化数据转变、由处理单一数据集向处理迭代增长数据集转变、由批处理向流处理转变、由集中式分析向分布式分析方向转变的发展趋势。目前，国外对农业大数据的研究多集中在大数据关联分析、产业应用和算法优化等方面。

在国内，围绕农业大数据内涵、类别、发展现状、存在问题及发展趋势进行了深入探究，并针对农业大数据可视化、储存效率、决策模型等方面提出解决方案。如陈天恩自2012年以来围绕农业时空耦合数据模型、多源感知数据处理分析技术、按需计算及服务模型等农业大数据可适性关键技术开展了深入研究，通过提升农业数据"感知—分析—服务"效能，突破了大数据技术的农业适用性瓶颈，实现了数字技术与农业生产关键环节的深度融合，并以此为基础研发了以涉农数据治理、数据分析和数据交换为核心功能的农业大数据应用支撑平台，开展了精准生产作业、资产数字管理、农产品分选加工、数字供应链等系列农业大数据场景化应用创新研究，依托中国融通农发资产大数据平台、江苏省农业物联网管理服务平台等平台的建设，实现了平台在全国的规模化推广应用。又如北京市农林科学院、国家农业信息化工程技术研究中心联合相关部门，于2016年共同研发组建了全国首个具有完全自主知识产权的"互联网+"商业化育种大数据平台——金种子育种云平台，有效推动了我国由传统育种向商业育种、经验育种向精确育种转变。

1.1.3.6 农业知识模型

农业知识模型是实现农业生产按需控制和智慧化经济管理的必要支撑。当前，农业知识模型正在向普适性、准确性方向优化，以实现智能决策的按需控制。在国外，荷兰和美国在农业知识模型领域研究起步较早，其中，荷兰注重强调生态系统的整体性、应用性，美国注重强调生物的机理性和共性，这也是当前两种主流的体系模式。荷兰学者de Wit于1970年发表了第一个作物生长动力学模型ELCROS（Elementary Crop Simulator），较为详细地描述了冠层光合作用、器官生长、呼吸作用等机理过程；美国Simaiz、Chen和Curry研制的玉米模型，刻画了作物自身生理过程，如植物发育不同冠层的光合作用，叶、茎、根的光合作用，呼吸损耗，干物质积累，净光合产物的分配等过程。

在国内，对于农业知识模型的研究主要集中于动植物生长模型领域，并在扩展成熟农业知识模型应用基础上，不断加强对成熟模型的优化训练。如崔金涛运用拓展傅里叶幅度检验（EFAST）法，定量分析了番茄生长模型（DSSAT-CROPGRO-Tomato）中番茄物候期、生长及生产3类模型输出参数的敏感性。

1.1.3.7 农业决策支持系统

决策支持系统的概念最早于20世纪70年代由美国学者提出，其目的是针对半结构化问题为用户提供决策建议，供用户自行决断。近年来，国外商业公司、学术界和专业信息服务机构，都在农业决策支持领域进行了探索、研发和应用。如Cisco公司率先实施了“5G Rural First”智慧牧场计划，在该智慧牧场内农民可以通过生物识别传感器、5G网络和手机App远程监控畜群，自动挤奶系统可以根据5G项圈传回的数据，引导奶牛自行走上挤奶机施行挤奶；澳大利亚应用RFID技术和自动控制系统，可以实现在无人监控的条件下对动物进行自动称重和自动分栏；美国中西部地区建立了一整套从播种到收获的全生产流程智能决策体系，已基本实现了对玉米、大豆和甜菜等种植作物的全生命周期数据共享；德国建立了多种为农业生产者提供咨询服务的辅助决策模型，基于这些模型生产者不仅可以得到病虫害所致损失、动态经济阈值、种群长势动态等预测值，还可以获得不同作物各特性的评估分析，进而实现种植品种的科学化决策。

我国对农业决策支持系统领域的研究多集中于农业生产经营管理规划和农机调度管理方面，通过综合利用各种数据、信息、知识和模型技术，辅助决策者解决半结构化决策问题。如黄凰等设计了一套以数据库、算法库和模型库为核心的农业机械化管理决策支持系统，可以实现农机空间查询、数据查询、知识查询、文档查询等查询功能，并辅助进行农机购买和租赁、农机选择和合理配套、农机合作、农机作业服务、农机报废更新等科学决策，具有较强的可操作性。

1.1.3.8 农业机器人

为了解决人力短缺和劳动力成本攀升的问题，国外高度重视农业机器人研发。目前，日本、美国、德国和荷兰等先进国家在果蔬采摘机器人、除草机器人、施肥机器人、喷药机器人、蔬菜嫁接机器人、耕耘机器人、收割机器人等领域的研发相对成熟。如日本农业食品产业技术综合研究机构与涩谷工业株式会社联合开发的固定式草莓采摘机器人，可连续工作12～22 h，采摘面积是移动式机器人的2倍。

我国农业机器人研发起步较晚，但近年来在无人驾驶拖拉机、农业智能问答机器人、柔性作业机器人（如除草机器人、采摘机器人等）、脑机交互/自动跟踪农业智能机器人（如挑担机器人、农活仿人作业机器人等）、农业外骨骼协作机器人、农产品运输和农产品收获机器人等方面，取得了较大进展。

1.1.3.9 农用无人机技术

在信息技术的推动下，植保无人机可集成智能飞控系统、复合光电吊舱、精准变量喷施设备等多种新型任务载荷，实现对作物进行遥感信息获取和定量定点精准施药等，具有复杂地形适应性强、作业效率高、施药穿透性好的优势。美国、德国等发达国家在机械设备、药剂及智能化设备、植保技术等方面取得了较多成果，其中，在高端设备开发方面，美国约翰迪尔（John Deere）和德国Volocopter联合推出了一款有效载荷为200 kg的新型农业无人机VoloDrone，一次充电可实现长达30 min的飞行时间，可实现在预编程的路线上进行远程自动操作。

我国植保作业劳动力投入多，劳动强度大，现仍以使用手动喷雾器与背负式机动喷雾器为主，其市场份额分别约占国内植保机械的93.07%和5.53%。但近年来，华南农业大学等国内高校、研究院所不断深化农业植保无人机的自主研发应用，大疆、极飞等一批国内农业无人机企业发展迅速，带动了国内植保无人机的发展。如华南农业大学依托2016年国家重点研发计划“地面与航空高工效施药技术及智能化装备”研发的植保无人机能够全面实现全自主飞行、一键启动、RTK导航等自动化技术，有效解决了“重喷、漏喷”等实际问题，实现了国内首创。

1.1.3.10 农产品产后处理与流通装备控制技术

农产品产后加工处理与流通是农产品增值的重要途径。国外学者围绕农产品分级分选智能装备开展了深入研究，并不断加强农产品产后加工处理与流通装备控制技术研发。如美国洋葱公司使用TrueSort分级软件，利用可在彩色和近红外光谱下工作的超高清摄像头，对洋葱尺寸、颜色、外部质量和内部腐蚀及异常情况进行评估，实现了对洋葱的分级分拣；日本株式会社ABI以细胞存活技术为基础，对生鲜食品应用了智能快速冷冻技术装备，解决了传统冷冻技术在色、香、味、鲜等方面保存能力差的问题，实现了对生鲜农产品的锁鲜和保鲜，降低了原有风味丢失和易腐烂的风险。

国内对于农产品产后处理与流通装备控制技术的研发，重点集中在农产品分级检验、农产品质量安全追溯和农产品智能包装等领域上。其中，在农产品分级检验方面，目前国内已实现利用数字影像技术获取农产品外观信息的技术突破，如陈天恩于2019年开展了针对烟叶、大闸蟹等农产品的自动检测与分选研究；在农产品智能包装方面，国内学者将RFID技术、可视化软件和数据库管理相结合，初步实现了农产品自动包装和分拣操作。

1.1.3.11 可适性农业云服务技术

近年来，随着农业互联网应用的暴发式增长，通用云服务技术在农业领域的适用性问题得到越来越多的关注。2017年，陈天恩、赵春江在北京市自然科学基金重大项目的支持下，首次提出并开展了可适性农业云服务关键技术研究，主要包括时空耦合农业数据模型与高效存储技术、流程驱动农业知识服务组合技术和农业应用按需服务技术等。其中，在农业知识服务综合技术方面，国内外相关团队围绕流程驱动的服务组合机制、任务驱动的服务组合机制以及服务组合结果的评价方法等方面开展了相关研究，并取得了一定的研究成果；在农业应用按需服务技术方面，国外学者开展了较为密集的研究，旨在实现用户模型的共享与重用性。如德国软件供应商SAP公司推出了“数字农业”解决方案；法国农业部和法国农业科学与环境研究院共同建立的农业大数据门户网站，通过共享公共数据库，为使用者提供涵盖了种植业、畜牧业、渔业、农产品加工业等多个农业领域的持续增值农业数据服务。

国内对农业云服务可适性技术的研究与国际前沿水平差距不大，在农业数据存储技术、农业知识服务综合技术、农业应用按需服务技术方面均取得突出成果。如张启宇等重点研究了用户类别兴趣向量、用户特征词喜好向量和文档特征向量，提出了个性化服务推荐算法，该模型可根据用户兴趣制定推荐，为用户提供有价值的信息，满足用户个性化需求。

1.1.3.12 新一代农业可视化人机交互技术

当前，国外对新一代农业可视化人机交互技术的研究多集中在沉浸感体验式交互技术领域，将农业生产管理与虚拟现实技术、现实增强技术与混合现实技术进行交叉融合。如澳大利亚开展了包括Kirby智能农场、数字家园、传感塔斯马尼亚等多个项目在内的系列物联网试点项目，形成了多个传感器共享数据库和智能管理平台，为农业生产者提供数据支持和咨询服务；日本利用数字技术、传感技术和远程控制技术，建立了一种全新的农业运营服务模式，实现了科学种植和安全生产；德国利用3D虚拟现实技术，开发应用了一套完整的农场生产经营软件Astragon Software，通过该软件使用者可以在虚拟农场中感受温度、气候的变化，并了解病虫害给作物不同生长阶段带来的影响。

国内学者与机构十分注重新一代沉浸式交互体验技术在农业的研发应用，并围绕虚拟植物、农业机械虚拟实验等进行了大量研究。如吴建伟等通过构建农业三维模型资源库、虚拟漫游互动组件，研发了农业园虚拟现实创意展示系统，实现农业园的规划设计、全景鸟瞰、新产品新设备推介以及互动漫游功能。张小超等通过建立田间工况模拟与虚拟交互控制试验平台，设计了一款农业机械虚拟试验系统，实现了人和农业机械在虚拟环境中的漫游，并且其实体样机和虚拟样机有较好的一致性。

1.2 现代烟草农业概述

烟草是一种典型的经济作物，是我国农业的重要组成部分。早在明朝万历年间，我国便开始种植烟草。近年来，随着种植、加工等技术的不断发展，烟草农业已从传统烟农的分散化、小规模化生产模式，逐步转型升级为现代化、多元化、多维化的烟草农业综合生产模式，已形成较为广泛而稳固的种植区域，并逐步形成区域间特色化的种植优势，在我国农村经济发展和乡村振兴中显现出越来越重要的作用。

烟草农业的快速发展引发了学术界的关注，学者们对烟草农业的概念内涵进行了积极探讨，并分别围绕烟草农业的规划布局、发展阶段、环节分工、产业体系、经济架构等维度对其进行了深入研究。如李明海（2008）认为，现代烟草农业是利用先进科学技术，运用科学生产方式优化生产要素投入，加强劳动力、土地、技术、资金、信息和管理等全要素的合作，从而提高劳动生产率和资源利用率，实现规模化种植、集约化经营、专业化分工和信息化管理，达到烟草生产可持续健康发展目标的烟草农业形态。肖凤春（2009）、马光近等（2018）在姜成康对烟草农业概念界定的基础上进行了深化与拓展，认为提高土地产出率也是其目标之一。在环节分工维度上，冯景飞等（2013）将现代烟草农业划分为产前、产中和产后3个环节，鉴于我国烟叶产业产后环节的现代化程度较高、产前产中环节薄弱的特点，将现代烟草农业的重点集中在产前和产中两个环节；在体系架构维度上，罗玲等（2015）基于制度经济学、发展经济学、农业经济学与政治经济学的方法论与思想体系，认为现代烟草农业的体系结构由现代设施（软硬件）、现代组织、现代烟农3个部分构成，现代设施为现代烟草农业提供了坚实的物质基础、先进的管理理念和科学技术支撑，现代组织是现代烟草农业的制度基础和发展平台，现代烟农是现代烟草体系中的关键因素，三者之间相互关联、互为补充、互相依存、共同发展，构成现代烟草农业的科学体系；在产业体系维度上，赵艳（2019）提出，烟草农业需要采用规模化种植，努力达到数量、质量、效益3项指标的规模化，通过现代烟草生产的组织方式与创新技术，实现烟农增收，确保烟草企业的经济效益（表1-1）。

表1-1　与现代烟草概念相关的研究观点

划分维度	作者	年份	观点
政府规划布局	姜成康	2007	全面推进烟叶生产基础设施建设，努力实现规模化种植、集约化经营、专业化分工、信息化管理

（续表）

划分维度	作者	年份	观点
烟草农业发展阶段	李明海	2008	所谓现代烟草农业，就是利用先进科学技术、运用科学生产方式通过加大生产要素投入，加强劳动力、土地、技术、资金、信息和管理等全要素的合作，从而提高劳动生产率和资源利用率，实现规模化种植、集约化经营、专业化分工和信息化管理，达到保持烟叶生产可持续健康发展目的的烟草农业形态。现代烟草农业是烟草农业发展的一个崭新阶段
	马光近等	2018	用现代物质条件装备烟草农业、用现代手段管理烟草农业、用现代科学技术改造传统烟草生产，通过规模化种植、集约化经营、专业化分工、信息化管理，提高烟农素质、提高烟田的综合生产能力，保持烟叶生产可持续健康发展的烟草农业形态
	林霖	2010	以保障烟叶资源供给安全、均衡与有效，增加烟农收入、提升烟叶品质、实现烟草农业可持续发展为主要目标，用现代科学技术、现代物质装备、现代生产组织制度和管理手段来生产和经营，实现高水平土地产出率、劳动生产率、资源利用率。有别于技术长期不变、收益与资源要素变化甚微、人力资本短缺的传统烟草农业，它的发展依靠科技进步和劳动者素质的提高，依靠现代生产要素的引进，注重市场机制的基础性作用，依靠多种功能的不断发展
	肖凤春等	2009	现代烟草农业是利用先进科学技术，运用科学生产方式通过加大生产要素投入，提高土地产出率、资源利用率和劳动生产率，实现规模化种植、集约化生产、专业化分工和信息化管理，达到保持烟叶生产可持续健康发展目的的烟草农业形态
烟草农业环节分工	冯景飞等	2013	现代农业一般分为产前、产中和产后3个环节，由于我国烟叶产业产后环节的现代化程度较高，产前、产中环节较为薄弱，因而现代烟草农业的重点集中在产前和产中两个环节
烟草农业产业体系	赵艳	2019	采用规模化种植，努力达到数量、质量、效益3项指标的规模化，通过现代烟草生产的组织方式与创新技术，实现烟农增收，确保烟草企业的经济效益
烟草农业经济架构	罗玲等	2015	基于制度经济学、发展经济学、农业经济学与政治经济学的方法论与思想体系，分析认为现代烟草农业的体系结构由3个部分构成：现代设施（软硬件）、现代组织、现代烟农。其中，现代设施为现代烟草农业提供了坚实的物质基础、先进的管理理念和科学技术支撑；现代组织是现代烟草农业的制度基础和发展平台，现代生产组织模式是现代设施的载体；现代烟农是现代烟草体系中的关键因素，现代烟农是现代组织的载体，三者之间相互关联、互为补充、互相依存、共同发展，构成现代烟草农业的科学体系

本书研究的现代烟草农业是指以现代技术条件和管理手段来装备和改善传统烟草农业，形成一种综合的、全新的烟草生产方式，使烟草农业生产达到规模化、信息化、专业化、集约化的水平。其中，现代技术的应用从育种育苗环节开始，到产地初加工环节结束，涵盖了育种、育苗、烟区规划、烟田准备、烟叶移栽、水肥管理、绿色防控、防灾减灾、烟叶采收、烘烤、分级、仓储、调拨13个环节，贯穿了烟草产前、产中、产后全产业生产过程，实现烟草智能化种植、集约化经营等，提高烟田综合生产能力。

随着现代烟草农业的发展，其内涵也随之不断深化，根据对烟草农业特性的分析，可将烟草农业的内涵概括为：以发展创新的理念为指导，以增加烟农收入、提升烟叶品质、实现烟草农业可持续发展为目标，引进新的生产要素和先进经营管理方式，用现代科学技术、现代物质装备、现代生产组织制度和管理手段来生产和经营，保障烟叶资源供给的安全、均衡与有效，具有高水平土地产出率、劳动生产率、资源利用率的烟草农业特征。

1.3 全球烟草农业及其数字化趋势

1.3.1 全球烟草农业概况

烟草的种植历史起源于中南美洲、大洋洲和南太平洋的一些岛屿，至今已有2 000多年的历史，最早可追溯至公元前5 000—公元前3 000年的美洲大陆。1558年，航海水手们将烟草种子从美洲大陆带回葡萄牙，随后传遍欧洲，烟草与在美洲发现的其他超级物种一样，开始逐步流传至法国、英国、德国、意大利，乃至全世界。当前，全球已经有超过124个国家种植烟草，每年生产烟叶高达几百万吨，而烟草农业也成为包括印度、巴西、古巴、津巴布韦等在内很多国家和地区的支柱产业。2006年，世界卫生组织出台了《烟草控制框架公约》，共有全球57个国家同意遵守该公约（目前增至180个缔约方），要求各缔约方须严格遵守公约的各项条款，即“提高烟草的价格和税收，禁止烟草广告，禁止或限制烟草商进行赞助活动，打击烟草走私，禁止向未成年人出售香烟，在香烟盒上标明‘吸烟危害健康’的警示，采取措施减少公共场所被动吸烟”等。受该公约影响，2006年后全球烟草种植农户、吸烟人数和种植面积逐年递减（图1-1），全球烟草总产量呈现出明显的下降趋势（图1-2）。

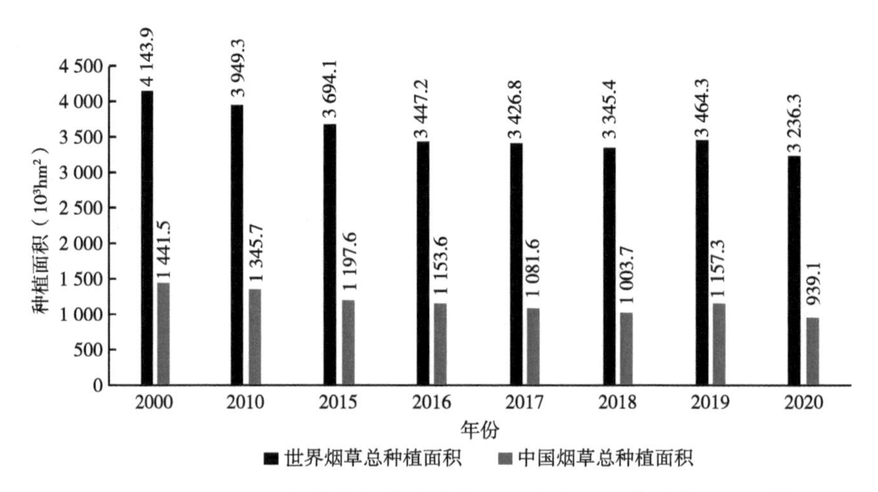

图1-1　2000—2020年世界烟草总种植面积和中国烟草总种植面积情况

数据来源：联合国FAO数据库（截至2022年5月）。

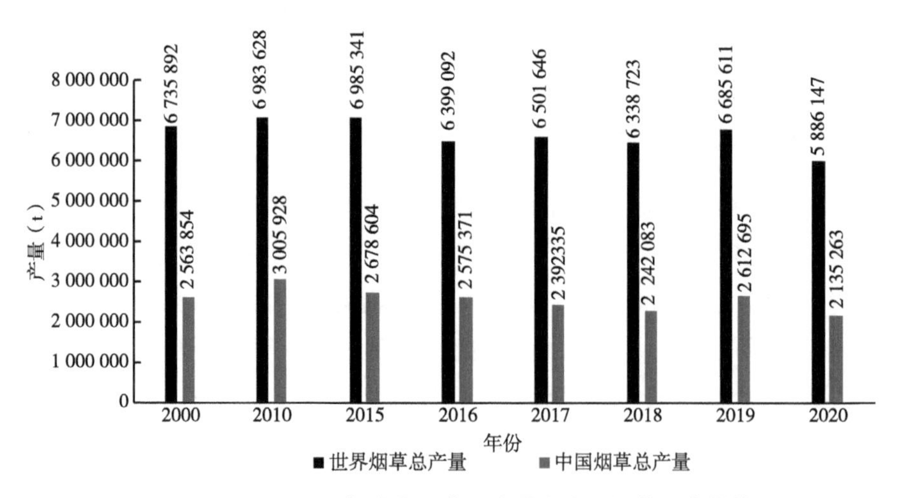

图1-2　2000—2020年世界烟草总产量和中国烟草总产量情况

数据来源：联合国FAO数据库（截至2022年5月）。

世界各国也相继颁布了控烟政策，纷纷加大了对烟草种植的管控力度，并大幅增加了烟草税率，引发了烟草种植户数量、烟草收获面积、烟草种植面积、烟草产量的收缩。受控烟政策影响，近年来中国、印度、巴西、美国等烟草种植大国的烟草产量均有不同程度的消减（图1-3）[①]。但值得注意的是，鉴于烟草进口大国对部分特殊烟叶口感的个性化需求，津巴布韦等部分国家烟草种植面积与产量并未受到控烟政策的冲击，且呈小幅增长趋势。

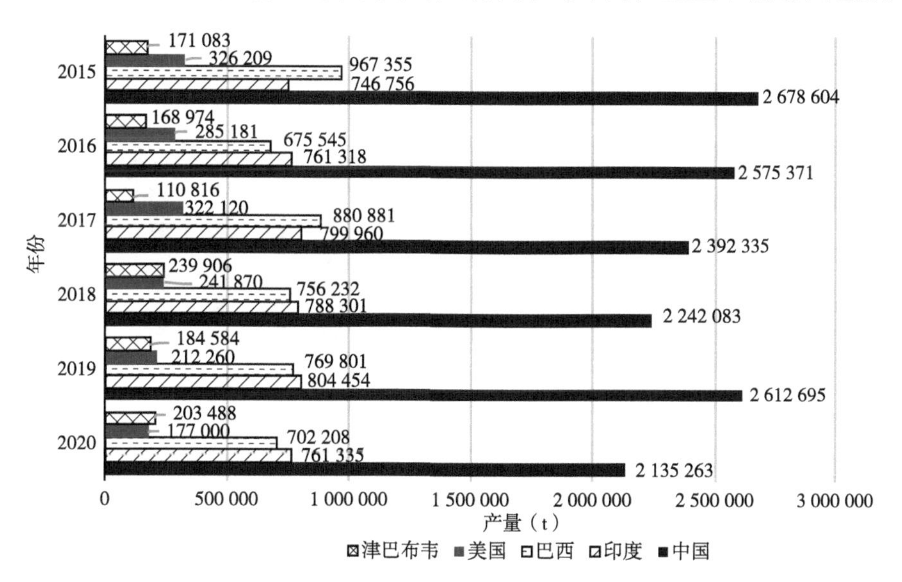

图1-3　2015—2020年全球主要烟草生产国产量变化趋势图

数据来源：联合国FAO数据库（截至2022年5月）。

1.3.1.1　亚洲烟草农业种植规模全球第一

亚洲的烟草种植历史悠久，中国、印度、土耳其、印度尼西亚等国家均是传统的烟草种植大国，部分国家甚至将烟草作为全国主要的经济作物之一。伴随着科技的不断发展、烟草种植技术的不断优化，自20世纪80年代起，亚洲烟草农业生产规模已逐步超越美洲，成了世界烟草农业生产第一大洲。截至2020年，亚洲烟草总种植面积将近199万hm^2，烟草总产量将近387万t（图1-4），占全球总量的66%。其中，中国的烟草种植面积达93.50万hm^2、烟草产量达212.59万t，分别占亚洲总量的47%、55%，稳居

① 中国农村统计年鉴。

亚洲首位；印度的烟草种植面积、种植产量分别占亚洲总量的22%、20%，列居亚洲第二；印度尼西亚的烟草种植面积、种植产量分别占亚洲总量的11%、5%，列居亚洲第三（图1-5、图1-6）。

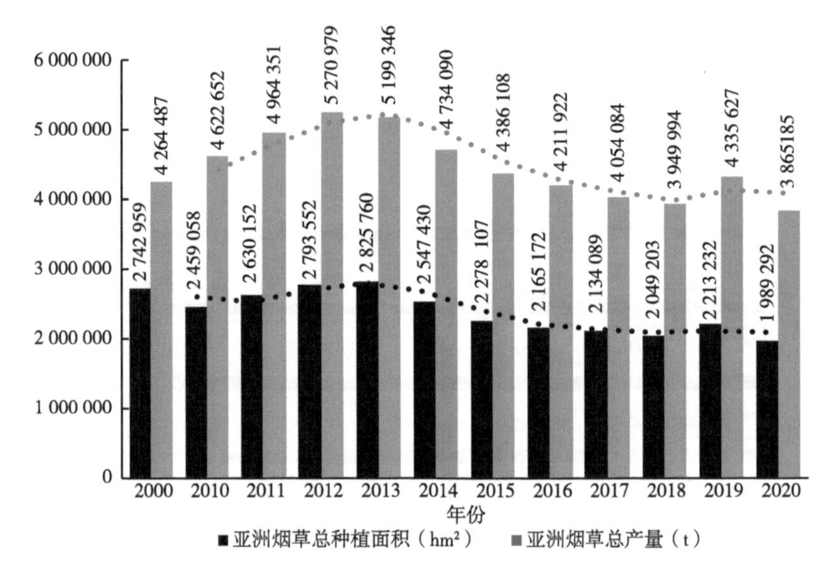

图1-4　2000—2020年亚洲烟草总种植面积与总产量趋势图

数据来源：联合国FAO数据库（数据截至2022年5月）。

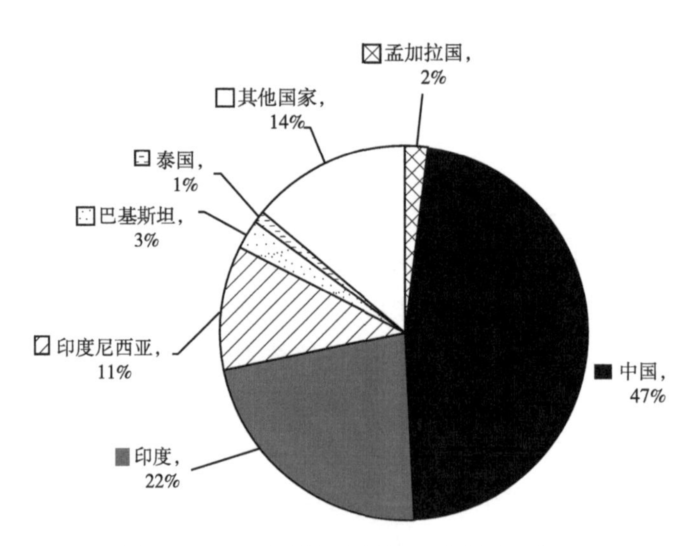

图1-5　2020年亚洲各国烟草种植面积占比

数据来源：根据联合国FAO数据库计算得出（数据截至2022年5月）。

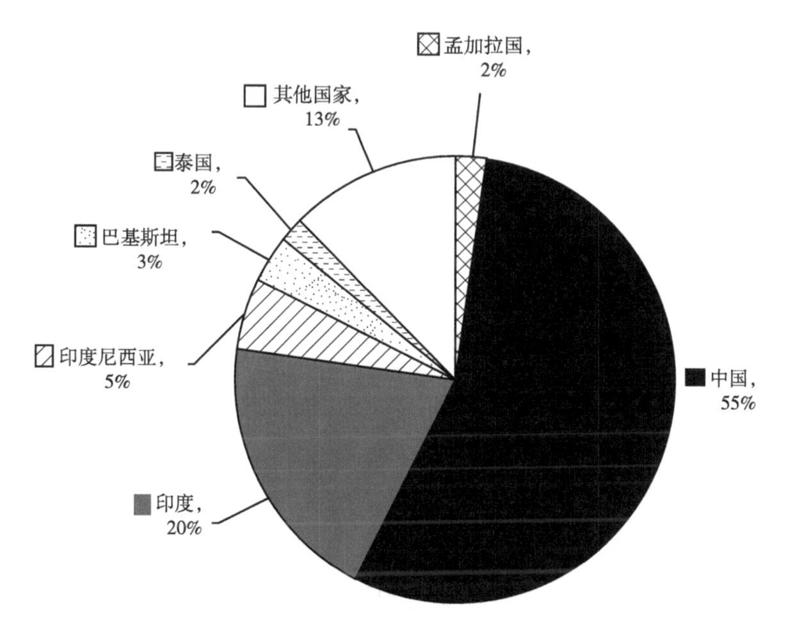

图1-6 2020年亚洲各国烟草种植产量占比

数据来源：根据联合国FAO数据库计算得出（数据截至2022年5月）。

1.3.1.2 美洲烟草农业发展持续紧缩

烟草作为美洲本土作物，居住在美洲的印第安人是最早开始种植烟草的人群。1612年，约翰·罗尔菲在北美的弗吉尼亚建立了世界上第一个专业的大型商业烟草种植园，其产出的烟草及烟草衍生品远销世界各地，带动了美国、巴西、加拿大、古巴等美洲烟草种植大国的发展。但是，近20年来受国际控烟政策和极端天气的影响，美洲的烟草种植面积、种植产量均大幅削减，截至2020年，美洲的烟草总种植面积为57.49万hm^2，烟草总产量为115.56万t（图1-7），远低于亚洲。其中，巴西烟草种植面积为35.07万hm^2、烟草产量为70.49万t，分别占美洲总量的61%、61%，为美洲烟草种植第一大国；美国烟草种植面积为9.20万hm^2、烟草产量为17.7万t，分别占美洲总量的16%、15%，位居美洲第二（图1-8、图1-9）。总体而言，虽从烟草种植面积和产量来看，美洲由世界烟草第一大洲下降至世界烟草第二大洲，作为烟草农业的发源地，美洲烟草农业仍在全球烟草发展中占据重要地位。

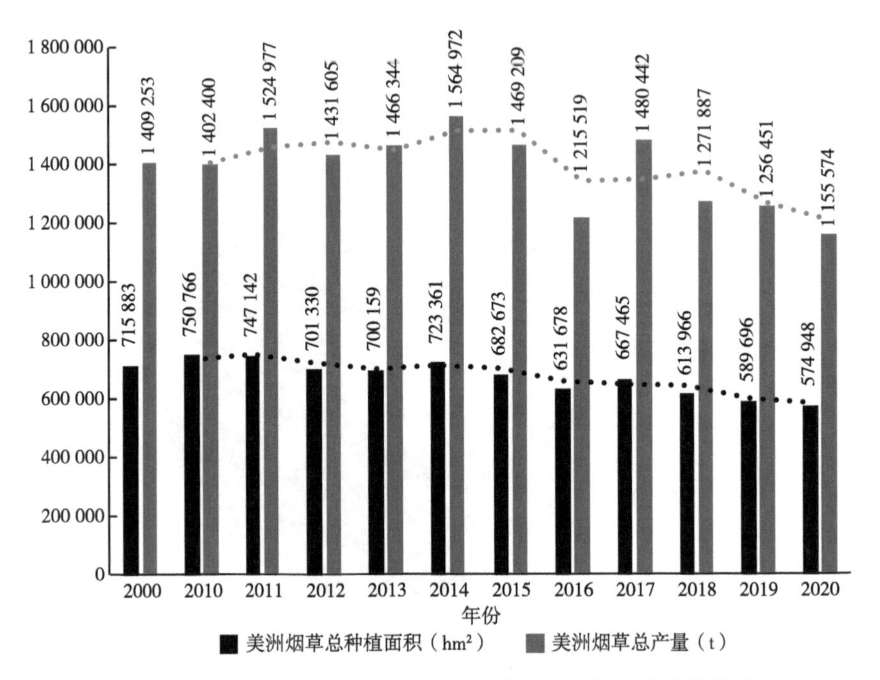

图1-7　2000—2020年美洲烟草总种植面积与总产量趋势图

数据来源：联合国FAO数据库（数据截至2022年5月）。

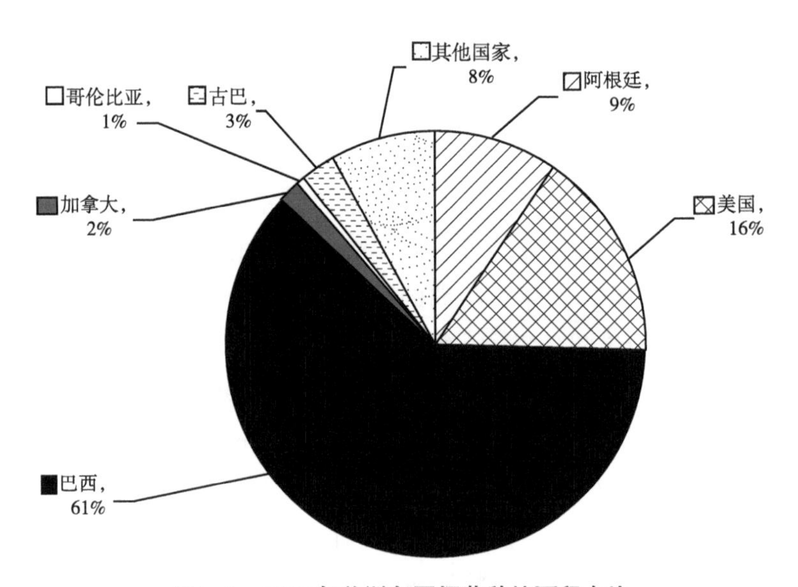

图1-8　2020年美洲各国烟草种植面积占比

数据来源：根据联合国FAO数据库计算得出（数据截至2022年5月）。

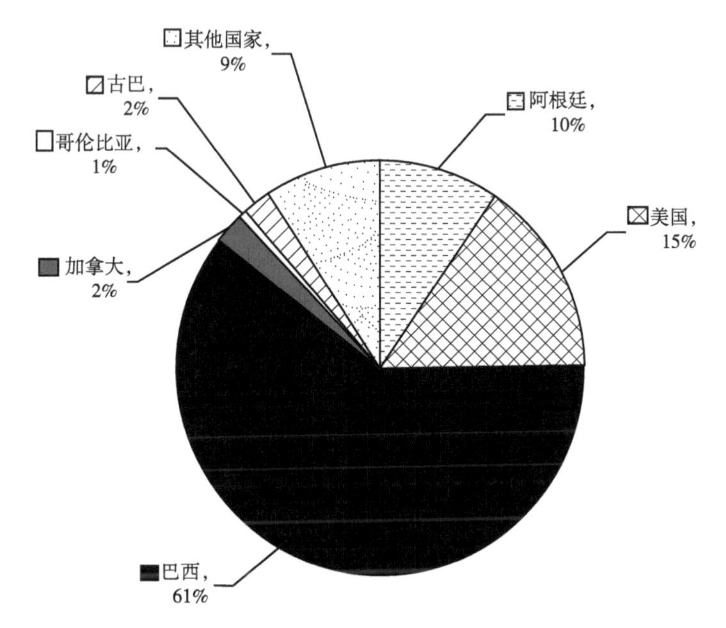

图1-9 2020年美洲各国烟草种植产量占比

数据来源：根据联合国FAO数据库计算得出（数据截至2022年5月）。

1.3.1.3 非洲烟草农业不断扩张

与全球大多数国家烟草种植面积锐减形成对比，近年来非洲的烟草种植面积却不断增加，其原因是许多非洲政府将烟草种植当作摆脱贫困的有效手段[①]，烟草农业已成为非洲大陆上不可或缺的经济收入之一。经过几十年发展，除了马拉维、津巴布韦非洲两大传统烟草种植国之外，赞比亚、坦桑尼亚、莫桑比克3国的烟草种植面积、种植产量也不断攀升，其总产量占非洲烟草农业总量的82.9%，共同推动着非洲烟草种植的发展。截至2020年，非洲烟草总产量为69.44万t，占全球总产量的11.8%（图1-10）。

其中，莫桑比克的烟草种植面积为13.48万hm^2，占非洲总种植面积的23%，位列非洲第一；津巴布韦依托“优质烟叶”的品种优势，其烟草种植产量达20.14万t，占非洲烟草总产量的29%，超过莫桑比克，成为非洲烟草产量第一大国（图1-11、图1-12）。

① 非洲烟草种植在逐年增加，http://www.etmoc.com/news/newslist?Id=935424.

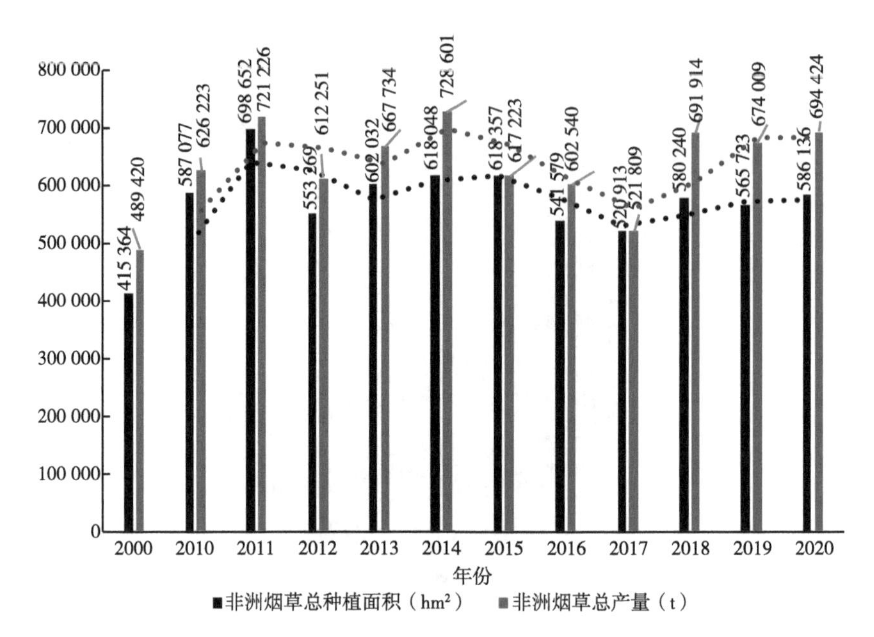

图1-10　2000—2020年非洲烟草总种植面积与总产量趋势图

数据来源：联合国FAO数据库（数据截至2022年5月）。

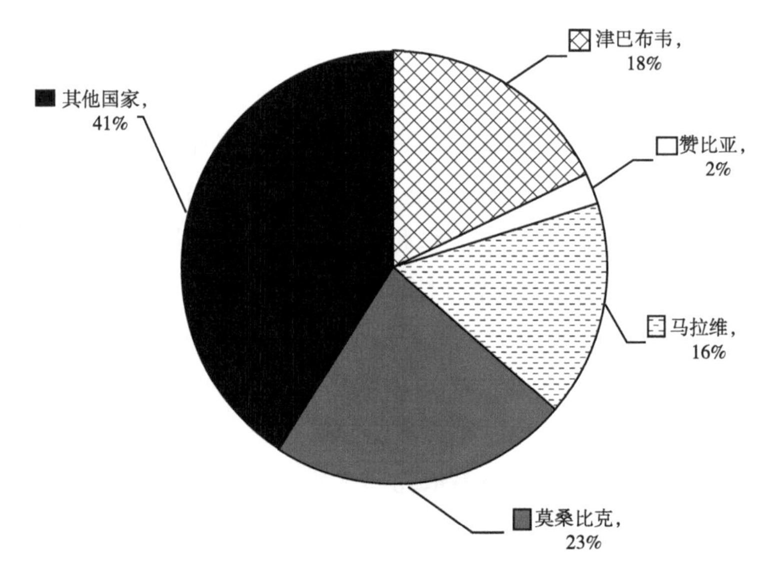

图1-11　2020年非洲各国烟草种植面积占比

数据来源：根据联合国FAO数据库计算得出（数据截至2022年5月）。

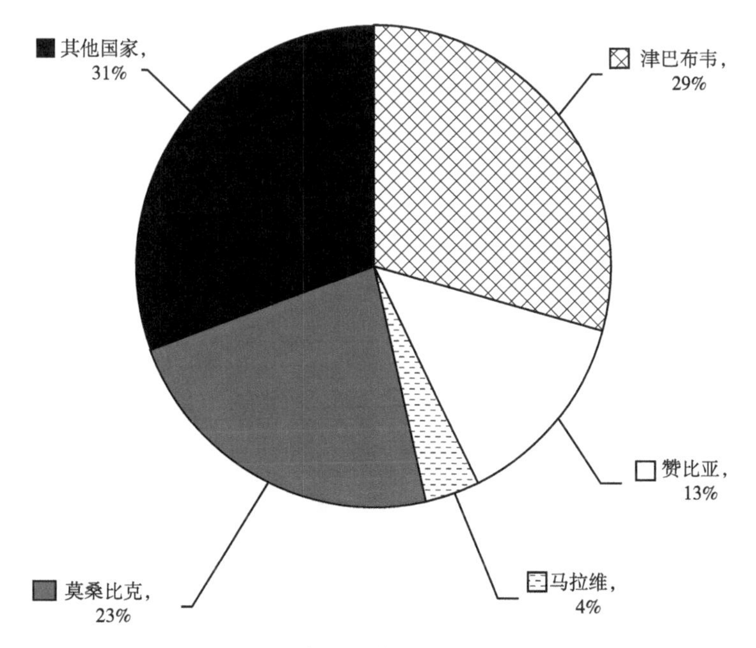

图1-12　2020年非洲各国烟草种植产量占比

数据来源：根据联合国FAO数据库计算得出（数据截至2022年5月）。

1.3.1.4　欧洲烟草种植面积大幅缩减

早在1496年，欧洲水手就从美洲带回烟草种子，之后在1559年，烟草种子传入西班牙，并开启了欧洲大陆烟草种植历史。由于欧洲的烟草种植成本高且质量中等，在世界烟草市场中并不占据比较优势，所以在《世界卫生组织烟草控制框架公约》等控烟政策颁布后，欧洲各国也纷纷大幅缩减了烟草种植面积，欧洲的烟草种植产量也呈断崖式下降。截至2020年，欧洲烟草种植面积仅剩8.42万hm^2，烟草产量仅为16.76万t，相较2000年，分别下降了68.34%、67.46%（图1-13）。意大利、保加利亚、希腊、西班牙和波兰等国是欧洲的烟草种植大国，其烟草产量占欧洲总产量的65%。其中，意大利烟草种植面积占欧洲烟草总种植面积的16%、烟草产量占欧洲烟草总产量的23%，成为欧洲烟草农业第一大国（图1-14、图1-15）。

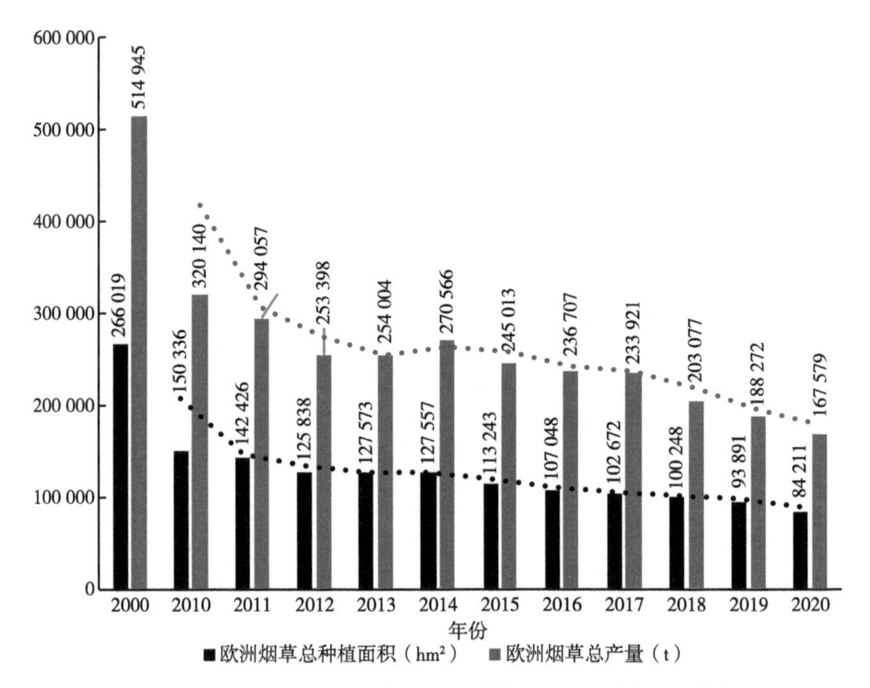

图1-13　2000—2020年欧洲烟草总种植面积与总产量趋势图

数据来源：联合国FAO数据库（数据截至2022年5月）。

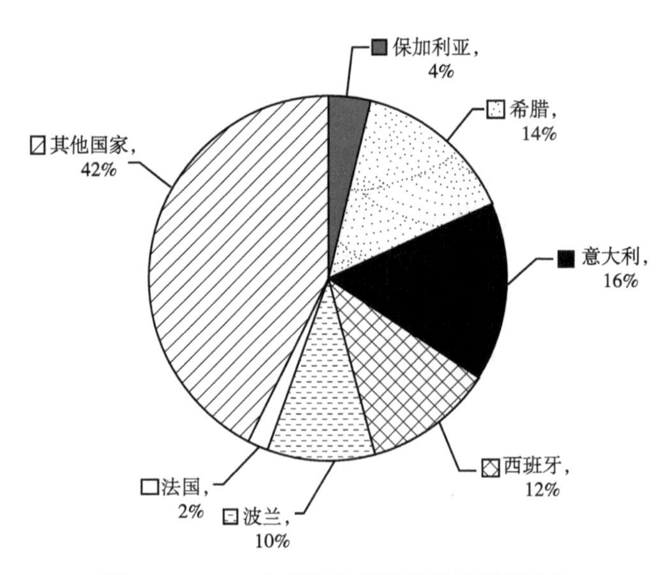

图1-14　2020年欧洲各国烟草种植面积占比

数据来源：根据联合国FAO数据库计算得出（数据截至2022年5月）。

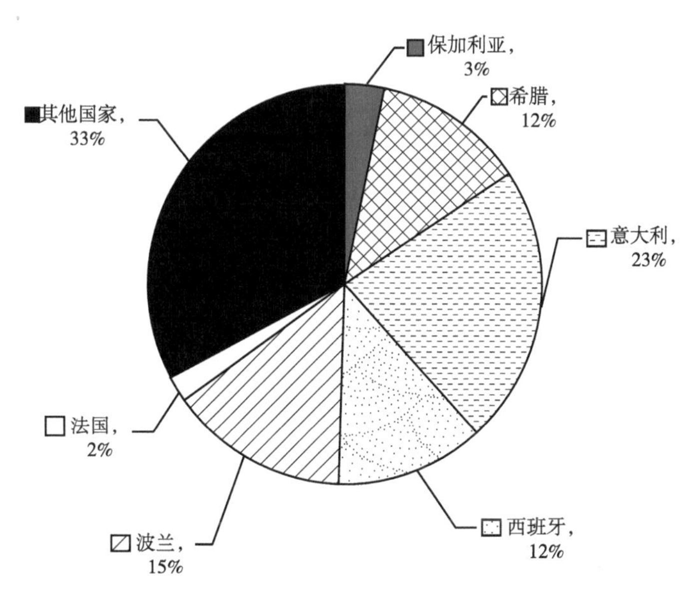

图1-15 2020年欧洲各国烟草种植产量占比

数据来源：根据联合国FAO数据库计算得出（数据截至2022年5月）。

1.3.1.5 大洋洲烟草农业种植持续衰减

受陆地面积少等地理环境因素影响，大洋洲的烟草种植面积较少，仅在澳大利亚、斐济、萨摩亚和所罗门群岛等国家和地区发展烟草农业。与欧洲一样，大洋洲在世界烟草市场中也不占据比较优势，所以在控烟政策颁布之后，大洋洲部分烟农选择改种其他作物维持生计，再加上一些地区的极端天气多发，导致烟草种植面积急剧缩减，因此大洋洲烟草种植面积与产量均出现断崖式下降，近20年的下降幅度高达59%（图1-16），目前大洋洲的烟草制品所用烟草多依赖于进口。截至2020年，大洋洲烟草总种植面积仅为1 704 hm^2，烟草总产量仅为3 385 t。其中，作为大洋洲陆地面积最大的国家，澳大利亚烟草种植面积和产量占大洋洲烟草种植总面积和总产量的53%和76%，列居大洋洲烟草农业首位；斐济烟草种植面积和产量占大洋洲烟草种植总面积和总产量的36%和14%，位居大洋洲烟草农业第二位（图1-17、图1-18）。

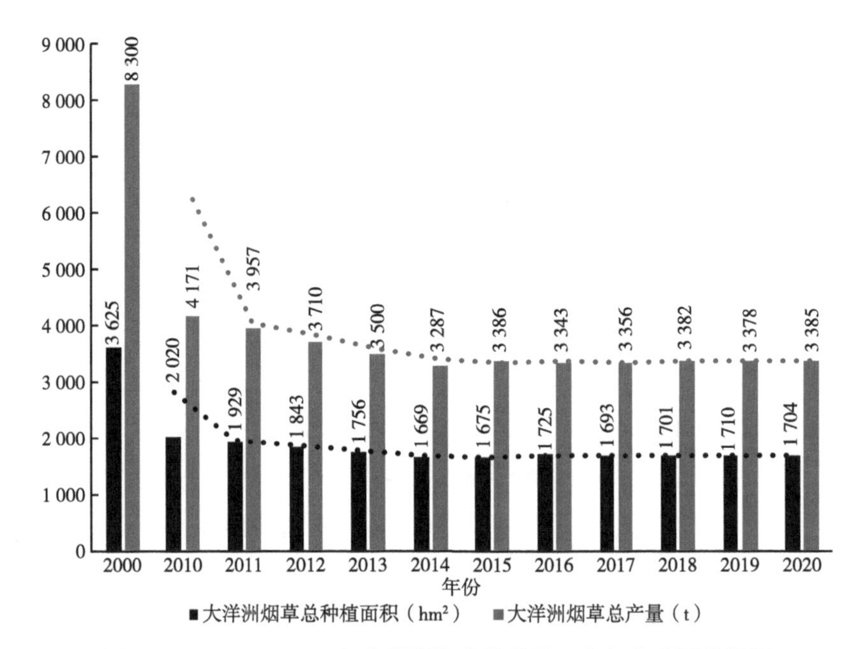

图1-16　2000—2020年大洋洲烟草总种植面积与总产量趋势图

数据来源：联合国FAO数据库（数据截至2022年5月）。

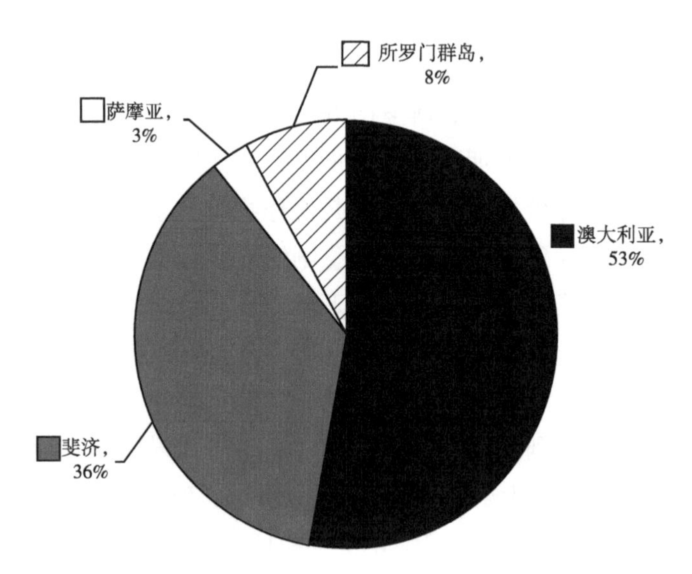

图1-17　2020年大洋洲各国烟草种植面积占比

数据来源：根据联合国FAO数据库计算得出（数据截至2022年5月）。

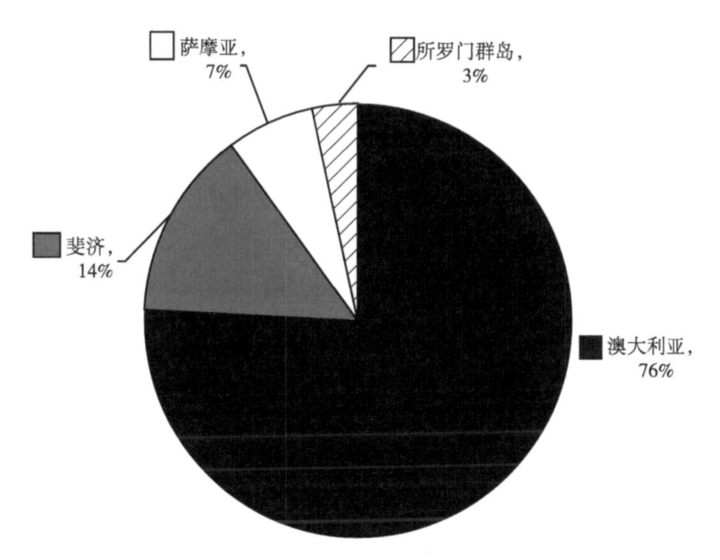

图1-18　2020年大洋洲各国烟草种植产量占比

数据来源：根据联合国FAO数据库计算得出（数据截至2022年5月）。

1.3.2　数字创新趋势

当前各类信息装备技术不断被应用到烟草种植各环节，烟草生产技术也从传统的经验种植向数字化、智慧化方向发展，有效稳定了烟草产量、提高了烟叶质量，促进了全球烟草农业蓬勃发展。特别是近年来，伴随着生产信息化的基础设施不断完善，用于烟草农业的智能机械、信息终端、软件产品、移动互联网应用（App）等软硬件装备快速发展，推动烟草农业从现代化生产模式逐步向智慧化模式过渡。

1.3.2.1　现代化机械装备广泛应用于烟草农业

早在20世纪90年代，美国、日本、意大利等国在种植烟草过程中，在育苗、移栽、耕整地、施肥、采摘等环节已实现机械化。如在育苗环节，日本烟草种植采用温室穴盘育苗，从种子丸粒化、穴盘加装基质到穴内播种均采用机械辅助作业，在烟苗生长全过程，实现对温度、湿度、光照、喷水和施肥等的自动控制，形成完整的工厂化育苗体系；美国在20世纪90年代就已开始采用温室漂浮育苗，因此美国烟草育苗技术比较先进。在耕整地环节，意大利MAS公司生产的SLIPERAF系列旋耕碎土起垄机是较早投入使用的机械之一，可以一次性完成耕地、整地、起垄、施肥、铺膜等多道工序，满足多种烟草的种植要求。在移栽环节，美国研制的鲍威尔系列移栽机，可一次完成移栽、覆土、浇水、施肥、镇压、喷药等工序；意大利研制生产的自走式移栽机是一种多功能联合作业机，采用膜上移栽方式，可以实现开沟、注水、覆土、覆膜、移栽一次完成。此类联合作业机械不仅缩减了劳动力，降低了烟草生产成本，而且避免了由于机器多次进地对土壤造成的破坏。当前，我国播种、烟苗剪叶、起垄、盖膜、病虫防治、编烟、清除烟秆等生产环节的机械化作业覆盖面也越来越广，有效降低了人力资源的支出，提高了烟草栽培工作效率。

1.3.2.2 信息技术应用贯穿于烟草农业全产业链环节

自2003年起，烟草行业开始探索烟草农业现代化，烟草农业科技不断更新迭代，逐步出现了烟草生长发育动态模拟模型系统、自动化烟草烘烤、烟叶自动化选级分级等先进技术，并带动了烟草农业全产业链各环节相关技术不断优化升级。如在育苗环节，全自动立体育苗大棚逐步升级为现代化育苗体系，通过电脑指挥，实现烟苗托盘不断交叉往返，使育苗周期更加透明和高质，大幅提升苗株成活率。在烤叶环节，可通过数字控制系统，对密集式烤房的温度、湿度、时长等参数进行实时控制，不仅提高了烘烤质量，还节约了能耗。在质量监管环节，烟包从烟站、运输途中、烟叶抽检处、堆垛仓储等各个环节均可实现溯源可查，工作人员可以对烟叶质量、烟叶储运全程实时监控，确保整个过程信息可追溯。此外，信息化管理还贯穿于烟草“合同种植、入户预检、编码收购、支付结算、考核评价、质量管理、工商协同”等整个业务流程，实现了对烟草种植的科学、综合、高效管理，达到了现代烟草农业增产、增收、增效的目的。

1.3.2.3 少人/无人化智慧烟草农业作业模式为主要创新模式

第三次科技革命为烟草农业的发展与转型提供了关键契机，烟草农业大数据、精准作业与智能装备、烟草种植智能传感器等新技术、新产品、新装备取得一系列突破性创新，烟草农业开始进入生物技术引领、信息技术推进、智能化发展的新阶段。尤其是在烟草育种、育苗、耕整地、移栽、大田管理、采收、烘烤、仓储等多个环节，基本实现了以信息化为主、人工为辅的生产模式。美国、意大利等先进国家，在烟田土壤、烟草育种、烟草育苗、烟苗移栽、水肥管理、病虫害绿色防控、防灾减灾、烟叶采收、烟叶分级、烟叶仓储等领域，已逐步应用了大数据、物联网、云计算等现代化技术，再加上智慧烟草农业综合平台投入应用，无人/少人智慧烟草农业全程机械化作业模式已经出现。

1.4 我国烟草农业发展沿革及数字化战略需求

1.4.1 我国烟草农业发展沿革

我国作为烟草种植大国，烟草在农业领域和国民经济中占有重要地位。回顾烟草农业的发展历程，结合文献梳理，可将我国烟草农业发展历程划分为烟草种植传播期、烟草种植初始期、烟草种植成熟期、烟草种植发展期4个时期。

1.4.1.1 烟草种植传播期（16世纪中叶至18世纪下半叶）

烟草在明朝万历年间（公元1573—1620年）传入我国，并在民间迅速传播，到了崇祯年间（公元1611—1644年）就已经到达与米、面、油、盐、酱、醋、茶并列的农业发展地位。烟草登陆我国主要有4条路线，第一条路线是由菲律宾吕宋岛中转至我国台湾，之后进入福建漳州，再由福建传至江苏、湖北等中原地带；第二条路线始于明朝天启年间（公元1621—1627年），从南洋一带进入广东境内，再往北传；第三条路线则从北方进入，由日本到达朝鲜，再转辽东半岛，这条路线传入时间与前两条并行，即在明朝万历—天启年间（公元1616—1627年）；最后一条路线是从俄国传入新疆，时间稍晚于前三条路线，肇始于18世纪下半叶，兴旺于20世纪初，据《新疆农业》记载，新疆所产之烟，系黄花烟，又名莫合烟，以伊犁为著。之后烟草种植便从这些地区开始，在我国蔓延发展。

1.4.1.2 烟草种植初始期（20世纪初至20世纪60年代）

烟草自16世纪中叶传入我国，距今已有400多年的种植历史。按烟叶品质特点、生物学性状和栽培调制方法，我国把烟草划分为烤烟、晒烟、晾烟、白肋烟、香料烟和黄花烟六类。其中，最早传入并开始种植的为晒晾烟；烤烟于1900年左右开始在我国台湾试种，此后相继在山东、河南、安徽、辽宁等地试种烤烟成功，并于1937—1940年将试种范围扩大到了四川、贵州和云南，这些地区后来逐步发展成为我国主产优质烟区；黄花烟约在200年前由俄罗斯传入我国北部地区，之后便在我国大范围种植；香料烟于20世纪50年代开始引进我国；白肋烟于20世纪60年代引进我国，分别在浙江新昌、湖北建始试种成功。伴随着烟草品种的逐步完善，20世纪60年代初我国对烟区开始了初次划分及规范化管理，农业部门根据地域分布，将我国烟草种植划分为黄淮、西南、华南、华中、华北、西北六大烟区。

1.4.1.3 烟草种植规范期（1985—1998年）

自1985年起我国开始大力规范烟草生产。在育苗环节，我国先后从国外引进“G28”“NC89”“K326”等优良品种，建立健全了烟草种子管理制度和良种繁殖体系，扭转了烟叶品种多、乱、杂的局面；围绕烟草生产中的关键技术，我国大专院校和科研单位深入开展科学研究，并逐步推广营养土和营养袋育苗、地膜覆盖栽培、钾肥施用等现代化种植技术，逐步形成了培育壮苗、规范栽培、科学施肥、成熟采收、科学烘烤等技术体系规范。1998年，我国开始对烟草生产实行严格的“双控”政策，全面推行合同制，各产区严格按国家计划签订合同，推动烟草生产稳定发展。

1.4.1.4 烟草种植成熟期（2000年至今）

2000年9月，国家烟草专卖局提出“改进烟叶内在品质，全面提高烟草农业科技水平和烟叶生产水平”，并要求用10年左右的时间，使我国烟叶质量和生产技术达到或接近世界先进水平。2007年6月，国家烟草专卖局提出“由传统烟草生产向现代烟草农业转变”的发展理念，并明确提出“一基四化”的发展目标，随后印发了《关于发展现代烟草农业的指导意见》。一系列政策的出台，推动烟草种植主体逐步由传统烟农向种烟大户、家庭农场、职业烟农转变，“种植在户、服务在社”生产组织模式逐渐成熟，主要生产环节专业化服务全面开展，机械化作业稳步推进，从1988—2018年，亩[①]均用工从42.90个下降到20个，个别地区更下降为10个左右[②]。

烟草种植产区在我国分布很广，从中温带区域到亚热带区域均有种植，从云贵高原、广西、广东、福建、江西、安徽、湖北、湖南、四川、重庆、山东、河南、陕西，再到高纬度的东北三省等地区，均有烟草种植区域，由于土壤、气候的不同，各区的烟叶特征也有所不同。2020年，我国烟草种植总面积已达到101.39万hm^2，烟草年产量高达213.4万t，烟草农业稳步发展。

1.4.2 我国烟草农业的数字创新战略需求

当前，我国烟草种植已形成区域化、专业化、规模化的发展模式，烟草种植面积常年占据世界烟草种植总面积的1/3。烟草产业与物联网、大数据、人工智能、区块链等信息技术的深度融合将成为烟草农业科技创新的重要方向。

当前，全球科技进入创新集中暴发期，新一轮科技革命步伐加快，现代生物、信息、新材料、新能源、先进制造等技术日新月异，不同类别的技术开始交叉融合并加快向农业领域渗透，孕育出生物组学、纳米农药、分子设计、智能育种等多项颠覆性技术。为抢占现代农业制高点，欧美一些发达国家，从机械技术、生物技术和管理技术3个方面，对现代农业进行技术改造，完成了传统农业向信息农业、数字农业、智慧农业的转型。聚焦烟草农业，虽然近年来在国家“互联网+”行动计划、数字农业农村战略的发展规划部署下，烟草农业完成了从传统烟草农业向现代烟草农业的过渡，初步实现了烟草农业的规模化种植、集约化经营、专业化分工、信息化管理，但是与国际先进水平相比，我国烟草农业在数字化育种、精准化作业、智慧化管理、智慧化烘烤分级等方面尚存在短板，烟草农业科技竞争力较弱，面对资源环境约束、要素成本上升及结构性矛盾突出等问题，

① 1亩≈666.67 m^2。

② 新烟草. 中国烟叶生产70年发展回眸［EB/OL］. http://etmoc.com/leaf/Looklist?Id=40758,2019-09-20.

必须依靠科技的力量，提高土地产出率、劳动生产率、资源利用率，向效率、效能、质量和品质要效益，用信息科技和装备技术赋能传统烟草农业，推动烟草农业由“要素驱动型”向“技术主导型”转变，实现减工、降本、提质、增效，实现传统烟草农业向智慧烟草农业的转型升级。

在全面推进乡村振兴、建设数字中国的过程中，科技创新作为关键变量，迫切需要其加速向烟草领域渗透，充分发挥信息科技的驱动作用，引领烟草农业迈入智慧化时代。而目前，烟草农业还是现代农业的薄弱环节，烟草农业的信息化、数字化、智慧化水平严重滞后于我国农业发展水平。因此，迫切需要以信息科技创新为引领，通过对烟草农业全产业链进行实时化、物联化、精准化、便捷化改造，将智慧思维和信息技术、计算机技术以及其他先进科学技术与烟草农业深度融合，以实现烟草农业的智慧化感知、智慧化生产、智慧化管理，实现烟叶产量更高、质量更好、成本更低、环境污染更少，促进烟草农业高质量发展。

近年来，我国顺应烟草农业发展趋势，在云南、河南、山东等烟草种植区域，实施了一系列信息化、数字化烟草领域的重大科技项目和工程，建立了“一站式烟农服务”“农产品撮合交易”“网络货运物流”3个数据共享、用户体验佳、业务相连互补的智慧农业生态平台，在线聚合产业链和社会创新资源，转变烟草产业发展新模式，形成了包括烟草商业、工业、金融机构、运营商、供应商和烟农在内的数字产业生态，打造了持续创新的数字烟草农业生态圈，推动了烟草产业生产效能提升。例如，云南建立了“一部手机种好烟”烟叶生产性服务平台，实现了区域烟叶生产提质增效、烟农减工降本的目标，构建了烟草产业高质量发展的良好生态。但值得注意的是，我国烟草农业关键核心技术与装备仍存在不少短板，如烟叶品种关键性状数据模型缺失、烟草数字化育种平台空白、烟田数据采集设备缺失、水肥一体化设备智能化程度低、绿色防控装备集成化程度低、关键核心技术与生产措施缺乏融合等，这些问题严重制约了我国烟草农业未来的发展。因此，我国作为烟叶的最大生产国之一，要想抢占烟草农业科技发展制高点，亟须加强智慧烟草农业核心技术攻关，加强国际科技合作，积极参与国际标准制定与重大问题研究，围绕解决“卡脖子”技术与“短板”技术进行集中攻关与重点示范，激发产学研主体科技创新活力，持续提升智慧烟草农业科技创新水平，加快实现核心技术完全自主可控。

1.5 本章小结

本章在概括智慧农业科技创新趋势、概念内涵、关键技术与应用框架的基础上，对烟草农业进行了深入探讨，分析了全球烟草农业与数字创新趋势，梳理了我国烟草农业的发展沿革，研判了我国烟草农业发展的中长期方向，提出了我国发展智慧烟草农业的战略需求。

智慧烟草农业是以现代技术条件和管理手段来装备和改善传统烟草农业，形成一种综合的、全新的烟草生产方式，旨在促进烟草农业生产达到规模化、信息化、专业化、集约化水平。本研究所涉及的烟草农业涵盖了育种、育苗、烟区规划、烟田准备、烟叶移栽、水肥管理、绿色防控、防灾减灾、烟叶采收、烘烤、分级、仓储、调拨13个环节，贯穿了烟草产前、产中、产后全产业生产过程。

随着烟草科技发展和《烟草控制框架公约》的出台，全球烟草农业格局不断变化，在美洲、欧洲、大洋洲的一些国家和地区烟草农业种植面积、产量已持续下降了20～30年，而在亚洲和非洲由于烟草是主要经济作物，仍在稳定发展和持续增长中，已列居成为全球烟草农业“榜首”。

世界发达国家烟草农业已实现多个生产环节的机械化应用、烟草生长与采摘处理先进技术应用，信息技术应用贯穿烟草农业全流程。我国烟草农业面临区域布局、土地稳保、产量提升等问题，亟须加大科技创新力度，突破烟草农业智慧化技术与设备瓶颈，打通全链条数据共享渠道，提升烟草农业生产数字化、智能化水平。

智慧烟草农业应用需求

2.1 智慧烟草农业

2.1.1 内涵与外延

智慧烟草农业是智慧农业理论、方法和技术基于烟草农业独特性，聚焦烟叶生产效率、效能和效益提升的再创新。它源自但有别于传统意义上的智慧农业，是一种全新烟叶生产方式，以信息和知识为核心要素，通过云计算、物联网、大数据、人工智能和智能装备等前沿信息科技与烟叶生产供应深度跨界融合，实现烟叶生产供应全过程的信息感知、定量决策、智能控制、精准投入以及个性化服务。

智慧烟草农业对烟草各生产环节的人、机、物、料、法、环全要素信息进行透彻感知、精准分析与智能控制，形成以新一代信息技术为引领，以智能化生产、可溯化流通、定制化服务为特征的现代烟草农业高级形态，实现烟叶生产减工降本、提质增效和绿色发展，成为烟草行业高质量发展不可或缺的科技支撑。

智慧烟草农业代表着现代烟草农业发展的新方向、新趋势，也为转变烟草农业发展方式提供了路径和方法。智慧烟草农业是一种生产方式、产业模式与经营手段的创新，是新一代信息技术与烟草生产、经营、管理、服务，以及生产组织方式的生态融合和基因重组，通过便利化、实时化、物联化、智能化等手段，实现烟草农业生产提质增效、烟农收入增加。以智慧烟草农业为驱动，有助于发展精准烟草农业、高效烟草农业、绿色烟草农业，提高烟草农业质量效益和竞争力，实现传统烟草农业的转型升级。

智慧烟草农业以新一代信息技术的实时化、在线化、数据化等特征，实现技术应用与业务模式融合创新，再造智慧烟草农业新场景。主要技术创新内容包括多尺度烟草农业信息融合感知理论、方法与技术研究，多源异构烟草农业数据融合分析算法与生产决策模型研究，关键环节设施、设备作业智能测控技术与智能装备创制等。

智慧烟草农业的典型应用场景包括育苗物联网、精准种植、智能烘烤、自动分级收购、智能储运调拨、生产组织优化、智能指挥调度等。

2.1.2 主要特征

一是注重集成应用。智慧烟草农业是先进数字技术聚焦烟草农业产业链及其相应场景的高度集成应用，包括了更透彻的感知技术、更广泛的互联互通技术和更深入的智能化技术，通过数字技术的集成，依托数字流实现烟草农业产业全链条有机协同与无缝连接，保障烟草农业系统更加高效运转。

二是强调全程全面。智慧烟草农业的技术应用不仅体现在单一环节上，还会渗透烟草农业产业链的生产、经营、管理及服务等各个方面，贯穿智慧烟草农业的生产、经营、管理、服务活动的全过程，促成智慧烟草农业供应链的信息流、物流、资金流、知识流、服务流五流合一，形成高度融合、产业化和低成本化的新型农业形态，使整个烟草农业产业链趋向智能化。

三是数据驱动决策。智慧烟草农业的核心逻辑之一是实现烟叶生产管理从基于经验决策到基于数据决策的转变，将定量遥感、物联网技术等感知的信息，借助大数据、人工智能、虚拟现实等技术加以分析计算和可视化呈现，基于此建立数字化、智能化技术和作业控制技术高度集成的烟草农业管理决策模型与软硬件系统，推动智慧烟草农业在生产管理、收购调拨、烟农服务等方面实现数据化科学决策及控制。

四是精准自主作业。依托定量决策模型，智慧烟草农业从业者能够依据每一环节和作业单元的具体条件，精细准确地调整各项管理决策措施，优化每一环节的资源配置，实现智慧烟草农业生产管理决策的定量化、精准化，达到减少投入、节约资源、改善环境的目的，进而实现烟草农业节本增效。

五是智能按需服务。在智慧烟草农业场景下，基于大数据平台，可将关联规则、信息摘要抽取、情感分析等智能分析算法运用于烟农相关的信息网络（用户类型、用户区域、用户时间等），构建烟农用户画像，根据烟农画像和所处的基本情境（地理位置、烟叶活动环节等），及时向烟农推送符合其需求的信息、技术和专业化服务，助推服务供需主体的智能配对和精准对接。

六是数字生态重构。借助新一代通信技术的“链接”“互动”和“重构”等特点，运用科学思维，充分发挥物联网等新技术的优势，确保智慧烟草农业全产业链数字化，将智慧烟草农业生产环节、产业要素、相关主体等产业链上下游连接起来，整合政府、工业企业、科研院所等资源，实现智慧烟草农业全产业链“产销一体、工商衔接、产研融合”发展。

2.2 智慧烟草农业应用需求分析

2.2.1 概述

烟草农业的主要环节包括：以育苗、面积落实为主的产前环节，以烟田准备、起垄移栽、水肥管理、病虫防控、中耕打顶、防灾减灾、成熟采收为主的产中环节，以及以烘烤、分级收购、仓储调拨等为主的产后环节（图2-1）。此外，烟草育种和复烤有时也被认为是烟草农业的组成部分。

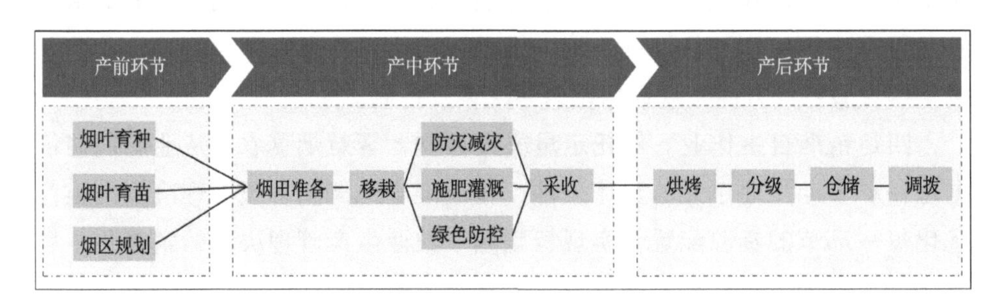

图2-1 烟草农业生产环节

智慧烟草农业作为一种新的生产方式，其应用将贯穿烟草农业生产各环节，成为提高土地产出率、资源利用率和劳动生产率的关键因素。

2.2.2 产前应用需求分析

2.2.2.1 烟草育种

烟叶是烟草工业的原料，品种是烟叶生产的基础，培育优质的烟叶品种是保障高质量卷烟产品的前提。一直以来，国家烟草专卖局十分重视育种工作，将烟草育种作为烟草行业科技进步的一项战略性工程来抓。党的十八大以来，烟草行业推进科学问题和产业问题攻关，坚持将科学运用生物技术作为突破传统育种技术瓶颈的手段和途径。

目前，烟草育种已经进入现代分子技术与常规育种技术紧密结合的发展阶段。对比传统育种手段，分子育种可以实现基因的直接选择和有效聚合，可大幅提高育种效率，缩短育种年限，实现对目标性状的精确改良，易于在烟叶品质风格特色上取得根本性突破，能更好地适应中式卷烟发展的需要。近年来，烟草科研人员将抗病毒病品种选育作为分子育种研究的主攻方向，例如育成的新K326品种，在优质兼抗病毒病方面表现优异。此外，针对烟草核心种质资源，科研人员开展了全基因组测序和全基因组关联分析等研究，烟草全基因组序列图谱——绒毛状烟草和林烟草全基因组序列图谱绘制完成，这2个图谱是目前已知植物基因组序列图谱中基因组最大、组装精度最高、组装结果最好的图谱。据2021年中国农业科学院烟草研究所公布的数据显示，我国已拥有烟草种质资源6 059份，创制突变体库27万份，烟草种质资源保存数量位居世界第一。

随着我国烟草育种技术的快速发展，国内自育品种和推广面积逐年增加，烟叶成熟度、香气量有了一定提高，部分烟叶品质接近国际先进水平。然而，与烟叶生产先进发达国家相比，我国烟叶生产仍面临诸多挑战，卷烟品牌高质量发展与优质烟叶原料不足的矛盾依然存在。加之当前全球烟草控制持续强化，卷烟全球消费规模持续下滑，打破卷烟原料种植区域、品种和结构壁垒，摆脱原料同质化困境，实现烟叶高质量、安全性、多抗性、特色化等方面的提升，依然是烟草育种创新发展的主攻方向。当前，以多组学大数据为基础的智能育种技术发展迅速，利用表型数据解析、人工智能、全基因组选择、基因编辑等新技术，推进烟草生物育种技术体系升级，加速烟草优良品种的高效产出和推广应用，已经成为烟草科技创新发展的重点之一。

烟草智能育种技术应用是一项非常复杂的工作，面临诸多挑战。首先是烟草表型信息获取及解析技术和装备严重缺失。目前，烟叶品种的表型数据主要依靠手工测量，试验样本和性状类别数据采集量不够且效率低，烟叶品种表型数据的获取严重依赖技术人员的经验，极易造成主观误差，所采数据难以满足系统研究烟草全部基因功能的需要。其次是烟叶品种关键性状数据模型缺失。目前，烟草育种领域尚未建立基于烟草品种表型农艺性状、化学成分、生理指标及代谢物之间的数据关联模型。其中，烟叶品种的化学成分主要依赖于第三方检测单位获取，或由烟叶生产单位自行检测，数据孤岛现象突出，非常不利于构建基于多组学数据的烟叶新品种的智能选育体系。最后是缺乏烟草育种数据智能分析与高通量育种管理平台。随着物联网传感器、DNA测序、快速成像等技术在育种领域的逐步应用，育种科学研究中的多组学数据无论是在数量、种类还是复杂性上都呈爆炸式增长，烟草育种过程的数据采集、存储、模型解析及育种试验设计、育种决策管理等业务数字化创新平台仍有待探索。

智慧烟草农业技术在育种环节的应用需求可以用智能育种来概括，参考农业发达国家近年来的农作物智能育种发展路径，我国烟草智能育种可以从以下5个方面切入：一是制定烟草数字化育种标准体系。根据烟草数字化育种技术体系，制定育种数据采集、接入、存储、分析、交互、展示等系列标准，实现烟草育种数据在设备和平台之间的无缝融合应用。二是研制烟草多生境、多尺度、高通量、组学大数据获取设施平台。基于无人机、GPS、多光谱、三维激光雷达等多源信息获取传感技术，构建烟田无人机群高通量表型平台和田间轨道式高通量表型平台，对烟田地表环境、烟叶植株形态、生理功能和生化组分、植物群体整个生育期连续动态的多模态数据等表型信息进行实时监测和连续获取。三是突破烟草育种智能解析算法模型。基于计算机视觉技术、图形图像技术、人工智能、基因测序等技术，解析烟草基因组—表型组—环境大数据，从基因组学角度深入挖掘“基因型—表型—环境型”内在关联，全面揭示特定生物性状形成机制，促进功能基因组学和烟草分子育种的进程。四是研发烟草智能育种管理平台。集成应用物联网、大数据、云计算、移动互联网等技术，针对烟草育种业务，研发种质资源鉴定管理、组合预测、亲本组配、品种评比鉴定、田间性状采集、系谱档案管理、试验数据分析、研发进度统计等功能模块，实现烟草育种全程信息化，提升烟草育种效率。五是构建烟草良种互联网推介展示平台。为了更好地服务烟草育种人员，基于AR、VR等三维智能交互及传感技术、多媒体技术、三维建模技术等，对新品种生长过程重点性状进行三维虚拟展示，配套烟叶栽培良种良法技术资料数据库，在烟叶主产区进行优良品种的数字化推介，推进烟草“育繁推”体系建设，促进烟草育种科研成果的落地转化。

2.2.2.2 烟叶育苗

培育壮苗是烟叶生产的关键环节。谚语常说“幼苗三分收，好苗一半收”，充分说明了培育健壮幼苗是烟叶生产成功的必然条件。目前，漂浮育苗是我国主要的烤烟育苗方式，属于设施农业和无土栽培的范畴。漂浮育苗的过程是：首先在育苗盘内添加无土栽培基质，在育苗盘内播种，然后放入育苗池中，烟苗根部通过育苗盘底部小孔吸收育苗池中的水分和营养（氮、磷、钾），最终完成种子的萌发和成苗的过程。在烟苗生长发育过程中，光、温、水、肥、气、病虫害、卫生情况等环境因素的合理调控，以及作业的规范管理与烟苗质量密不可分。

相对传统的烟草育苗技术，设施环境下的漂浮育苗从根本上杜绝了苗期土传病害，大幅减轻了自然灾害（低温、暴雨、冰雹等）对烟苗的影响，推动了烟苗培育向集约化、标准化、专业化、商品化发展，有力保障了区域成片烟叶生产质量的一致性和均衡性，促进了烟叶规模化种植生产。近20年来，我国烟草漂浮育苗技术在各大烟区陆续落地，实现了本地化应用。从各地漂浮育苗技术的实际应用情况来看，也暴露出一些问题，漂浮育苗所具备的设施农业与无土栽培技术优势还未能得到充分发挥。

我国烤烟育苗大多从冬季或早春开始。由于冬春季节天气多变，遇到“暖冬”或“倒春寒”等异常气候时，气温骤升骤降的现象时有发生，再加上烟草育苗设施场所受到育苗成本、保温效果等综合性价比的约束，塑料大棚套塑料小棚成为最常见的育苗设施。塑料大棚是比较简单的栽培设施，相比日光温室、玻璃温室，其对烟苗生长环境的调节控制水平较低，依靠人工监管和控制干预是大部分烟苗培育作业的普遍现象。育苗期间的消毒、施肥、喷药、增温、补光、通风、蓄水、剪叶等大量频繁的作业任务仍需人工完成，在育苗业务操作稍有疏漏或不及时的情况下，漂浮育苗所需的光、温、水、肥、气等环境条件就得不到保障，导致培育壮苗效果不理想。另外，开放的育苗环境和频繁的人为活动也是引诱苗床病毒侵染和传播的主要因素。例如，烟草普通花叶病在烟苗集约化生产时具有“一株发病，危及全棚”的发病特点，一旦发生损失惨重。

为了提升烟苗育苗设施设备的应用效果，提高育苗场所环境的监测和控制水平，减少育苗过程对人为业务操作的依赖程度，科学调节满足烟苗生长发育所需的光、温、水、肥、气，行业内已经初步探索了农业物联网技术、设备自动控制技术、移动互联技术在烟草育苗过程的创新应用。实践表明，运用现代农业信息与装备技术是化解当前烟叶育苗所面临问题的重要手段。

智慧烟草农业在育苗环节的应用需求主要体现为设施农业物联网及自动化控制技术的集成应用。而烟叶育苗物联网技术的推广尚存在若干瓶颈：一是烟草育苗技术的设施场所、操作规范及烟苗质量的评价标准不统一。育苗设施的环境与卫生条件、育苗技术作业流程、烟苗质量评价标准等方面的标准化是烟叶育苗物联网技术应用的基础。各大烟区的工厂化育苗标准规范差异较大，甚至同一烟区不同区域的标准要求以及落实程度也存在差异，这些都阻碍了烟叶育苗物联网技术应用。二是烟草育苗集约化、规模化程度有待提升。规模化育苗更有利于提高育苗效率和育苗质量，减少人力和物力支出，降低成本压力。但是，目前能满足4 000亩以上规模育苗需求的烟叶育苗工厂还比较少。三是针对性的烟叶育苗物联网技术有待开发。当前，烟叶育苗物联网技术产品在自动记录、自动监测与检测、自动预警与分析统计等方面存在较大的缺口，诸多环节还依靠人工完成，业务量大且费时费力。此外，频繁的人工作业还增加了苗期病毒感染的概率。四是苗期数据分析决策模型与管理系统缺失。部分育苗基地已初步尝试通过物联网传感装置，采集育苗设施环境及苗床温湿度、光照、pH值、图像等数据，实现通风、排湿、增温等操作，但尚未构建基于物联网环境数据与烟苗不同生育期生理需求的关联模型，对育苗过程中，水、肥、气、热的综合调控还缺乏高质量的策略模型。

相应地，烟叶育苗物联网技术创新及应用的重点主要包括以下几个方面：一是因地制宜制定烟叶育苗技术规范体系与标准体系。推进育苗场地与基础设施配置、规模化程度、业务流程规范、烟苗质量评价标准、数据采集传输标准、数据展示与服务标准等内容的建立健全。二是完善提升烟草育苗工厂下的规模化育苗物联网应用模式。通过集成应用先进设施农业技术和装备，优化烟叶育苗业务流程，研制适配烟叶育苗流水线作业的机器人，实现对育苗场所、基质、漂浮盘的自动化消毒，实现自动化播种、水肥监测与预警、间定苗、施药、剪叶等流水线操作。探索立体化烟叶育苗模式，研究立体化多模块拼接调节育苗技术与装置，兼顾在烟叶育苗闲置期，非烟作物生产的设备使用需求，增加育苗工厂的综合经济收益，提高烟农总体收入。三是构建基于烟草育苗数据分析与辅助决策模型。在综合考虑育苗环境数据、烟苗本体数据和专家模型的基础上，构建精准育苗数据模型，实现对育苗过程中光、温、水、肥、气等相关数据的实时分析判定，为育苗环境的精准调控与育苗设备的智能作业提供智能决策方案，尽可能降低育苗过程的人为参与程度，辅助管理人员提高管理水平。四是研发区域烟草育苗物联网服务平台。基于电子地图对烟叶育苗设施进行数字化管理，将烟叶育苗计划排产与数字化管理相结合，实时采集烟叶育苗物联网数据，形成面向不同育苗管理和服务对象的专题数据库。支撑不同层级管理人员开展烟叶育苗关键指标数据的可视化展示，提供基于移动互联网设备的远程管控服务，降低工作强度、提高育苗质量和效率。

2.2.2.3 烟区规划

自中华人民共和国成立以来，我国烟草行业是受国家计划严格控制的行业，烟叶种植计划由国家计划部门会同国家烟草专卖局统一制定，再将种植计划分解到各省一级烟草主管部门，最后逐级分解到地市县级烟草部门。此外，结合我国生态气候类型的差异，我国四大烟叶产区（即西南烟叶产区、中南烟叶产区、黄淮烟叶产区、东北烟叶产区）分布在全国22个省（区、市）的500多个县，仍以农户分散式种植为主要生产模式。因此，科学合理的烟区规划尤为重要。只有不断加强烟草农业的生产管理、经营发展规划，才能提高我国烟草产业发展水平和烟草企业经营管理水平，才有助于真正解决四大烟叶产区的“三农”问题，促进农村经济的发展。

目前，我国云南、贵州、河南等各大烟草主产区，均根据自身种植特点和资源环境优势，先后提出了适宜本地烟草农业区域经济产业发展的规划。云南省早在2008年就颁布了《云南省烟区建设与发展规划》，旨在持续保持云南烟叶良好的发展态势，巩固本地风格特色，提升烟叶质量，不断提高综合生产保障能力，优化云南烟叶生产布局，巩固老烟区、挖掘新潜力，建设发展新烟区，进一步提升烟叶生产的综合能力。贵州省于2018年发布了《省自然资源厅关于2018年全省农业产业结构调整遥感监测工作有关情况的报告》，对贵州省的主要特色农业产业进行遥感监测与整体规划，并于2020年提出“将烤烟纳入2020年农业产业结构调整遥感监测范围，对2020年全省烤烟产业种植面积及分布情况进行监测”，全面掌握全省烟叶种植分布和设施配套情况。河南省于2021年颁布了《河南省烟叶生产布局优化实施方案（2021—2025）》，提出“十四五”期间河南的烟叶生产规划，一是要实现生态化布局，打破行政区划，以生态带、生态区一体化发展为指引，全省烟叶“一盘棋”，整体推进区域化烟叶生产布局，增强核心竞争力；二是要实现规模化布局，发挥市场在烟叶资源配置中的决定性作用，推动资源要素向利于现代化生产的区域转移，发挥烟叶规模竞争优势；三是要实现品牌化布局，实施差异化区域性烟叶品牌布局，实现基于工业需求导向的烟叶生产单元化布局，全面推进定制化生产；四是要实现动态化布局，建立健全各层级、多维度、模型化烟叶动态布局指标评价模型，以烟叶计划、生产扶持、基础设施投入为政策引导，推进区域间、区域内的资源适度竞争。

当前，烟区规划工作仍然面临一系列的挑战。

首先，我国烟叶种植仍相对分散，规模化程度不高。从我国烟叶种植的宏观分布区域来看，全国分为5个一级区、26个二级区、131个市（州/地区）（表2-1），种植区域分散、规划程度不高，且以小农经营为主要方式，虽然近年来逐步推进烟田流转承包制度，但是烟叶小农散户的经营方式仍未从根本上改变，我国烟区整体规划难度较大。

表2-1　中国烟草种植区划分区

一级区	二级区	市（州、地区）
西南烟草种植区	滇中高原烤烟区	昆明市 玉溪市 楚雄彝族自治州
	滇东高原、黔西南、中山丘陵烤烟区	曲靖市 昆明市 黔西南布依族苗族自治州 六盘水市
	滇西高原山地烤烟、白肋烟、香料烟区	大理白族自治州 保山市 丽江市
	滇南桂西山地丘陵烤烟区	红河哈尼族彝族自治州 普洱市 临沧市 文山壮族苗族自治州 百色市 河池市
	滇东北、黔西北、川南高原山地烤烟区	昭通市 毕节市 六盘水市 泸州市 宜宾市
	川西南山地烤烟区	凉山彝族自治州 攀枝花市
	黔中高原山地烤烟区	贵阳市 遵义市 毕节市 安顺市 黔南布依族苗族自治州 铜仁市
	黔东南低山丘陵烤烟区	黔东南苗族侗族自治州 铜仁市

（续表）

一级区	二级区	市（州、地区）
东南烟草种植区	湘南、粤北、桂东北丘陵山地烤烟区	郴州市
		永州市
		长沙市
		衡阳市
		娄底市
		株洲市
		益阳市
		韶关市
		贺州市
	闽西、赣南、粤东丘陵烤烟区	三明市
		龙岩市
		南平市
		赣州市
		梅州市
		丽水市
	皖南、赣北、丘陵烤烟区	芜湖市
		黄山市
		宣城市
		上饶市
		抚州市
		吉安市
长江中下游烟草种植区	川北盆缘低山丘陵晾晒烟烤烟区	德阳市
		绵阳市
		广元市
		巴中市
	渝、鄂西、川东山地烤烟白肋烟区	重庆市
		达州市
		十堰市
		宜昌市

（续表）

一级区	二级区	市（州、地区）
长江中下游烟草种植区	渝、鄂西、川东山地烤烟白肋烟区	襄阳市
		恩施土家族苗族自治州
	湘西山地烤烟区	常德市
		张家界市
		怀化市
		湘西土家族苗族自治州
		邵阳市
	陕南山地丘陵烤烟区	安康市
		汉中市
		商洛市
黄淮烟草种植区	鲁中南低山丘陵烤烟区	临沂市
		潍坊市
		日照市
		淄博市
		青岛市
		莱芜市
	豫中平原烤烟区	郑州市
		平顶山市
		许昌市
		漯河市
	豫西丘陵山地烤烟区	洛阳市
		三门峡市
		济源市
		郑州市
	豫南鄂北盆地岗地烤烟区	驻马店市
		信阳市
		南阳市
		襄阳市

（续表）

一级区	二级区	市（州、地区）
黄淮烟草种植区	豫东、皖北平原丘岗台地烤烟区	商丘市
		周口市
		蚌埠市
		宿州市
		淮北市
		阜阳市
		滁州市
		亳州市
	渭北台塬烤烟区	铜川市
		宝鸡市
		咸阳市
		渭南市
北方烟草种植区	黑吉平原丘陵山地烤烟区	大庆市
		哈尔滨市
		鸡西市
		牡丹江市
		七台河市
		双鸭山市
		绥化市
		白城市
		长春市
		吉林市
		延边朝鲜族自治州
		通化市
	辽蒙低山丘陵烤烟区	朝阳市
		丹东市
		鞍山市
		抚顺市
		阜新市

（续表）

一级区	二级区	市（州、地区）
北方烟草种植区	辽蒙低山丘陵烤烟区	铁岭市
		本溪市
		赤峰市
	陕北、陇东、陇南沟壑丘陵烤烟区	延安市
		庆阳市
		陇南市
	晋冀低山丘陵烤烟区	长治市
		运城市
		临汾市
		张家口市
		保定市
		石家庄市
	北疆烤烟香料烟区	昌吉回族自治州
		伊犁哈萨克自治州

其次，烟区生产管理“底数”不清。现有的各类烟叶生产合作社组织结构松散，稳定性差，大多数没有登记注册，也不具备法人资格，不能够真正充当市场主体，更无法实现对烟区种植信息的实时采集、传输、分析。松散的组织结构制约了政府相关部门对各类烟区烟叶生产的监督与管理，无法实现烟区生产信息全天时、全天候、大范围、动态化、立体化的监测与管理。

最后，烟区社会化服务体系不健全。社会化服务是现代烟草农业的支撑点，对于烟区的烟叶生产者而言，虽然烟草农业生产条件在逐步改善，烟草农业科技在逐步发展，但由于新型农业科技和信息服务体系尚不健全，导致生产经营中烟农缺乏市场信息、缺乏组织引导的现象极为普遍，构建以科技推广为重点的烟区社会化服务体系已成为当务之急。

为解决烟叶生产信息采集费时费力、人为主观性强等问题，烟叶生产集中连片区迫切需要借助无人机、遥感卫星等技术装备，结合烤烟种植样本数据建立的解译标志，通过影像颜色、纹理、光谱等特征对烤烟种植地块进行解译、提取等处理，实现对烟叶性状的自动化提取、智能分析图表的自动化保存、烟叶作物轮廓的精细化识别，方便在烟叶种植过程中开展苗情苗势监测、烟叶健康监测、水肥营养监测、面积核算、水质监测、产量评估、高产稳产、病虫害监测预警等，实现烟叶生产的精细化种植管理。

生产基础信息是烟草管理部门宏观调控烟叶生产与调拨的根本依据，在零散种植区域，充分发挥基层工作人员，可采用“众包+云”模式推进监测工作的开展，利用烤烟种植布局数据采集系统采集烟叶种植地块及烟叶基础设施等信息，借助田间调查App等软件平台，通过在烤烟地块边缘拍照，直接读取地块空间位置，远程传输生产信息，实现零散种植地块的快速定位、解译与入库。

根据烤烟种植空间分布特征，以烟叶种植区域大小为标准，分为集中连片区、中等规模区、零散种植区，分别采用高分辨率卫星影像、无人机影像、田间调查App等技术手段，将深度学习和目视解译修正相结合，精准识别烤烟种植地块，形成全国烤烟“一张图”，摸清烤烟种植家底，开展烤烟种植智慧化管理。

2.2.3　产中应用需求分析

2.2.3.1　烟田准备

烟田土壤是烟草赖以生长的基础。适宜的土壤能够满足烟叶生长发育对养分、水分、空气、温度、光照等条件的需求。为了给下一阶段烟草的健康生长创造良好的土壤环境，烟叶主产区在烟苗移栽前会积极组织开展烟田生产准备工作。生产者根据土壤墒情条件，按需开展冬耕、春耕、松土、耙碎、耙平、起垄、施肥、打塘等一系列农事操作，为接下来的烟叶生产奠定良好的基础。

（1）烟田耕整地。前茬作物收获后，烟田土壤会出现不同程度的土壤板结及耕层变浅等问题。在烟苗移栽之前，烟草主产区会在冬季或早春陆续开展烟田耕整地作业（烟田整地主要是指在适宜种烟的土地上，实施耕翻、耙耢平整等土壤耕作）。烟田通过深松耕整后可以改善烟田土壤的通气性和蓄水保墒能力，减轻烟田病虫害和草害，提升土温和微生物活性。

（2）烟田起垄。目前我国大部分烟区采用起垄栽烟的方式。烟田起垄是将经过翻耕、耙耢平整后的烟田土壤，按照事前规定的垄沟宽度、垄体高度与饱满度，耕作形成烟垄的田间操作。烟田起垄可以增加土壤受光面积，从而提高地温，有助于烟田通风透光、抗旱保墒，减少根茎类病害的发生，方便开展浇水施肥等操作。

当前，我国大多数高标准烟田在耕整地和起垄环节已经实现了不同程度的机械化作业。为了满足培育优质烟叶的农艺技术需求，农机作业也必须满足相应的技术标准，例如在耕地的深度、平整度、土块的破碎度，烟垄的垄高、垄距、垄直等方面都有可量化的具体标准。然而，我国现有农机具的智能化水平偏低，农机手的作业质量参差不齐，人工控制作业机具时，经常无法严格保证作业质量达到要求。为了确保作业质量，生产前期经常开展烟田耕整地、起垄的现场作业技术培训，烟叶生产期间，技术指导人员需要不间断地巡回于多个植烟村，进行烟叶耕整地和起垄的检查指导工作，监督和查验农机作业质量。现阶段，烟田耕整地、起垄等质量数据主要以人工测量计算为主，工作量大、覆盖面小、费时费力、监测效率低下，且无法确保每台机具作业质量都达标，无法保证最终统一核算的准确性。此外，还会诱发农机补贴资金骗补、套补等问题。

随着行业内农机补贴机制与农业社会化组织的逐渐完善，烟田生产农机装备正在加速投入应用。2019年，中国烟草总公司发布《关于进一步推进烟叶生产基础设施建设的实施意见》，要求未来3～5年在全国烟区完善2 700万亩的高标准基本烟田建设，并将推进烟叶生产全程机械化装备的研发与应用推广，作为未来一个时期烟草工作转型的重要抓手。怎样实现对烟田准备阶段装备作业数据（质量、面积、时间、路径、机修次数）的精准高效监测与获取，提高装备的智能化作业程度，既是烟草农业管理部门、技术推广部门、社会化服务组织以及烟农等主体提出的新需求，又是烟田农机装备迈向智能化发展阶段的新挑战。

当前烟田准备阶段农机作业开展数字化创新主要面临以下3个方面的挑战。

一是烟田耕整地、起垄阶段所用农机装备的作业技术标准体系缺失。目前，大多数平原烟田耕作农机与大宗作物的农机通用，烟田耕整地、起垄等环节的农机作业装备缺乏农机农艺相融合的技术标准和作业质量评价标准，烟田翻耕深度、起垄高度、行间距等作业数据参差不齐，对后续的移栽、覆膜、培土等环节的机械化作业造成不利影响。

二是现有烟田耕整地、起垄等农机装备的智能化水平偏低。目前，烟田耕整地、起垄的机型都采用成熟通用农业机械，也有部分高标准烟田已经尝试引入智能化耕作农机。但由于现有农机的智能化程度不足，无法根据农艺技术、烟田土壤环境等因素对作业参数进行自适应调节，无法提供基于烟田土壤类型、烟草品种、天气条件等烟叶生产个性化需求的耕作服务。另外，处于缓坡山丘或者山地的种植区域，对地块坡度大、面积小、不规则、较分散等条件的限制程度更深，农机装备依然面临功能性单一、适用范围窄，甚至面临有机难用、无机可用的尴尬局面，生产主体对"轻便化、可组装、性能高"的烟田耕整地农机需求强烈。

三是烟叶大田生产农机农艺的融合度有待提升。农机农艺结合是实现烟叶大田全程机械化生产的必要前提。当前，烟叶机械化生产的农机农艺矛盾突出，主要体现在农艺标准缺乏、农机不适应农艺技术要求、农机农艺融合程度较低等方面。另外，从丘陵山区烟草种植来看，尚未形成农机农艺联合的研发机制，丘陵山区烟田的宜机化建设严重滞后。

烟田准备阶段的数字化创新，首先需要建立烟田准备阶段农机作业的技术标准体系。根据本地化的烟叶生产农艺技术要求，结合烟田耕整地、起垄、施肥等多环节机械化作业需求，构建面向高标准烟田的机械化作业技术标准体系，制订农机装备的技术标准、产品标准、评价标准、维护标准、作业标准等，支撑烟田准备阶段的综合性农机装备的集成研制与落地应用。针对丘陵山区烟叶种植区域，探索烟田宜机化技术标准，建立烟叶生产农机农艺联合研发机制。探索烟叶大田生产智能农机的数据采集、传输、接入、共享等数据标准，为定制化、智能化的农机装备研制奠定基础。

同时以提升改造现有烟田农机装备智能化水平为目标，围绕烟田准备阶段的多环节连续作业需求，重点攻克智能协同控制、作业机具姿态调整与地形自适应控制、对垄自动导航等关键技术。结合本地化的烟叶生产农艺技术要求，研究烟田精准耕整地、精准起垄、精准施肥等智能调控的关键技术及部件，丰富烟田农机装备作业功能。针对宜机化山地丘陵的农机应用需求，研制小型化、多功能组合式智能农机，提高坡地烟叶生产效率。

根据烟叶生产农机农艺的实际需求，鼓励相关科研机构、企业、合作社等主体，秉持由易到难、由核心装置到整机、由部分到整体的创新研究思路，加大农机与农艺跨界融合的研究力度，构建烟田农机农艺融合作业的技术体系，开展与烟叶大田耕整地、起垄、施肥等农艺方法相适应的机械作业关键技术研究。建设集烟田农机作业监测和管理于一体的综合性平台，实现作业数据采集、作业质量评价、作业面积统计、作业资源区域指挥调度等功能，重点在高标准烟田区域，开展智能农业装备多环节作业关键技术的示范推广，建设“艺—机—智”深度融合的烟叶智慧生产与管理技术集成示范基地。

2.2.3.2 烟苗移栽

烟苗移栽是烟叶大田栽培的开始，是烟叶生产的关键环节。烟苗移栽期的确定，直接决定了烟株在大田有效生育期的长短，对烟叶品质与风格的形成具有重要影响。为了确保烟苗的移栽质量，给烟苗生长提供适应的生长环境，提升移栽烟苗的成活率，各个烟叶产区探索出多种烟苗移栽技术，主要包含常规地膜移栽、膜下小苗移栽、井窖式移栽。

根据不同的移栽方式，烟苗移栽需要完成打塘、放苗、浇水、覆土、镇压等一系列农事操作，而一般烟苗移栽农事安排紧凑，必须在2～3 d内集中完成，因此移栽也是烟叶大田生产过程中劳动强度最大的环节之一。烟苗移栽作业有着严格的农艺技术要求。以烟叶种植密度为例，烟苗种植密度与烟叶的产量和质量关系十分密切，不同种植密度对田间小气候（光照、风速、相对湿度和温度）的影响较大，所以合理的种植密度是获得烟叶优质高产的重要措施。为了确保烟苗移栽数目在烟叶种植计划的合理范围内，在烟苗移栽实地作业时，烟区技术人员必须深入种植一线，根据每家每户的烟草种植合同，来丈量烟叶的实际种植面积、清点株数，查看株距密度以及开展查苗补苗工作，整个过程费时费力，但又必不可少。

目前，我国烟苗移栽主要通过人工和机械两种方式。人工移栽的栽植密度不均匀，烟苗在大田里呈现的形态一致性较差，生产效率大约为0.5亩/（d·人），在烟苗移栽的关键时期，需要经常雇佣大批“临时帮手”来帮助烟农尽快完成移栽。机械化移栽是将烟农从繁重的劳动中解放出来的重要方式。早在20世纪80年代，科技人员就开始探索研究烟草移栽装备技术，烟草科研院所、机械厂商及一线种植技术人员通力合作，目前已经研制出多种烟苗移栽装置，主要包括钳夹式移植机构、挠性圆盘式移植机构、吊杯式移植器、导苗管式移植器、双输送带式移植器、滑道分钵轮式移植机构和鸭嘴式移植机构，为烟草规模化种植生产提供了装备保障。从机械化烟苗移栽装备的应用情况来看，半自动化的烟苗移栽机已经在局部地区得到使用，打塘、浇水、放苗、施肥等作业的工作效率可达到6～8亩/（d·台），既节省了移栽人工，又降低了劳动强度。然而，现有的烟苗移栽机也存在不容忽视的问题。一方面，由于烟草种植标准化的缺失，导致育苗与移栽技术体系脱节；另一方面，由于智能化传感装置与控制装置缺失，机械设备结构过于复杂，高矮度和宽窄度调节难度大，取苗、放苗操作也容易造成烟苗损伤。另外，设备保养与维护的成本较高，无形中也增加了烟农的生产成本。以上因素阻碍了烟苗移栽机的推广落地，大部分烟苗机械化移栽技术依然停留在实验室阶段。

目前，不少学者提出要借助视觉传感器、集成控制等信息化技术来提升移栽装备的集成研发水平。想要推进烟苗移栽智慧化发展，还需解决以下两个问题：一是烟苗机械化移栽的技术标准缺失。烟苗机械化移栽是实现烟叶全生长周期机械化生产的开端，其技术标准的建立严重影响烟叶种植全程机械化的发展。目前我国尚未建立烟苗机械化移栽技术标准体系，导致工厂化育苗与烟苗机械化移栽作业之间技术体系脱节，制约了烟苗移栽设备的研制。二是烟苗移栽设备的智能化程度较低。现有的烟苗移栽机大多数为半自动化，作业环境及作业姿态的智能化感知手段缺乏，烟苗移栽严重依赖于人工操作，作业准确性、流畅性、安全性均有待提升。

在移栽环节开展数字化创新，首先需要开展移栽关键技术问题环节前移剖析，为烟苗移栽关键装置研制提供目标参数清晰的研发指导方案。开展工厂化育苗与机械化移栽关键技术参数的采集、传输、共享、分析等技术标准研制，促进烟叶设施生产与大田生产的有效衔接。同时，围绕烟苗移栽打塘、浇水、取苗、放苗、施肥、覆膜等作业需求，重点突破机器视觉识别判断、烟苗无损伤自动抓取等关键技术，研制高速作业条件下精准打塘、柔性取/放苗、水肥同步等智能调控关键技术及部件，提高烟苗移栽效率和质量。针对因品种、种植方式、本地化生产环境等造成的农艺参数不一致等问题，研究作业环境视觉传感自动采集判断与作业距离自动调整技术，增强烟苗移栽设备的自适应能力，实现对移栽农艺技术的兼容。

针对清塘点棵费时费力、管理效率低下等问题，基于大数据、人工智能、物联网、自动导航等技术，构建烟苗移栽智慧管理系统，实现对移栽设备的作业计数、作业面积、作业路径、设备状况、维护信息等数据的实时采集和分析管理，提高管理人员的工作效率。制定移栽设备维护、修理及管理制度，为烟苗移栽设备的高效使用提供人、财、物保障。

2.2.3.3 水肥管理

水分和养分是决定烟草生长发育、产量与质量的关键因素。水分与肥料的不同配比，会对烟草生长发育过程产生不同的耦合效应。烟草种植水肥一体化技术是基于烟草水肥耦合机理、烟田土壤墒情、烟草需水需肥规律，借助压力供水系统，将肥料溶解在水中，在灌溉的同时进行施肥，适时适量地满足烟草对水分和养分的需求，实现烟草在大田种植过程中水肥同步管理和高效利用的一种节水农业技术。

从2004年起，国家烟草专卖局开始推动水肥一体化技术在烟草领域的研究。2016年，烟草行业积极落实国家推进农业面源污染防治“一控两减三基本”的战略部署，将水肥一体化技术作为烟草种植的重点技术进行推广。烟草种植水肥一体化技术不是单纯地将灌溉和施肥结合，而是综合考虑烟田土壤墒情、烟草生育阶段、气候、农艺措施、烟草品种等多种因素，建立起适宜的烟草灌溉施肥模式和技术操作规程，形成烟草种植水肥一体化技术体系，实现技术效用最大化。近年来，水肥一体化技术在部分烟草种植区（特别是高标准烟田）快速推广应用，但是相关设备的智能化水平还比较低。从水肥一体化技术实际应用情况来看，仍存在灌溉施肥不均匀、设备不配套、与中耕管理措施有矛盾、水肥耦合技术与实际生产结合度不够等问题，尤其是受年际间烟草种植气候影响时，很容易导致原定的灌溉施肥计划与实际烟草生长所需水肥有出入，很难接近烟田水肥一体化管理的既定目标。因此，烟草在大田期水肥施用的精准性、及时性和有效性还有待提高。

从我国水肥一体化技术发展的趋势来看，基于智能控制、传感与检测、3S等技术，越来越多的智慧农业企业已经着手水肥一体化设备的集成研发与应用，水肥一体化系统智慧化发展已经成为精准灌溉和施肥的技术创新方向。我国作为世界第一烟草生产大国，研制烟草种植领域智能水肥一体化技术与装备，也是推进现代烟草农业绿色生态、可持续发展的重要技术创新措施。

开展智能水肥一体化技术与装备研究是烟草种植灌溉施肥智慧化发展的重点方向，在推进烟草种植灌溉施肥的智慧化发展时，须注意以下3个问题：一是基于不同生态型烟区的烟草优化水肥一体化技术体系待建。目前，烟草行业内的科技人员已经开展了不同生态型烟区烟草优化灌溉制度的研究，但基于灌溉与施肥相结合的适用于水肥一体化的技术体系尚未建立。二是烟田数据采集设备缺失，水肥一体化技术应用缺乏数据支撑。烟田物联网数据获取设备缺失，无法支撑土壤墒情、气候、烟株状态等多源异构数据的采集及水肥配比模型的构建。三是我国现有的烟草种植水肥一体化设备的智能化程度还很低。由于技术体系、数据采集设备、水肥配比模型的缺失，导致水肥一体化设备的智能化程度不够，无法根据烟草品种、土壤墒情、农事活动、气候条件等因素的变化而智能调整水肥施用方案，只能依靠烟田管理技术人员的经验来决策，烟草种植水肥一体化设备智能化提升空间较大。

水肥管理和调优是智慧烟草农业重要的应用场景，通过探索与烟草种植水肥一体化技术相配套的工程措施、农艺措施、灌溉方式、养分配比等技术标准，构建基于土壤墒情、品种特性、气候、烟株长势、耕作情况等多源数据采集、接入、共享标准，制订基于多技术参数的水肥一体化技术评价标准，提高烟草种植水肥一体化技术的针对性和实用性。以烟草种植水肥精细化管理为目标，通过烟田物联网技术，实时采集及高效积累烟草种植多源多维数据，并在此基础上，结合烟草水肥供需专家知识，构建普适性、动态化的烟草大田期水肥供需模型，对烟草水肥投入进行提示与自动化控制。构建智慧烟田水肥决策管理系统，运用大数据、物联网、云计算、自动控制等信息与装备技术，基于烟草大田期的水肥农事操作流程及水肥动态供需模型，构建定制化的智慧烟田水肥决策管理系统，实现烟草水肥技术体系设施设备、水肥供需操作及水肥数据的实时统计分析和可视化展示，支撑基于移动端的水肥设备远程控制，提高烟田水肥管理效率和水平。

2.2.3.4 病虫害防控

烟草病虫害防控就是在烟草农业生产过程中，采用物理防控、生物防控及精准用药等病虫害防控技术，提高烟草病虫害综合防治效率，减少农药使用量，保护烟田生态环境，降低烟叶农药残留，提高烟草质量安全水平。我国烟叶种植区域的纵向横向跨度很大，各地生态环境差别大，导致烟草病虫害的种类繁多。据统计，侵染性病害达到68种，虫害可达200多种。病虫害的暴发会影响烟草农业生产，造成烟草产量和质量严重下降，是烟草大田生产面临的主要威胁之一。

我国高度重视烟草农业绿色防控技术的创新与推广。近年来烟草农业绿色防控工作成效显著。2018年，全国共建设“三虫三病”单项靶标示范区24个，绿色防控综合示范区502个，各烟叶主产省（区、市）运用了以蚜茧蜂等天敌为主、以蠋蝽等天敌性诱为主、以减量精准施药为主、以免疫诱抗为主、以根际拮抗菌群调控为主、以波尔多液和生物菌剂联控为主的六大防控技术。2021年，为了进一步贯彻落实国家绿色低碳发展战略及行业高质量发展的重大需求，国家烟草专卖局印发《烟草绿色防控重大科技项目实施方案（2021—2025年）》，着力推进烟草绿色防控重大科技项目落地实施，进一步推动烟草绿色防控创新升级。

从烟草农业绿色防控技术取得的阶段性进展来看，化学防治依然是我国烟草农业最为普遍的病虫害防治方法。目前，我国烟草喷药设备的种类单一，难以满足多种病虫害的防治需求。现有的烟草施药设备大多处于“人背机”的发展阶段，设备的智能化程度低。药液喷施量严重依赖人工经验，在烟农对施药量判断不准的情况下，易造成病虫害防治效果欠佳，病虫害为害加剧，或者农药喷施过量，进而导致烟叶农药残留、烟田环境污染及农资成本增加等一系列问题。从烟草病虫害预测预报工作情况来看，烟草病虫害预测预报手段缺乏，主要依靠技术人员定时、定点、定区域对病虫害信息进行统计，费时费力，所采集的病虫害数据的覆盖面较窄、代表性不够，严重制约了预测预报的速度和精度。防治工作与预测预报工作衔接不紧密，无法将病虫害的预测预报数据转化为病虫害防治方案。总体来看，我国烟草病虫害的预警能力还有待提高。

随着烟叶大田生产专业化、集约化程度的提高，无人机喷药技术和智能防虫灯等信息化设备，逐渐成为开展烟草病虫害预测预报和统防统治的技术手段，在成片的烟草种植区得以推广应用。智慧植保作为烟草绿色防控的创新发展方向之一，被列入《烟草绿色防控重大科技项目实施方案（2021—2025年）》，已成为智慧烟草农业建设的重要板块。

绿色防控是烟草高质量发展的必要保障，智能技术赋能绿色防控目前还存在以下4个问题。

一是烟草智慧绿色防控的技术支撑体系及标准有待构建。随着遥感技术、图像识别技术、智能感知技术在植保领域的发展和应用，填补了智慧植保的技术应用空白，丰富了原有烟草病虫害绿色防控的技术体系。为了加速智慧植保技术与传统植保技术体系的融合，应当尽快完善烟草智慧植保的相关体系与标准。

二是烟草智慧绿色防控的关键技术融合创新不足。植保作业对数据获取、分析与控制专业化需求突出，我国传统的病虫监测装备生产维护成本高，调查监测站点少，自动化程度差，工作效率低下，导致了烟草病虫害信息采集渠道单一、数据不足、代表性不强；病虫害发生发展的监测预警模型尚不成熟，难以在生产中发挥作用。此外，配套烟草无人机植保的施药技术、标准等也需要进一步研究。

三是烟草智慧绿色防控存在基础数据短板。测报技术人员缺乏、监测技术手段落后、数据标准不统一成为烟草植保的主流现状，严重影响了病虫害统防统治的准确性。构建烟草植保大数据，支撑植保技术人员开展病虫害识别分析、精准化病虫害预测预报、可视化分析、精准施药，才能充分发挥智慧植保技术与设备的作用。当前可研究建立烟草病虫害地面监测体系和空中监测体系，为烟草病虫害精准防治提供大数据支撑。在建立地面监测体系时，基于烟草病虫害测报站点，利用虫情测报灯、孢子捕捉器、小气候信息采集仪、移动式病虫害识别设备，安排长期固定的观察计划，对病虫害的发生时间、发生范围、为害程度等重要数据进行有效监测预报。在建立空中监测体系时，结合航空遥感监测和无人机遥感监测技术及装备，提取重要的监测信息，辅助分析烟草病虫害发源、分布和发展状况。研发实用的烟草智慧植保设备，依据不同调查环境下的作业需求，集成光学传感器、视觉组件、移动终端等多种技术和装置，研制手持、微距、探杆、支架等多种智能化便携式移动病虫害测报工具，实现对烟草病虫害发生信息的快速智能化获取、病虫害图像的智能识别与判定、病虫害发生位置信息自动上传等功能。丰富烟草病虫害相关数据的采集渠道，解决植保数据量少、数据代表性不足等问题。

四是烟草无人机植保作业关键技术有待突破。针对烟草丘陵山地种植分散、地块不规则，无人机喷药均匀性差等问题，需要研究基于无人机喷药作业方向的不规则区域航线规划模型算法，快速规划丘陵山地区域烟草植保无人机作业航线，确保作业过程能耗和药耗达到最优化。针对低空植保作业无人机药液受周围气场影响严重、漂移现象明显等问题，基于烟叶在大田生长姿态，研究无人机航空施药时，巡航高度对药液沉积分布的影响规律，构建烟草无人机施药高度自主控制模型算法，保证丘陵山地不同区域间无人机喷药的均匀性。

2.2.3.5 防灾减灾

烟叶生长过程受气象以及病虫害影响较大，防灾减灾十分重要。大风、暴雨、冰雹、强降水、干旱、霜冻、暴雪等气象灾害，都会导致烟叶出现减产、损伤、烟田大面积被毁等情况。烟草的叶片作为收获器官，宽大而且脆弱，比其他作物更易遭受冰雹、大风的伤害。5级以上的风就能使烟叶受损，轻则使叶片相互摩擦造成伤痕，重则会使叶片破裂、烟株倒伏，严重影响产量和质量。因此，防灾减灾体系的构建对烟草的产量和品质有重要影响。

近两年新出现的“田间水肥”防灾减灾管理模式，包括建设水利工程、加强田间管理、完善农业保险、建立预警机制、提升烟农参与意识等综合措施，均能达到防灾减灾的效果，降低旱涝急转对烟草产量与品质的不利影响。针对雹灾的防范措施主要依靠防雹网，防雹网防御烟田雹灾安全有效，且具有防虫、防病、防轻霜等效果。针对霜冻、暴雪等低温冻害，可采用追肥和加强管理等措施。在烟草种植过程中，及时获取气象信息并迅速采取措施，依托先进的气象监测手段和预报预警技术，打造科学、现代、实用性强的多功能气象保障服务系统，可全面提升烤烟生产气象预警和快速响应能力。

相较于传统种植以及防灾减灾措施，将气象服务与烟草防灾减灾体系统筹建设，具有及时、高效的信息传递优势。建设灾害预警系统并建立灾害预警响应机制，将气象领域防灾减灾的数据信息第一时间传递给各层级，能够使预警宣传工作获得更好成效，气象灾害服务能力进一步提升。尤其是对于一些频繁出现气象灾害的地区，使用预警系统，通过新媒体及互联网，迅速发布相关气象信息，保证烟草生产从业者能够迅速做出调整措施，降低天气变化带来的负面影响。

从预防烟叶增产增收及安全性保障两个角度出发，学者们为提升防灾减灾成效及保障烟农利益，研究如何利用专门的技术，专用设备设施，对特定环境和时间内的气象发展变化情况作出科学的分析与预测，并通过专业化的气象分析研究，预测气象变化对烟叶生产的不利影响，方便农业生产者及时掌握气象信息，及时采取积极的防灾减灾对策。

农业气象智慧服务是解决农业生产防灾减灾的主要实践途径。烟草防灾减灾的智慧化存在较大的发展空间。目前，我们应当正视以下问题：一是烟草农业气象灾害预测预报体系有待完善。在信息共享方面，烟草生产管理部门、应急管理部门与气象服务部门还没有形成便捷、高效的信息共享机制。灾情信息采集主要依靠人工完成，自动化的信息采集与感知技术应用缺乏，导致烟草农业灾害信息采集和预测效率低下，严重影响了气象预报的时效性。在人才队伍建设方面，随着烟草农业规模化、现代化生产水平不断提高及全球气候的快速变化，气象人才队伍与农业气象事业的发展不匹配，能下沉烟草生产一线的专业气象人才太少，加剧了烟草农业气象专职服务的落后程度。二是烟草农业气象精准预测预警能力有待加强。在农业气象研究领域，针对晴雨定性等一般天气预报的准确率高达90%，对定量、定点和定时的预报精准度欠佳，天气预报的精准度和及时性与农业生产的实际需求还有差距。另外，烟草主产区覆盖面积广阔，烟田地形复杂多样，区域性烟田小气候状况多变，导致局部范围的极端气象灾害预测困难。因此，为实现烟草智慧防灾减灾，加强烟草农业气象预测预警的精准度十分重要。

一是需要进一步完善烟草农业气象灾害预测预报体系，加强信息共享，建立涵盖省—市—县—乡—村各级气象防灾减灾服务体系，加强烟草种植管理部门、防灾减灾部门、气象服务部门间的沟通协作，充分应用统一的数字化管理平台，实现气象灾害预测预报信息的高效共享。强化灾害信息采集手段，综合运用GIS、卫星遥感、多光谱、无人机、图像分析、物联网等技术，构建“天—空—地”一体的气象灾害信息采集技术体系，开发便携化测报智能工具，支撑烟草气象灾害信息的速测速报。建设专业化气象服务人才队伍，对基层台站烟草农业气象业务与服务岗位进行合理设计和分配。优化气象服务技术人员的知识结构和专业素质，构建一支专业水平高、科研能力强的复合型气象服务人才队伍，匹配现代化烟草农业的发展需要。

二是构建烟草农业气象大数据平台。建设一体化的智慧烟草农业气象大数据系统，涵盖气象监测预报、烟草大田观测、烟田土壤墒情、农事活动、气象灾害、烟叶产量、遥感监测、气候资源区划、农气服务指标、农气知识库等数据资源，实现烟草农业气象数据采集、存储计算、清洗加工、挖掘分析、可视化、共享交换等一系列基础服务。突破烟叶主产区的多元多维地图、烟草农业气象模型超市、烟草病虫害图像识别等关键技术，为全国智慧烟草农业气象大数据的创新应用提供平台支撑。基于多年气象站点数据和烟叶主产区产量、品质等多维度数据，构建烟叶生长各个阶段气象要素与产品质量的关系模型，并将不同时期气象对产品质量的影响作为调控因子，向生产主体提供更精细、更科学的田间管理方案。

三是构建面向烟叶生产主体的普惠气象智能服务体系。针对不同层次的烟草生产主体需求，将预警预报业务系统与发布系统自动关联，通过手机App、微信、网页、LED固定显示屏等渠道实时发布气象服务信息，有效扩大气象预警预报信息服务的覆盖面，实现气象服务产品制作从体力劳动向智能生产转变，服务模式从单向推送向双向互动转变，服务信息从低散重复向集约化精准服务转变，逐步构建智能感知、精准泛在、情境互动、普惠共享的烟草智慧气象服务生态。

2.2.3.6 烟叶采收

烟叶采收是烟叶大田期最后一项重要的农事活动，意味着烟叶进入生理成熟期。烟叶田间成熟度通常划分为生青、不熟、欠熟、尚熟、成熟、完熟、过熟、假熟8个档次。采收处于最佳成熟状态的烟叶，有助于获得最佳的烟叶品质和经济效益。充分成熟的烟叶具备叶片组织结构疏松、油分香气足、色泽光鲜、易烘烤、烤后吸食质量高等特点，因此判断鲜烟叶是否成熟是科学采收的关键指标。

烟株叶片的成熟规律是从下到上成熟的速度越来越慢。烟叶成熟阶段会出现叶色变黄、主脉变白、茸毛脱落、叶片下垂、现成熟斑等外观特征，不同部位的烟叶遵循不同的采收标准。一般情况下，人工采收烟叶分5～10次开展，每次间隔4～10 d，每次采2～3片，上部烟叶一般按照每组4～6片一次性带秆烘烤。由于烟叶采收质量与烟叶烘烤质量紧密相关，烟叶采收应按照“同一品种、同一部位、同一成熟度”的采收原则，以保障烟叶在烘烤过程中，内含物质分解转化速度、变黄及干燥速度的一致性，提高烟叶烘烤质量。目前，烟叶采收作业基本依靠人工完成，其用工量在采、编、烤3个环节最大。每当烟叶采收的农忙时节，烟区经常出现烟叶采收用工短缺的情况，为了不误农时，烟区通常需要临时聘请大量劳力。正确识别和判断鲜烟叶的成熟度是烟叶采收的必备技能，但是不同的烟叶品种、生态条件和田间管理等因素无形中又增加了采收人员对烟叶成熟度的判断难度。一般情况下，被临时聘用的烟叶采收人员必须在采收前接受技术培训和指导，在短时间内建立起对所采片区烟叶成熟度的认知，通过直觉感官和主观经验来识别、判断鲜烟叶成熟情况，完成烟叶采收任务。由于每个人对烟叶成熟标准的把握不一致，往往发生对烟叶成熟度把握不准，出现青烟早采的情况，导致出现烤后烟叶化学成分不协调、感官质量差等问题。

近年来，我国多次尝试引进国外成熟的烟叶采收机械，但由于我国烟草种植环境、种植标准、烟叶品种、地形地貌与国外差异较大，特别是中式卷烟加工对原料的特殊要求，引进的设备并不能完全满足国内烟叶采收情况，无法达到令人满意的采收效果。事实上，国内学者高度关注烟叶采收技术与设备的研究，并开展了大量的技术探索实践，但从现有烟叶采收设备示范应用的情况来看，还存在采净率较低、破损率较高等问题，离烟叶科学采收的目标还有较大差距。推进烟叶全程机械化生产是烟草农业转型升级的发展趋势，相比其他大田生产作物，烟叶采收已经成为全程机械化生产的“掉链子”环节之一。根据烟叶采收技术与设备的需求，提升烟叶采收设备的自动化、智能化水平将成为烟叶采收技术与设备创新发展的主攻方向。

烟叶采收环节相比于其他环节，其机械化需求更加明显，发展空间巨大，从国内目前的研究进度来看，主要存在以下3个问题。

一是烟草采收的宜机化水平有待提高。受到我国烟叶种植模式、烟区地理环境和气候条件、烟草种植农艺技术要求等多个因素的制约，从田间起垄开始，烟叶生产垄高、垄宽、垄距、株距均不统一，严重影响烟叶生产全程机械化作业，导致我国烟叶采收机械化作业成为行业难题。建立宜机化烟草农业标准体系，是推进烟叶采收智慧化发展的必要前提。2021年12月，中国烟草总公司印发《构建宜机化烟草农业标准体系促进农机农艺融合发展三年行动方案》，提出以宜机化烟草农业标准体系建设为突破口，促进农机农艺融合，加快关键环节农机装备研发推广，推动烟叶生产向全程全面机械化升级。

二是烟叶机械化采收的关键技术与装置研究有待加强。在烟草采摘机械的实际应用过程中，由于采摘作业环境的不确定性，对烟叶收获装备的智能化提出了更高要求，烟叶采摘机械手和末端感知装置需要较高的柔和性、灵敏度和稳定性。因此，加强视觉识别、精准定位、柔性控制等关键技术研究，研制烟叶采摘自主驱动和智能控制装置，是提高烟叶采摘成功率、降低烟叶破损率的关键内容。

三是烟叶采摘智能化装备技术攻关合作模式有待优化。由于长期受到“制造成本高昂、规模应用效益少、农民购买力低下”等因素的制约，我国传统农机企业“小散弱”的特征明显，专门针对烟叶采摘智能化装备技术研发的机构和人才缺乏，相关高校、院所、企业在烟草农机的研发上投入较少，造成烟叶采摘装备研究大部分停留在样机阶段，烟草采摘农机装备“研发—应用—推广”的合作模式尚未建立。

烟叶采收的数字创新需要统一烟叶采收作业流程方式、农艺技术参数、作业质量评价指标。在原有烟叶采摘装备研发的基础上，充分考虑智能设备的提升与集成示范，提前制定烟叶采收过程中关键数据的采集、接入、分析、应用等标准。建立健全烟叶采收机械化作业标准体系，在高标准烟田区域先行试点，按需推进。同时，按照高标准烟田宜机化作业规范，加快研发适合高标准烟田地形地貌和环境特征的烟叶采收田间作业装备，重点突破烟叶采收末端执行器运动与控制技术，融合鲜烟叶成熟度判别模型，创新农艺农机信息融合方法，研制烟叶成熟度准确判断、烟株部位精准识别、烟叶自动柔性采收、烟叶无损放置等关键部件，实现烟叶自动采收。

2.2.4 产后应用需求分析

2.2.4.1 烘烤

烘烤是烟叶生产过程的关键环节，与烟叶质量密切相关。“烟叶烤好是块宝，烤坏一堆草”，这是当下我国烟草烘烤技术的现状。鲜烟叶的优良品质只有通过烘烤调制后才能得以体现和固定。烤后烟叶的外观由绿变黄、叶片失水收缩、叶片变薄，烟叶内部淀粉、色素等大分子物质降解，糖类大量生成、致香成分含量提升。烘烤环境的温湿度和烘烤时间是影响烟叶品质的关键因素。

目前常见的密集烤房包括供热设备、循环风机、自动控温系统（温湿度传感器）、排湿系统（进风门、排湿窗）。在烘烤过程中，烘烤技术人员通过观察烟叶的形态和颜色变化，来判断烟叶的变黄失水情况，从而对烤房的干湿球温度、稳温时间等控制因素进行调节，以保证烟叶烘烤质量。为了进一步提高烟叶烘烤质量，烟草科技工作者一直在积极探索最佳的烟叶烘烤工艺。目前，烟叶烘烤多以三段式烘烤工艺为基础，同时，在不同烟叶主产区也延伸出了更为精细化的多温度点密集烘烤工艺，如“三段六步式”“五段五对应”“八点式”等烘烤工艺，这些工艺对烟叶烘烤过程中干湿球温度与烟叶变化状态提出了更为精细的对应关系。

相对于普通烤房，密集式烤房拥有较成熟的自控设备，具备生产成本降低、烘烤质量提高、技术工艺成熟等优势，但其仍是一个需要高度依赖烘烤人员技术和主观经验的烘烤工具。在烘烤工作中，烘烤团队要保持

24 h值班状态，劳动强度大、责任大、压力大是烘烤技术员的工作常态。此外，烘烤专业技术人员需要人为判断鲜烟叶成熟度、烘烤中的烟叶变黄和干燥程度，再加上受各种人为因素、自然因素、设备因素、人员技术因素的影响，烟叶烘烤执行超前或滞后的现象时有发生。

为提高烟叶烘烤质量，降低生产成本，越来越多的科研人员开始探索智能烘烤技术，如何实现烟叶烘烤阶段的自动精确判别和操控，提升烟叶烘烤工艺的精准度及决策水平，这也是目前烟叶烘烤智慧化发展的研究重点。

与烟叶生产的其他环节相比，信息技术与装备在烟叶烘烤环节具备非常明确的应用场景。目前，烟叶烘烤智慧化发展存在以下3个问题。

一是缺少烟叶烘烤的智能装备。装编烟及上架、下架等作业完全依靠人工，用工多、劳动强度大。

二是缺少数据驱动的烟叶烘烤曲线和调优决策模型。目前，尚未检索到有关烤房温湿度数据、烟叶外在感官图像数据、烟叶内部化学成分数据三者之间的关联分析模型的研究报道，现有的烟叶烘烤工艺曲线存在不足。

三是烟叶烘烤管控系统有待构建。在烟叶烘烤过程中，缺乏对烤房环境、烘烤记录、工艺曲线、工艺执行到位率、烘烤报警等数据的有效应用，对大量烟农的个性化烟叶烘烤服务需求响应不够。

当前的数字技术应用需求主要在于两个方面，一是可替代人工的高效作业装备，二是基于数据和模型的烘烤曲线优化决策系统，其中辅助决策模型构建和烘烤大数据分析服务平台建设是当前的热点。基于5G、物联网、图像分析、视频流边缘计算等技术，构建烟叶烘烤监测网络，实时、精准获取影响烟叶烘烤质量的关键参数，形成烟叶烘烤质量指标体系。基于大数据、人工智能等技术，突破烟叶烘烤多源数据关联分析的技术瓶颈，综合运用烟叶烘烤动态时序数据，构建烟叶烘烤工艺曲线指导模型，开发烟叶烘烤管控平台系统，支撑烟叶烘烤过程的实时监测预警与精准调控。以提升烟叶烘烤服务和管理质量为目标，基于云计算、区块链等技术，搭建烟叶烘烤大数据综合管理服务平台，在烘烤数据监测、烘烤模型推荐、烘烤历史记录、工艺执行评价、烘烤技术指导等方面，为烟叶烘烤从业人员提供个性化服务。

2.2.4.2 分级

烟叶分级是烟叶收购环节的一道重要工序。分级是指将同一组烟叶，按照既定因素的优劣来划分级别。我国现行的烟叶分级国家标准，共有42个等级，其中主组29个等级，副组13个等级。从管理者角度来说，烟叶分级是稳定卷烟制品原料质量及推行优质优价烟叶价格政策的必要一环。对于烟农而言，烟叶分级是获取相应经济报酬之前必经的评判过程。

品质因素可用来反映烟叶等级质量的外观，主要由成熟度、颜色、身份、叶片结构、油分等组成。影响烟叶品质好坏的外观因素称为控制因素，如杂色、残伤、破损等。目前，我国主要依赖人工进行烟叶分级，依赖分级人员的眼观、手摸、耳听、鼻闻等，来判定烟叶质量。每逢烟叶收购的高峰时期，分级现场十分繁忙。为了提高烟叶精细化分级水平，最大限度地维护烟农利益，加派专业分级人员是最常采用的工作手段。在实际烟叶收购过程中，虽然烟叶分级人员大都是具备多年经验的熟练工，但当遇到收购量突增的情况，分级人员必须高强度连续工作，不能得到充分休息，因而分级效果也受到影响，烟叶质量不达标、纯度不够、混部位、混等级等现象时有发生。加之现在农村地区劳力流失严重，劳动力成本持续攀升，长期稳固的专业烟叶分级队伍建设难以为继。

近年来，为了解决烟叶分级过程中用工量大，烟叶分级准确率与效率低下，受分级人员感官和主观经验影响大等问题，行业内科技人员在长期专注于烟叶自动分级技术与设备的研究上，高度重视烟叶分级技术创新，探索开展了基于机器视觉结合神经网络、基于模糊模式识别、基于光谱及高光谱等技术的烟叶分级模型和智能化分级系统的研制工作。烟叶分级技术与设备的智慧化发展，已经成为科研人员推动烟叶分级技术创新发展、代替传统人工烟叶分级模式、促进烟叶生产过程“提质增效”的主要方向。

从烟叶分级技术与设备系统研究的现状来看，想要加快烟叶分级智慧化发展，必须解决以下3个问题。

一是随着计算机视觉和智能识别技术的逐步成熟，应用于烟叶自动分级的技术手段也日益丰富，但在图像获取、特征提取、模式识别等方面还未形成统一的技术标准，不利于开展基于烟叶图像的大数据分析和挖掘。

二是高质量烟叶等级标准图像数据库有待构建。作为烟叶识别模型的

“学习库”和“评价库”，烟叶图像数据已初步构建，但是仅局限于片区化、小规模的烟叶图像数据库，其深度和广度不足以支撑烟叶自动分级模型的优化提升，因此，亟须构建国家级烟叶图像数据库。

三是现有的智能烟叶分级设备的工作效率有待提升。目前，科技人员主要将提升烟叶识别的准确率作为攻关目标，然而现有的智能烟叶分级装备工作效率不尽如人意，从设备商业化落地应用的角度来考虑，还远达不到烟叶收购站对设备工作效率及投入产出比的要求。

进一步推进烟叶自动分级的落地，一是需要突破烟叶自动分级的数字化和标准化瓶颈。加快烟叶图像高通量采集、特征快速提取与识别、自动上料分拣等基础通用技术的适用性验证和熟化；加快研制烟叶数据采集、接入、共享技术标准，开发标准化工具。二是构建具有区域适应性的烟叶等级识别算法。综合我国不同地区的烟叶分级设备数据，积累形成烟叶识别模型“学习库”和“评价库”，加快提升烟叶识别模型的环境自适应能力。研究面向烟叶分级设备的数据处理与智能控制算法加速器，研究烟叶识别智能算法，开发相对应的FPGA验证系统，提升烟叶分级系统平台集成的灵活性，提高图像数据的处理速度，加速智能烟叶分级装备的作业效率，促进设备的商业化落地应用。三是探索烟叶自动分级生产线技术装备与模式。研制烟叶自动定位、高通量柔性输送、高速精准分级、自动化编号等成套的生产线装备，推动初烤烟叶分级的自动化和智能化升级，探索少人化/无人化的烟叶自动分级流水线作业模式，减轻基层烟站烟叶收购负担。

2.2.4.3 仓储

在烟叶烘烤之后，打叶复烤之前，由于受到收购进度、流通速度、天气状况等因素的制约，检验合格的初烤烟叶会经历几个月至半年的仓储阶段。初烤烟叶仓储是集技术、管理于一体的一项综合性工作，包含了烟叶打包、储存等流程。烟叶打包将烟叶进行包装，不仅便于烟叶储藏和外运，而且可以保证烟叶质量、降低损耗。因此，烟叶打包不仅具有一定的经济价值，对于节约原料、降低生产成本也有着十分重要的意义，烟叶打包已成为烟叶仓储和运输前的一项重要工艺措施。传统烟叶包装形式为麻片包装，麻片缝制、烟包封边均需要人工操作，标准化程度差，并需要周期性翻包，不利于品控。散叶堆码与打包，以及取叶环节存在冗余作业，人力重复浪费，且无法追溯质量数据。多年来，我国学者开展了许多关于烟叶打包机的研究，研发出多种体型各异的烟叶压缩打包机。打包机给予烟叶足够的压力，使烟叶压缩得更加紧密，从而实现节约占地空间、降低打包劳动强度、节省烟叶运输成本、降低烟叶霉变和造碎风险等多重目的。现阶段，智能烟叶打包机的研究初见成效。在传统烟叶打包工艺的基础上，通过应用无线射频识别等物联网技术，将烟农信息、烟叶产地、烟叶等级、近红外理化检测等数据写入烟框包装上的RFID标签，为烟叶提供唯一身份，实现烟叶的“来源可追溯、去向可查证、责任可追究”。

在烟叶仓储过程中，仓库管理人员会核对清点烟包等级、数量，根据烟叶等级、产地等信息来分开码垛。在养护期间，会对仓库烟叶的水分、垛温、虫害、霉菌等情况进行定期检查，以保证初烤烟叶仓储养护的安全性。目前，相比复烤片烟的仓储管理而言，初烤烟叶的仓储管理较为粗放，还处于发展阶段。我国仅少量初烤烟叶仓库具备较好的仓储条件，很大一部分烟叶收购站点的仓储基础设施简陋，仓库不具备防潮、隔热、通风、密闭、排湿等功能。此外，一些烟叶仓库空间布局不合理，导致仓容利用率不高、作业流程重复、作业效率低下，一旦烟叶收购量增加，会出现因仓容不足而将烟叶放置在室外的情况。因此，初烤烟叶时常发生水分超限、霉变、虫害、压油、串吸异味、过度醇化等问题，给优质烟叶原料的供应带来威胁。另外，很多初烤烟叶的仓储管理人员还未树立“以提高烟叶醇化质量为中心”的管理理念，仅做一些烟叶防霉、杀虫、垛温监测等简单工作，管理人员的主要精力在烟叶的数量管理而非质量管理上。其次，初烤烟叶的质量监测手段落后。以初烤烟叶的水分控制为例，垛堆烟叶的含水量处于14%～15%时，最有利于提高烟叶品质，如果烟叶水分过高或过低均会影响堆捂质量。堆垛烟叶水分的判断手段还是通过眼观、手摸、手握、手摇等感官检测法，这种依赖人工主观经验的传统检测方式，除了具备较大的工作量外，还会造成监测判断不准、数据统计出错等问题，初烤烟叶的仓储养护和管理水平还有很大的提升空间。

近年来，随着新一代信息技术、装备技术与仓储技术的融合发展，智能仓储在多个行业领域已经得到成熟应用。烟草行业仅针对工业化程度较高的烟叶复烤环节开展了智能化仓储技术的探索研究，针对初烤烟叶的智能仓储技术研究还相对较少，为了促进现代烟草农业与烟草工业的无缝衔接，提升初烤烟叶打包自动化和标准化水平，提高烟叶仓储时期的养护质量，加强初烤烟叶智能仓储技术的创新研发十分必要。

初烤烟叶仓储智能化发展是提升仓储质量和管理水平的重要途径。在推进初烤烟叶智慧化发展时，必须认清以下4个问题。

一是初烤烟叶仓储的管理和技术体系有待规范。按照现有的流程，初烤烟叶会在烟农、烟站、烟叶公司等多个存放地点进行转移，不利于烤后烟叶的质量管控，初烤烟叶规模化仓储的业务管理流程还有待优化。烟叶打包和仓储的基础设施建设规范、流程管理规范、工艺技术标准等尚未统一。烟叶打包与仓储过程数据的监测、采集、上传、分析及分享等数字化、智能化发展的相关标准还有待建立。

二是烟叶智能化打包的关键技术与装备研发有待加强。传统烟叶打包机的控制元件和节点较多，线路连接复杂，导致打包机出现可靠性差、故障发生率高、安全性低等问题。目前，烟叶打包强度依然较大，烟叶智能化打包机的研发刚刚起步，烟叶打包机装备自动化水平一般，标准化、流程化的烟叶打包关键技术与智能装备有待研发。

三是烟叶仓储信息的采集手段落后。在烤后烟叶的实际保管过程中，通常采用眼观、手摸、手握、手摇等感官检测法，对烤后烟叶的水分状态进行判断，温度、湿度、垛温、虫害等情况也严重依赖于管理人员的人工例行检查，数据采集精准度、频次等都难以满足精准监测需求，初烤烟叶变色、霉变、生虫、造碎等情况时有发生。

四是烟叶仓储信息管理系统缺失。烟叶仓储管理涉及烟叶收购、打包、调拨、物流等多个环节，从保障初烤烟叶仓储质量的角度来说，构建烤后烟叶仓储信息管理系统尤为重要。当前大部分烟区还未建设烤后烟叶仓储相关的信息管理系统，仅停留在对烟叶仓储的数量管理，烤后烟叶仓储的质量管理、仓储库存、决策统计、系统集成与监控等功能服务尚未启动。

从科技创新的需求看，主要有以下4个方面。

一是优化完善现代化烟叶仓储管理与标准体系。优化完善现代化烟叶打包工艺的行业标准、烟叶仓储基础设施的建设标准，精简初烤烟叶仓储管理流程。加强信息技术与装备在初烤烟叶打包与仓储环节的集成研发与应用，推动烟叶打包与仓储智慧化发展的标准体系构建。

二是开展标准化、流程化作业的烟叶智能打包技术与装备研究。对传统烟叶打包机进行智能化改进，基于机器视觉、压力传感、人工智能、区块链等技术，研发集上料、称重、套袋、压实、缝包、搬运于一体的自动化烟叶打包生产线，实现打包环节的少人化作业。

三是研制烟叶仓储环境监测和远程调控模块。基于物联网感知技术，研发适用于烟叶仓库环境和烟垛温湿度探测的仪器设备，对烟叶仓库的气温、气湿、气体浓度、仓温、仓湿、垛温、害虫等信息进行实时采集与监测，构建融合仓储实时环境数据、专家知识、烟叶仓储质量评价数据的烟叶仓储监测预警和调控模型，实现烟叶仓库温湿度、虫情、气体浓度等物联网实时数据在手机端的三维可视化展示和报警，并通过仓储远程控制系统对仓库通风设备、气调设备进行远程控制，逐步推动烤后烟叶仓储向自动化和智能化方向发展，从而降低劳动强度，提高管理效率及质量。

四是构建烟叶智慧仓储管理系统。链接烟叶收购和烟叶调拨业务，支持初烤烟叶的出入库作业管理，构建初烤烟叶智慧仓储管理系统。应用激光测绘技术自动计算仓内烟包数量，确保仓内数量精确管理。创新烟包智能仓储技术，包含立体化仓储装备、3D视觉引导抓取、码垛机器人、RFID电子标签技术、环境测控等技术，实现烟叶仓储进出库的数字化管理、自动化操作、智能化决策，实现初烤烟叶的仓储质量安全追溯管理，促进初烤烟叶仓储质量数据与烟叶物流数据的有效融合。

2.2.4.4 调拨

卷烟制作一般按照相对固定的配方，因此需要使用不同地区、等级、品种的烟叶原料，从而成就不同卷烟产品风格和吸食口味。烟叶调拨是指具有烟叶经营权的企业之间，根据国家计划进行的原烟购销活动，它实现了烟叶原料从产地到卷烟企业之间的流通，起到优化烟叶资源配置、夯实卷烟品牌原料基础的作用。烟叶调拨对原料烟叶仓储管理、运输管理及复烤企业生产计划的制定等都有直接影响。

烟叶调拨作业是工商衔接的关键环节，同时受到烟叶生产企业和卷烟工业企业的高度关注。保证卷烟产品品牌质量的稳定性是卷烟生产的基本要求，然而，烟叶原料由于受产区生态、农艺技术措施、质量监管力度、仓储设施条件及技术措施等多因素的影响，其品质千差万别。因此，从各大烟叶主产区挑选出优质的烟叶原料成为质控的关键一环，尤其是高端原料，对烟叶的批次性要求极高。做好原料挑选工作，需要消耗大量的人力、物力和财力。如何减少烟叶原料挑选成本、提高挑选效率，具备一定的挑战性。每逢烟叶调拨高峰期，由于缺乏适用的装卸设备和工具手段，烟叶堆码、打包、装卸、数据统计上报等环节涉及的工作人员繁多，烟叶调拨现场程序复杂、危险系数高，烟包放置、批次与数量统计等管理粗放。另外，烟叶调拨物流也基本依靠人工经验进行管理，尚未实现原烟运输车辆的路线规划和在途监测，烟叶质量在途管理处于空白状态。

当前，国家烟草专卖局提出以优化资源配置、提升效率为主要目标，精益发展理念要贯穿烟叶生产、经营、管理和服务的各个领域。因此，烟叶调拨的高质量管理越来越受到行业重视。随着现代仓储技术、现代物流技术在烟草行业的渗透，烟叶调拨环节的智慧化改造提升，已成为现代烟草农业产业链末端的重点内容。通过利用现代信息与装备，有效提升烟草调拨环节的精细化管理水平，完善烟叶工商协同管理机制，切实防范基层廉洁风险，减轻基层负担，已经成为行业共识。

烟叶数字化调拨面临的挑战主要有以下3个方面。

一是烟叶调拨的管理规范和技术体系有待完善。目前，烟叶调拨工作流程冗余、劳动强度大、严重依赖人工经验，缺乏高效的管理规范和技术体系。

二是烟叶调拨的工商协同机制有待建立。烟叶生产进度与烟叶采购计划的协同是烟叶调拨必须掌握的核心信息。然而，由于各个烟叶生产区的烟叶采摘、烘烤、收购、仓储等环节的执行进度不统一，又缺乏高效协同的管理机制，对烟叶调拨业务时常产生不利影响。

三是烟叶调拨作业和管理的智能化程度有待提高。现阶段，尚未实现信息技术与装备在烟叶调拨环节的深度应用，在烟叶调拨过程中，依然存在业务数据割裂、资源无法协同、作业设备缺乏等现象。烟包出库装车、在途运输、调拨数据统计上报等关键业务的执行率低下。

烟叶调拨数字化技术创新的需求主要包括以下4个方面。

一是在优化调拨管理规范的基础上完善调拨技术体系。要提高烟叶调拨的管理效率，必须详细梳理烟叶调拨流程，找出影响烟叶调拨执行率的关键因素，提出基于信息技术和装备技术手段的业务流程优化方案，进一步优化烟叶调拨的设施设备、核心技术、管理手段、服务方式，逐渐完善烟叶调拨技术体系。

二是构建烟叶调拨智慧管理模块。结合烟叶仓储管理系统和烟叶调拨流程，优化用户管理、基础数据设置、收购数据管理、调拨单管理、可视化在途监管、数据查询统计以及报表查询等业务，实现对烟叶调出计划、库存容量、在途运输等业务的实时查询、统计及可视化展示。构建烟叶在途运输路径优化算法，部署货物在途厢体环境物联网监控和定位导航装置，提高烟叶调拨效率，确保烟叶在途运输的质量安全。

三是集成研发适用于烟叶调拨场景的智能化作业工具。在烟叶仓储智慧化管理的基础上，综合考虑烟叶调拨业务需求，研发货物信息自动识别、货架系统、库内运输、分拣及出库、装车堆垛等设备，实现烟叶调拨环节硬件设施设备的全面改造升级，减少人工成本，提高调拨效率。

四是构建烟叶调拨工商协同管理平台系统。以完成调拨信息高效对接为目的，构建省级烟叶调拨工商协同管理平台，实现烟叶采购主体和烟叶生产主体企业之间的有效链接，实现烟叶调拨需求、执行过程监管、质量追溯等关键信息的有机融合，合理配置原烟资源，促进烟草行业工商协同过程中“采购主体—采购对象—采购进度”的透明化管理。

2.3 本章小结

以推进智慧农业技术在烟草农业产业链各环节的融合创新与应用推广为目标，本章在界定智慧烟草农业内涵与特征的基础上，围绕烟草产前、产中、产后全产业链主线内容的13个环节展开讨论，总结了智慧烟草农业的发展现状、存在问题及创新发展的需求，为现代信息与装备技术在烟草农业领域中的研发应用方向与技术体系框架构建打下了基础。智慧烟草农业是在烟草农业机械化、信息化的基础上，应用农业物联网、移动互联、大数据、边缘计算、人工智能等新一代信息技术，以海量烟草农业信息、数据要素为基础，构成以烟叶生产者为核心的智慧烟草农业服务体系，对烟草生产环节全要素的人、机、物、料、法、环进行自动感知、精准识别与智能控制，形成以新一代信息技术为引领，以智能化生产、可溯化流通、定制化服务为特征的现代烟草农业高级形态，确保农民参与并分享数字红利，实现烟草农业智能化、绿色化、可持续化发展。

智慧烟草农业技术体系

3.1 智慧烟草农业技术体系概述

当前，物联网、人工智能等新一代信息化支撑技术日趋成熟，正加速推动着全球农业现代化进程。在“数字中国”“数字乡村”“数字农业”等系列国家重大战略的引导下，在国家烟草专卖局（公司）、各省级烟草专卖局（公司）的部署推动下，烟草农业正在经历数字化、智慧化转型升级。为了进一步明晰智慧烟草农业创新发展的方向和内容，探索烟草农业生产、经营、管理和服务效率提升的方式方法，本章基于上文对智慧烟草农业的创新发展需求分析，按照“数据感知—分析决策—执行控制—按需服务—平台支撑”的智慧农业实现流程，重点阐述普适性的智慧烟草农业技术体系（图3-1）。

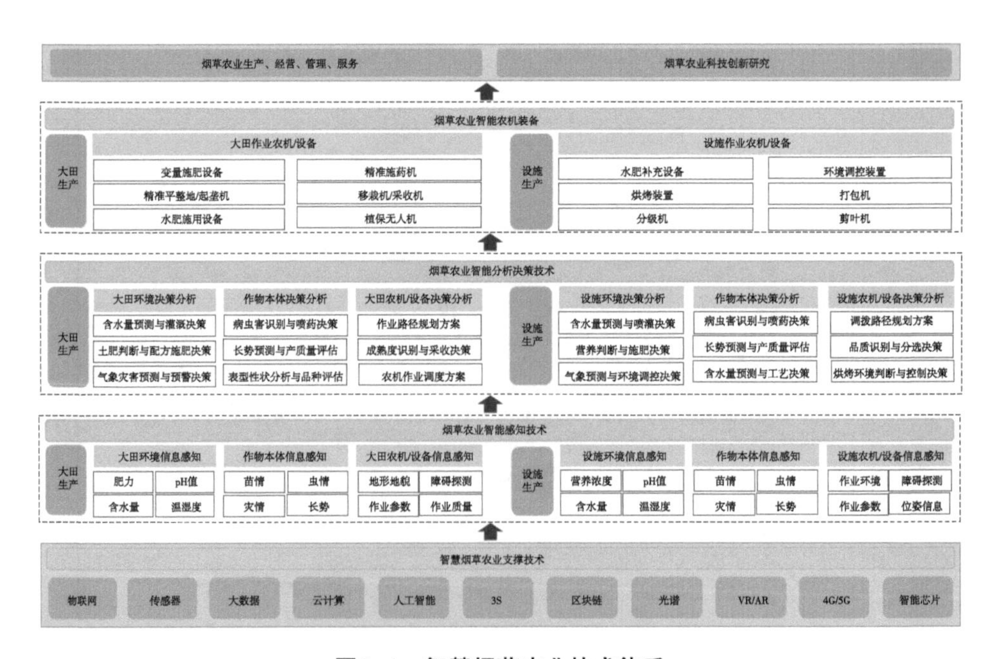

图3-1 智慧烟草农业技术体系

3.2 智慧烟草农业关键技术

3.2.1 传感技术

传感技术同计算机技术、通信技术一起被称为信息技术的三大支柱。农业传感器是及时获取各类农业数据的主要途径与手段，是智慧农业传感系统的“神经末梢”，可以用于感知农业环境或者对象等的信息，如气体成分及浓度、光线强弱、温湿度、动植物生理指标等。

3.2.1.1 传感技术在智慧烟草农业中的应用

随着烟草农业数字化发展壮大，智慧烟草农业需要通过大量的传感器对烟草农业育苗、种植、加工、流通等全过程信息实现泛在感知，并依托高效、可靠的网络通信将烟草农业信息数据进行连接与交换。智慧烟草农业感知传输技术主要包含烟草生产环境信息感知、烟草作物信息感知、农机装备信息感知3个部分。

（1）烟草生产环境信息感知。通过利用能量型传感器等传感设备对烟草种植环境信息感知监测，主要包括农田微环境的气象和土壤等信息，如温湿度、光照、风速、风向、气压、降水量、蒸发量、CO_2浓度、粉尘、PM2.5和土壤温度、土壤湿度、土壤养分、土壤pH值、土壤EC值、土壤盐分等环境因子指标，并通过信息技术对生产环境因子数据加以统计分析，为烟农科学种植及智能生产管理提供精确的基础数据。

（2）烟草作物信息感知。烟叶作物信息感知技术主要指利用生理生态传感器、图像视频设备、光谱监测设备等，并结合遥感、计算机视觉等技术，实时进行烟草生长过程细胞、组织、器官、植株和群体结构及功能特征物理、生理和生化性状参数的检测，探知烟草作物生长长势变化的过程，主要包括烟叶病虫害、苗情、长势等信息，并通过烟草种植知识管理、烟草生长图库、病虫害逻辑关系库及灾害指标数据库等构建烟草监测预警及专家知识系统，实现烟草病虫灾害智能预警防治、水肥一体化智能灌溉、农事指导科学化、决策诊断远程化等智能管理。

（3）农机装备信息感知。农机装备信息感知技术是指在烟草生产各环节的作业农机设备中装载传感器、摄像头、外置GPS、智能监测终端等设备，结合北斗定位导航、智能测控、云计算、大数据和无线通信传输等信息技术，实时获取农机设备自身运行数据及大田或设施作业环境、作业参数、作业位置、作业速度、作业图像、作业轨迹、作业面积等信息，通过农机设备智能导航、精准耕作和智能管控等作业体系，实现农机设备资源调度管理智能化和田间作业质量监控实时化，有助于实现农业规模化、标准化生产，支撑全程机械化作业智能监测体系和农机设备作业大数据云平台建设，提高农机设备监控作业效率和农机设备资源管理水平。

3.2.1.2 智慧烟草农业领域常用的传感器

智慧烟草农业领域常用的传感器主要有以下5种。

（1）温湿度传感器。温湿度传感器用于监测作物生产环境的温湿度信息，温湿度传感器可以是两个独立的传感器，但由于温湿度量之间的密切关系，且环境湿度一般采用相对湿度进行衡量，所以出现了许多温湿度一体的传感器。温湿度传感器多用于种植业中的大田、设施、烤房环境中温湿度监测，也可以用于监测土壤温湿度。土壤湿度的计量与测量方式与空气湿度不同，一般为独立传感器，多采用电容式测量方式。环境温湿度传感器一般部署于空气流通较好的遮阳处，且多采用防辐射罩避免阳光直射，保证空气流通，常见的温湿度一体化传感器结构图如图3-2所示。在室内环境如温室等根据建筑结构选择一个或多个点进行部署，以全面反映不同位置的温湿度差异。土壤温湿度的监测一般将传感器部署于作物根部土壤中，以测量与作物的生长、发育关系最密切部分的土壤温湿度情况。部署时根据不同作物根系深度确定传感器深度。土壤湿度传感器的工作原理如图3-3所示。

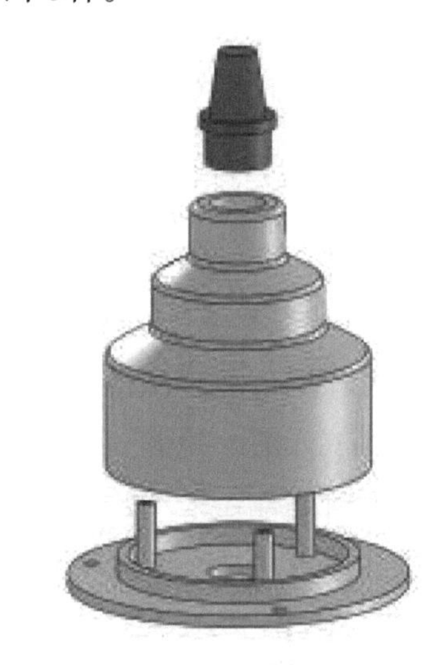

图3-2 温湿度一体化传感器结构图和安装示意图

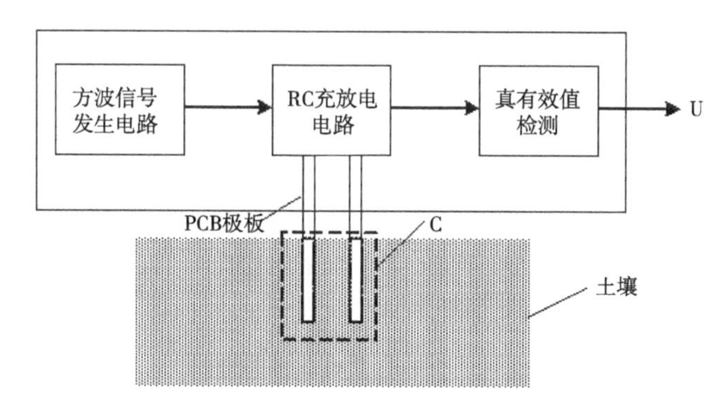

图3-3 土壤水分传感器结构原理图

（2）光合有效辐射传感器。光合有效辐射传感器用于监测作物生长环境的光照强度，用于测量400 ~ 700 nm波段的光合有效辐射，测量单位是微摩尔每秒每平方米［μmol/（s · m^2）］。照度单位lx（勒克斯），有效范围在200 ~ 200 000 lx，以决定是否需要遮阳或补光。光合有效辐射传感器常用于测量植物冠层、温室、人工气象室、密闭条件实验室或者远程环境监控地等的光合有效辐射。光合有效辐射传感器用于监测光照条件是否满足作物生长所需，也可与温湿度、二氧化碳等传感器联合使用，判断当前是否需要通风、灌溉以及补充二氧化碳等。光合有效辐射传感器应部署在光照充分位置且避免遮挡。图3-4所示为光合有效辐射传感器的纵截面示意图。

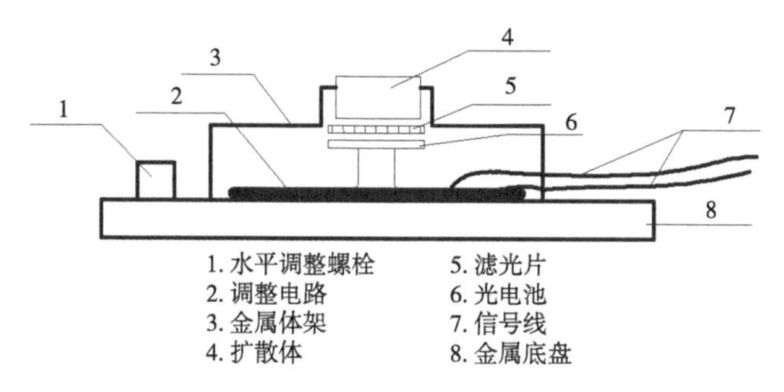

图3-4 光合有效辐射传感器的纵截面示意图

（3）二氧化碳传感器。用于监测空气中的二氧化碳浓度，便于决定是否增施气肥或通风换气。一般用于密封或半密封的温室、大棚中。目前常用二氧化碳传感器主要分为两种，即固态电解质方式和红外方式，其中红外方式在精度和长期稳定性上有着明显优势。红外二氧化碳传感器采用NDIR（Non-Dispersive Infra-Red）原理在光路中发射对二氧化碳响应较大的一定波长和强度的光线，光通过气体后部分光强被二氧化碳吸收，相关检测器通过计算吸收强度分析出当前的二氧化碳浓度，测量原理如图3-5所示。

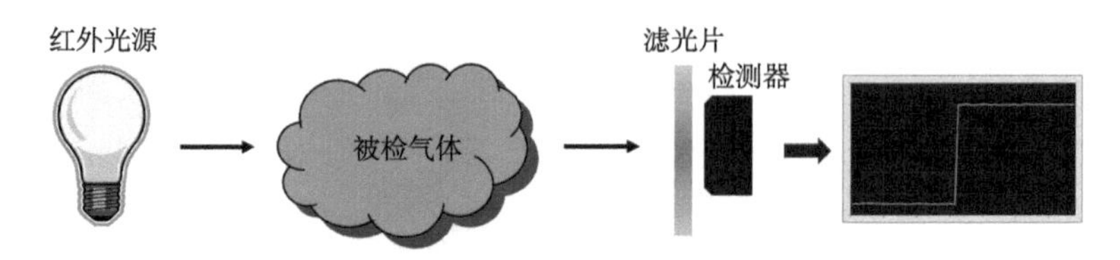

图3-5　红外式二氧化碳原理图

（4）电导率/酸碱度传感器。电导率/酸碱度传感器是由电导电极、pH电极、PT100温度传感器、pH和温度测量电路、EC测量电路、数模转换电路、电压电流转换电路、存储模块、微处理器、通信电路以及其他外围电阻组成，如图3-6所示。pH电极传感器的电动势信号经过低漏电流输入级和增益级，信号电平进行抬升和放大，输出0～2.5 V的模拟信号送至模数转换电路。由控制器PWM信号产生可编程的交流电流源加在电导池上，流过电导池的电流经放大器适当放大转换为电压信号，经过检测电路就得到了与被测电导率成正比的电压。控制器对温度信号和电导率信号轮流采样进行A/D转换，经控制器计算就得到了被测溶液在25℃基准温度时的电导率。

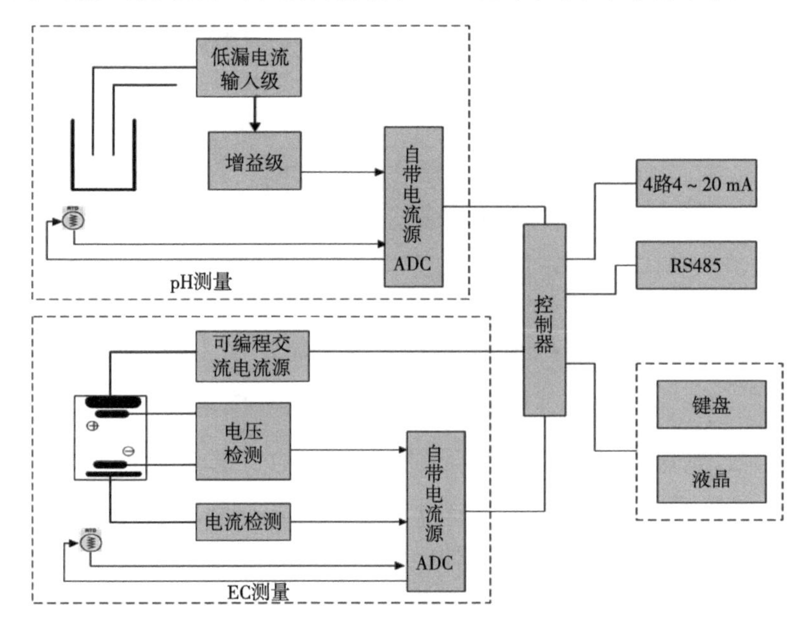

图3-6　EC/pH传感器硬件结构框图

（5）农业智能传感器。农业智能传感器是一种带有微处理器的传感器，兼有信息监测、信号处理、信息记忆、逻辑思维与判断等智能化功能，是传感器、计算机和通信技术结合的产物。对智能传感器目前尚无统一定义，早期人们简单地认为智能传感器就是将传统的传感器和微处理器集成在同一块芯片上。随着智能传感器技术的发展，较多的学者认为智能传感器是将传统传感器和微处理器结合并赋予智能化功能的系统，即智能传感器系统。智能传感器系统主要由传感器、微处理器及相关电路组成，如图3-7所示。

农业智能传感器在常规传感器的基础上，采用信号调理电路对电信号进行滤波、放大、模数转换后送到微处理器。微处理器对接收的信号进行计算、存储、数据分析处理后，一方面通过反馈回路对传感器与信号调理电路进行调节，提高测量精度；另一方面按一定通信协议数字化输出感知数据，方便多传感器数据的传输处理。

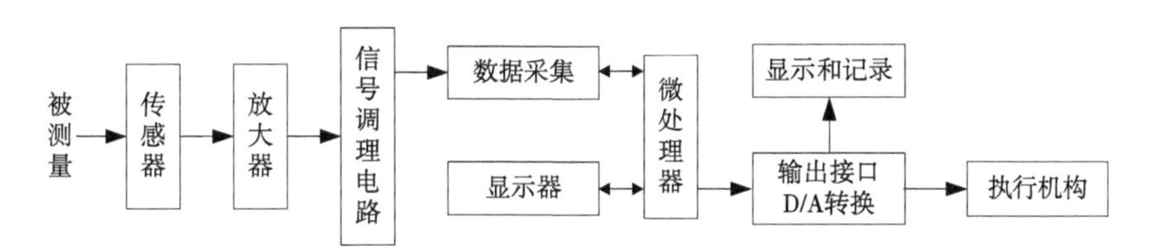

图3-7　农业智能传感器结构框图

农业智能传感器相对比农业常规传感器在功能和性能上有了极大的提高，主要表现为以下5个方面。

一是智能补偿与修正。农业常规传感器在不同场景中有其性能局限性，影响感知精度，农业智能传感器则可以对采集数据进行智能分析与修正，如对感知器件非线性、温度漂移、噪声、响应时间、时间漂移等误差进行补偿与修正。农业智能感知系统需要实现野外环境的长时间无人值守工作，温、湿度等工作环境变化巨大，连续工作时间长，而传统传感器的补偿电路难以实现大范围多参数的自动修正，农业智能传感器则可以通过嵌入式软件对数据进行补偿修正。不仅如此，农业智能传感器还可以根据系统工作的具体场景需求决定各部分的供电以及数据上传的周期与速率，使系统工作处于最低功耗与最优性能的状态。

二是自检、自诊断和自校准功能。农业智能传感器还可通过对环境的感知判断，实现对自身故障的诊断与自校准调整。由于农业监测场景的恶劣环境，监测设备会有较高概率出现某些内部故障而导致设备不能正常工作，对于无人值守的监测系统，人工检修设备故障费时费力，而农业智能传感器可通过其故障诊断软件和自检软件，借助其内部检测线路找出异常现象或出故障的部件。部分问题可由操作者远程控制对设备进行重置或在线校准解决。

三是软件组态功能。农业智能传感器设置包含有多种模块化的感知硬件和软硬件，用户可通过操作指令，改变智能传感器的硬件模块和软件模块的组合状态，以达到不同应用目的，完成不同功能，实现多传感、多参数的复合测量，增加传感器的灵活性和可靠性。

四是双向通信和标准化数字输出功能。农业智能传感器具有数字标准化数据通信接口，能与计算机直接相连或与接口总线相连，交互信息，这也是农业智能传感器智能化的关键标志之一。

五是信息存储与记忆功能。可存储各种信息，如设备历史信息、校正数据、测量参数、状态参数等。对检测数据的随时存取，可大大加快信息的处理速度。

（6）农业网络传感器。农业网络传感器是在农业智能传感器的基础之上，采用网络通信技术整合各类农业智能传感器以及分布式信息处理技术等，通过多种集成化的微型智能传感器分布式信息处理协作完成数据的采集、汇集与处理等功能，监测和采集各种环境或监测对象信息，经嵌入式计算技术对信息进行处理，并通过网络将采集到的信息传送到用户提供智能化信息服务终端。网络化传感器将网络接口与智能化传感器集成起来，并把通信协议固化到智能化传感器中，实现智能传感器间的协同感知与分布式处理，将信息的采集、传输、处理统一协调。

农业网络传感器相比于农业智能传感器、农业常规传感器有以下优点。

一是农业网络化传感器使传感器由单一功能、单一检测向多功能、多点检测方向发展，使信息处理由被动检测转向主动检测，由就地检测转向远距离实时在线检测。

二是网络传感器各节点间协同工作，互为校正，提高了感知精度；单一节点的功能更为精确简单，使传感器的功耗、体积、抗干扰性和可靠性等进一步提高，更能满足农业应用的需要。

三是网络化传感器感知数据实时回传上报，省去了人工导入收集数据过程，极大提高了数据实时效用；传感器节点通过无线网络方式接入，免去布线环节；网络自组织，易于系统维护与扩展。

四是网络化传感器方便实现数据资源共享，各传感器采集的数据可供多用户使用，从而降低测量系统的综合成本。

网络化传感器按照传输介质不同可分为有线网络传感器与无线网络传感器。有线网络传感器采用固体介质进行信息传输，如铜线或光纤等；无线网络传感器在自由空间中进行信息传输，其传输信道可以是光通信、红外通信也可以是无线电通信。农业领域因硬件设施不佳，一般采用基于无线电通信的无线网络传感器，其结构框见图3-8。

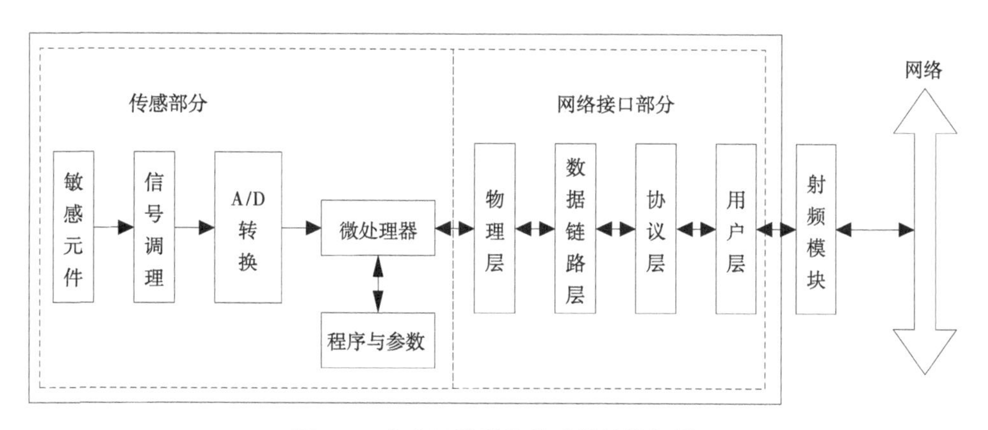

图3-8 农业无线网络传感器结构框图

3.2.2 分析与辅助决策技术

分析与辅助决策技术的核心是实现各类生产与服务现场的数据聚集、分析与利用，实现烟草农业产业各环节中各类用户的多层次深度应用以及产业链主环节的业务重塑。纵观烟草农业产业链环节，智慧烟草农业的分析与辅助决策大致包含设施育苗营养液调控决策、育苗设施环境调控决策、水肥一体化调控决策、精准施药决策、气象灾害预警决策等内容（表3-1）。

表3-1　智慧烟草农业分析与辅助决策内容列举清单

烟草生产过程环节	分析与辅助决策内容
设施育苗	设施育苗营养液调控决策
	育苗设施环境调控决策
大田种植	水肥一体化调控决策
	精准施药决策
	气象灾害预警决策
	成熟度识别与采摘决策
烘烤	烘烤温湿度控制决策
分级	品质识别与分级决策
仓储	仓储环境监测与调控决策
物流	物流配送路径优化决策

分析与辅助决策的底层技术主要包含大数据分析平台构建技术、数据流计算技术、大数据智能决策分析与可视化技术等。

3.2.2.1　大数据分析平台构建技术

当前，除了部分商业化平台外，大数据分析平台构建的主流技术主要包括Hadoop（分布式文件处理系统）+MapReduce（分布式计算框架）、BigSQL分布式数据技术、流计算技术、大数据高级分析与可视化技术等。对于农业大数据平台而言，需要进行存储管理的是众多的从GB到TB大小的农业资源数据集（如作物估产遥感影像数据、植保病虫害图像、农产品追溯视频等），农业产业链多个系统以大数据量流式访问这些数据集，通常将系统部署于大规模集群之上，采用虚拟机与数据分块传输技术实现高容错性的大数据文件存储。农业大数据的表观特征更多的是并发负载非关系型分布数据，较少利用传统的记录数量有限、SQL查询效率低的RDBMS进行高效率管理与访问。

3.2.2.2　数据流计算技术

在智慧农业应用中，流式大数据是重要的数据类型，具有实时性、易失性、突发性、无序性、无限性等特征。数据处理非传统的先存储后计算模式，传统架构无法满足大量存在的实时数据危险点捕捉，以及用户有用信息的实时处理。流式数据计算当流动的数据到来后在内存中直接进行数据的实时计算，如Twitter的Storm、Yahoo的S4就是典型的流式数据计算架构。针对流式数据的挖掘是发现其中蕴含知识进行分析决策的基础，其中在合理的通信代价下提升分布式挖掘的精度是关键的科学问题之一。2008年，Masud等提出了一种在数据流中挖掘微簇（micro-cluster）模式的思想，即在对一个数据流执行聚类算法后抽取每个簇的点数、均值等统计值形成所谓的微簇模式。毛国君以分布式数据流为数据表达载体，设计了基于分布式数据流的大数据的分类模型及算法，能大幅度地减少网络节点间的通信代价，而且可以获得平均10%左右的全局挖掘精度的提升。蒲勇霖针对流式计算平台处理数据的能耗不断上升的问题，改变流式计算中节点对数据的处理方式，提出了一种阈值调控节能策略。另外，大数据流式计算在系统的可伸缩性、系统容错、状态一致性、负载均衡、数据吞吐量等方面都面临着新的挑战。

3.2.2.3 大数据计算智能技术

计算智能融合了人工神经网络、模糊系统、演化计算等新的发展学科，大数据环境下，数据维度随数据规模的增大而增长，维度增长造成了数据冗余和噪声，降低了算法性能，需要通过降维的基本原理把数据样本从高维输入空间通过线性或非线性映射投影到一个低维空间，从而找出隐藏在高维观测数据中有意义的低维结构。Castellano和Fanelli提出了基于神经网络的数据约简方法，即通过度量输入特征与输出结果的相关程度，发现并过滤掉冗余的、次要的特征。以遗传算法（genetic algorithm，简称GA）为代表的演化计算和以粒子群优化（particle swarm optimization，简称PSO）、蚁群优化（ant colony optimization，简称ACO）等为代表的群体智能算法是解决复杂优化问题的常用方法。

3.2.2.4 大数据可视化技术

可视分析综合人脑感知、假设、推理的优势与计算机对海量数据高速、准确计算的能力，变“信息过载”问题为机遇，已成为当下大数据分析的研究热点。已有的可视化技术难以应对海量、高维、多源、动态数据的分析挑战，需综合可视化、图形学、数据挖掘理论与方法，研究新的可视分析理论模型、高效的可视化方法和敏捷的用户交互手段，辅助用户从大尺度、复杂、矛盾甚至不完整的数据中快速挖掘有用的信息以便作出有效决策。可视分析经历了可视表达、交互式可视化、可视化推理3个阶段的发展，大数据分析与可视化需要充分准确地表达复杂计算分析获取的时空数据所隐含的信息与知识，通过场景聚焦、变形、选择、突出和简化等全空间增强现实表达，实现数据、人脑、机器智能和应用场景的有机耦合。

3.2.3 执行控制技术

执行控制技术最常见的应用实体是自控系统，是一种在无人直接参与下可使生产过程或其他过程按期望规律或预定程序进行的控制系统。自动控制系统是实现自动化的主要手段，用来解决那些用传统方法难以解决的复杂系统的控制问题。常用的智能技术包括模糊逻辑控制、神经网络控制、专家系统、学习控制、分层递阶控制、遗传算法等。以智能控制为核心的智能控制系统具备一定的智能行为，如自学习、自适应、自组织等。

在智慧烟草农业领域，通过自动控制和计算机等技术手段实现烟草生产和管理的自动化，是烟草农业现代化的重要标志之一。例如，自动灌溉技术通过对土壤墒情、肥力、作物状态等的监测和分析决策，用精准的灌溉设施及技术实现全自动化控制。环境调控技术主要针对设施生产环境，对不利于烟草生产的自然环境条件进行调控，以达到在不利自然条件下进行农业生产的目的，其主要调控指标有光照、温度、湿度、CO_2浓度等。

按控制原理的不同，自动控制系统分为开环控制系统和闭环控制系统。在开环控制系统中，系统输出只受输入的控制，控制精度和抑制干扰的特性都比较差。开环控制系统中，按时序进行逻辑控制的称为顺序控制系统，由顺序控制装置、检测元件、执行机构和被控工业对象所组成。闭环控制系统建立在反馈原理基础之上，利用输出量同期望值的偏差对系统进行控制，可获得比较好的控制性能。闭环控制系统又称反馈控制系统。

按给定信号分类，自动控制系统可分为恒值控制系统、随动控制系统和程序控制系统。恒值控制系统的给定值不变，要求系统输出量以一定的精度接近给定希望值。工艺生产中，若要求控制系统的作用使被控制的工艺参数保持在一个生产指标上不变，或者说要求被控变量的给定值不变，就需要采用定值控制系统，如生产过程中的温度、压力、流量、液位高度、电动机转速等自动控制系统属于恒值系统，其特点为设定值是固定不变的闭环控制系统，作用是克服扰动的影响，使被控变量保持在工艺要求的数值上。随动控制系统的给定值按未知时间函数变化，要求输出跟随给定值变化。该系统的目的就是使所控制的工艺参数准确而快速地跟随给定值的变化而变化，如跟随卫星的雷达天线系统，其特点是设定值是一个未知的变化量的闭环控制系统，作用是以一定的精度跟随设定值的变化而变化。程序控制系统的给定值变化，但它是一个已知的时间函数，即生产技术指标需按一定的时间程序变化。这类系统在间歇生产过程中应用比较普遍，如程控机床等。程序控制系统可以看成是随动控制系统的特殊情况，其分析研究方法与随动控制系统相同，其特点为设定值是变化的，且是按一定时间程序变化的时间函数，作用是以一定的精度跟随设定值的变化而变化。

按系统的结构形式，自动控制系统可以分为简单控制系统和复杂控制系统。简单控制系统又称单回路负反馈控制系统，是指由1个控制器、1个变送器、1个执行器、1个被控对象组成的单回路闭环负反馈控制系统。由于控制系统信号流只有一个回路，也称单回路控制系统。在单回路控制系统的基础上，再增加计算环节、控制环节或者其他环节的控制系统称为复杂控制系统。常用的复杂控制系统有串级控制系统、比值控制系统、均匀控制系统、分程控制系统、选择控制系统、前馈控制系统等。

按描述系统运动的微分方程可将自动控制系统分成线性自动控制系统和非线性自动控制系统。线性自动控制系统用于描述系统运动的微分方程是线性微分方程。如方程的系数为常数，则称为定常线性自动控制系统；相反，如系数不是常数，而是时间t的函数，则称为变系数线性自动控制系统。线性系统的特点是可以应用叠加原理，因此数学上较容易处理。非线性自动控制系统用于描述系统运动的微分方程是非线性微分方程。非线性系统一般不能应用叠加原理，因此数学上处理比较困难，至今尚没有通用的处理方法。严格地说，在实践中，理想的线性系统是不存在的，但是如果对于所研究的问题，非线性的影响不很严重时，则可近似地看成线性系统。同样，实际上理想的定常系统也是不存在的，但如果系数变化比较缓慢，也可以近似地看成线性定常系统。

按系统中传递信号的性质分类，自动控制系统可分为连续系统和采样系统。系统中传递的信号都是时间的连续函数，则称为连续系统。系统中至少有一处传递的信号是时间的离散信号，则称为采样系统或离散系统。

3.2.4 按需服务技术

按需服务技术从服务对象的群体构成、心理倾向、信息需求、行为方式、地域差异等影响因素出发，探明影响烟草农业信息服务质量的影响因素及其变化规律，探索建立烟草农业信息智能服务技术体系，让用户方便快捷地获取及时、适用、精练的烟草农业知识。关键技术有以下4个方面。

3.2.4.1 适用于复杂农业场景的大规模开放知识计算技术

农业知识服务的基础在于数据，数据的正向演进可转化为信息、升级为知识，研究农田环境、作物生长情况、病虫害防控技术、农业生产资料、农产品市场等多源数据知识获取方法，基于监督和非监督学习方法的农业知识图谱语义链接技术，利用群体智慧的知识获取技术等，实现农业复杂场景下高精确度的大规模开放式知识库构建。建立基于深度学习与跨媒体融合的农业多模态数据内生外延智能迭代模型，实现农业多场景数据感知汇聚与语义关联协同，提高农业知识组织管理水平。

3.2.4.2 基于深度学习的决策与群体智能技术

综合运用物联网、深度学习、多角色协同处理等信息技术，建立可揭示农业知识需求隐含规律和动态特性的粒度因子模型，构建基于深度学习和多专家决策的农业知识智能服务模型，其中深度学习用于数据驱动，专家决策作为干预因子，实现农业知识服务过程中基于深度学习的机器智能和基于专家经验的脑力智能间的双向协作，提高农业知识与用户需求的匹配精准度。

3.2.4.3 农业智能语音服务机器人

研究农村多方言智能识别与自学习技术、基于深度学习与分布式推理的自然语言语义理解与分析技术、基于自然语言处理的智能问句解析、人机深度交互技术和多语种语音智能识别与精确合成技术，研制智能农业语音服务机器人，攻克方言实时理解转译、语音自适应与理解纠错、用户发音习惯与深层意图学习、人机无障碍自主交互等难题，实现农业问题的远程智能咨询与解答。

3.2.4.4 基于领域本体的农业知识按需云服务用户模型服务系统

针对农业知识云服务的用户地域性、季节性等个性化特征，研究农业用户时空关联的主观需求模型，通过隐性用户行为分析和显性用户反馈获取用户行为特征，探寻具有时空特性的农业用户兴趣特征与建模方法。将用户兴趣信息库与农业云知识领域本体库结合，构建农业云服务需求用户的领域用户信息本体库。采用聚类算法中的离差平方和法对用户个性化信息进行聚类分析，依据分析结果，对农业云知识需求用户进行分类。并将农业领域的农时地域等专业信息因子加入近期最少使用算法（LRU算法），对其进行改造；实现用户兴趣的动态更新机制。融合农时、品种、地域等农业领域向量，研究云服务用户需求动态变化模型，针对随机、多频次服务访问需求，构建基于动态反馈的协同调度与响应机制。研究虚拟机的轻量级、动态维护机制，满足农业云服务用户业务动态变化、实时数据海量更新、线上处理交互负载的实际要求。

3.2.5 技术集成平台

智慧烟草农业技术集成平台是一个帮助智慧烟草农业信息获取、处理、管理、分析与决策的软件平台，可实现无缝集成和高效协同的工作环境；平台通过集成的多种智慧烟草农业设备、功能、流程与数据服务构件，以及良好的构件重用共享机制和定制开发工具，帮助用户灵活应对不同应用需求，快速搭建针对性的智慧烟草农业应用系统。提供多途径、广覆盖、低门槛、低投入、零运维、高可用的服务新模式。

技术集成平台主要由以下5个部分构成：一个可集成各类智慧烟草农业软件进行协同工作的基础运行环境；一系列可用于快速搭建智慧烟草农业应用系统的虚拟功能构件、数据对象和业务流程构件；一套用于平台运行监管分析的工具；一系列规范与指导集成过程的方法、规范和标准；一组面向不同应用需求的系统定制模板。

通过技术集成平台，可以实现智慧烟草农业应用软件系统之间的无缝集成应用，实现基于服务构件的智慧烟草农业专业模型、业务流程、领域数据的积累、重用和共享。利用平台内嵌的流程工具和应用模板，面向不同应用需求快速搭建智慧烟草农业集成应用系统；也可通过定义标准接口，为接入集成平台的第三方应用系统，包括智能农机装备控制系统、网络应用、智能终端/桌面应用系统等，提供各类可供调用的智慧烟草农业专业服务构件。

基于智慧烟草农业软件集成平台的应用软件集成开发是一种创新的软件开发模式。这种模式的价值在于：一方面，通过软构件技术最大限度地实现专业资产的有组织积累，这些资产包括智慧烟草农业专业模型、业务流程、领域数据等，平台支持用户在新建系统时复用这些积累，有效实现数字化资产保护和升值，避免闲置浪费和重复开发；另一方面，集成平台及其积累的构件资产可以帮助用户极大地提升开发效率、提高软件质量。我国幅员辽阔，不同烟区的自然条件、种植品种、肥水药管控模型、耕作方式大不相同，智慧烟草农业技术推广应用所面临的客观条件对应用软件适应复杂环境、满足变化需求的能力提出了很高的要求，而基于技术集成平台的应用系统集成开发强调随需应变，能灵活应对频繁变化的需求，并快速形成业务系统，为智慧烟草农业技术推广奠定了基础。

技术集成平台面向烟草农业管理部门、科研院所、烟草企业、新型烟草农业生产经营主体、技术推广人员、烟农等用户主体提供农情快速监测预警、生产精细管理、智能决策分析、市场对接、农技推广、体系管理等专业云服务，显著降低农业信息服务使用门槛，提高农业资源利用率和农业信息服务质量，提升应用主体生产经营综合能力和核心竞争力。

技术集成平台提供服务基础、服务资源、服务通道支撑，以服务主体为中心，以满足用户需求为最终目标。

3.2.5.1 服务基础

硬件支撑包括计算设备、存储设备、网络设备、安全设备、农业专用卫星、专用传感器、专用仪器、信息终端、农业智能装备、专用通信设备、定位导航设备等，技术支撑包括虚拟化、分布式、物联网、大数据、人工智能、移动互联、软件定义等信息技术，体系支撑包括法律法规体系、应用标准、数据标准、服务标准、网络标准等。

3.2.5.2 服务资源

计算资源池主要提供计算分析能力，存储资源池主要提供数据存储与管理能力，数据资源池主要提供农业大数据资源汇聚与共享能力，服务资源池主要提供基础平台软件（应用服务器、数据库管理系统、消息中间件、ESB服务总线、BPM业务流程管理、服务注册、规则引擎等）、服务共享软件（信息检索、内容管理、统计分析、知识服务等）和专业化应用软件（农情快速监测预警、生产精细管理、智能决策分析、市场对接、农技推广、体系管理等）；基于用户需求发现模型和用户需求更新模型实现服务资源的定制与发布，并基于推送、语音智能等技术实现主动交互式服务。

3.2.5.3 服务通道

信息通道包括互联网、移动互联网、集群通信专网等；服务终端基于三大信息通道特性进行匹配，包括PC、平板电脑、手机、服务机器人等。

3.2.5.4 服务主体

搭建信息双向反馈通道，打造交互式服务生态，农业管理部门、农业科研院所、农业企业、新型农业生产经营主体、农技推广人员、农民等用户既是服务主体，又是服务受体，同时可以参与运营（第三方参与）。

3.3 本章小结

基于现代烟草农业呈现出的数字化发展趋势，本章提出智慧烟草农业技术体系框架，系统阐述智慧烟草农业感知传输技术、分析与辅助决策技术、执行控制技术、按需服务技术、技术集成平台5个方面的共性关键技术。

智能育苗

在烤烟生产中，育苗是最基础，也是非常关键的一个环节，壮苗是优质烟叶生产的必要前提。为了降低育苗的劳动强度和劳动力投入，提高烟草育苗的管控水平，减少育苗过程对人为操作的依赖程度，行业开展了智能烟叶育苗模式的初步探索。本章围绕烟草育苗环节，从设施育苗信息感知、智能调控分析决策、设施育苗作业装备3个层面进行重点介绍，以期为实现烟草育苗的自动化、少人化生产提供参考。

4.1 育苗主要阶段及管理要点

育苗阶段指从播种到成苗移栽到大田前这段时间，因全国各地的环境条件、育苗方式和管理技术不同，苗期的长短相差较大，是60～70 d，根据幼苗的形态特征及地上、地下部分的动态变化，可大致划分为4个发育时期。

（1）出苗期。从播种到两片子叶展开称为出苗，10%达到此标准时称出苗初期，50%达到此标准时称出苗期。影响出苗的因素主要有温度、水分、氧气、光照等。

（2）十字期。从第一片真叶出现，到第五片真叶生出，称为十字期。当第一、第二两片真叶出现并与两片子叶交叉形成“十”字形时，称为小十字期；第三、第四片真叶和第一、第二片真叶交叉形成较大的“十”字形，称为大十字期。幼苗进入十字期后，真叶陆续出现，随着真叶的出现，侧根随之发生，开始进行独立的生活。第一、第二片真叶叶脉不明显，合成能力不高，主要功能叶是子叶。这时幼苗输导组织刚开始发育，侧根也才长出，叶片的合成能力和根系吸收能力都很弱，光合产物不多，幼苗生长缓慢，抗逆力很弱，需要精细管理。此时对外界环境条件比较敏感，稍有不慎，很容易造成死亡。如短期干旱或烈日照射，都会使幼苗生长受到抑制，甚至死亡；水分过多又会引起叶片发黄，生长停滞，发生病害；35℃以上高温和2℃以下低温则会产生灼伤和冻害。

十字期要及时供给适量的磷钾肥，促进根系发育，但幼苗此时对氮肥敏感，氮肥不宜施用过多，否则产生氨中毒。该时期要经常翻动覆盖物，要间苗、拔草，适当减少覆盖，给予幼苗适当的光照，光照不足易形成高脚苗；要适当增加每次浇水的数量，减少浇水的次数，防治病虫害。

（3）生根期。从第五片真叶出现到第七片真叶生出，第三或第四片真叶（最大叶）略向上，像猫耳朵，俗称猫耳期。此时期特点是幼苗合成能力已提高，但叶面积不大，主要功能叶前期是初生叶，后期是第三至第五片真叶，叶片脉网已形成，输导组织已完善。根系发育很快，主根明显加粗，一次侧根大量发生，二次或三次侧根陆续长出，具有一定的抗逆力，对光肥水有更高的要求。

在管理上要注意全部揭除覆盖物；要供给适当的水分；视苗色合理追肥；除草、防治病虫害。此时期也是进行营养袋假植排苗的最佳时期，要抓紧营养袋的假植排苗上袋工作。

（4）成苗期。从第八片真叶出现到烟苗有一定苗型，可以移栽时，称为成苗期。近年来规范化栽培要求进行两段式育苗，即母床和假植床（子床），出苗期、十字期、猫耳期在母床内度过，然后成苗假植到营养袋中，因此，成苗期在营养袋内度过。其特点是生长中心转移到地上部，根系继续发育，但地上部分的生长逐渐超过地下部分。成苗期已有完整的根系，输导组织已基本健全，吸收合成能力均已普遍增强，幼苗生长很快，叶面积迅速扩大，茎的生长也快，对光、肥、水都有较高的要求，要保证水肥供应，采取促进与控制相结合的办法来加速成苗和炼幼苗，可采用适当的断水炼苗、掐叶炼苗等措施来培育壮苗。

4.2 设施育苗信息感知

烟叶育苗过程中，生产者需要实时、准确、全面地了解育苗棚内环境以及烟苗的生长状态，这是实现育苗信息分析、归纳和决策的基础。因此，育苗信息智能感知在现代烟草育苗过程中具有不可替代的重要作用，主要内容包括环境信息感知以及图像视频感知，通过不同的传感器采集棚内温湿度、光照强度、气体浓度、营养液pH值、EC值等参数，以及烟苗生长发育图像、视频等数据，从而为智能育苗提供数据基础。

4.2.1 育苗环境信息感知

4.2.1.1 空气温湿度感知

适宜的温湿度对烟苗的生长发育至关重要。空气温度过高易使烟苗细胞脱水，影响其生理代谢；温度过低，烟苗组织易受损，限制幼苗生长。在整个育苗过程中，大棚要经常通风排湿，若棚内空气相对湿度大于90%，且持续3 d以上，则会影响烟苗发育，易滋生绿藻。目前，对于空气温度、湿度的测量大多采用集成有湿敏元件或者温敏元件的二合一传感器，如SHTIx系列、HTU1x系列、DHT1x系列等。

4.2.1.2 光照强度感知

光照作为影响烟苗生长发育和调节代谢的重要因子，是烟苗进行光合作用的能量来源，也是叶绿体发育和叶绿素合成的必要条件。在实际育苗生产中，烟苗种子在28℃的条件下最适宜发芽，如果连续4 d保持充足的光照条件，能够加快推动种子萌发效率。因此，光照强度的监测对于烟苗的生产调控极其重要。光照强度传感器类型通常分为3类：一是外光电效应元件，包括光电管、光电倍增管等。二是内光电效应元件，包括光敏电阻、光导管等。三是光生伏特效应元件，包括光电池、光电晶体管等。其中，光电池具有性能稳定、光谱响应范围宽、频率特性好及耐高温等优点，在光照度检测系统中得到了广泛的应用。

4.2.1.3 CO_2浓度感知

二氧化碳是植物进行光合作用的重要原料之一，适宜的二氧化碳浓度可以促使烟草幼苗根系发达、活力增强、产量增加。半封闭式育苗大棚使得对二氧化碳浓度监测与控制成为可能。目前，检测气体的浓度主要依赖于气体检测变送器，传感器是其核心部分，一般的半导体传感器灵敏度高，构造与电路简单，但是测量时受环境影响较大，输出线性不稳定；电解式气体传感器气体的选择性比较好，但是重复性比较差；红外线吸收散射式气体传感器灵敏度高，可重复性好，响应时间快，预热时间短。

4.2.1.4 营养液参数感知

目前，我国的烟草育苗技术主要以漂浮育苗为主，漂浮育苗过程中所用的营养液是将含有烟苗生长发育所必需的各种营养元素的化合物按适宜的比例溶解于水中配制而成的溶液，为烟苗提供养分和水分。烟苗的壮苗率在很大程度上取决于营养液的配方、浓度是否合适，营养液管理是否能满足植物不同生长阶段的需求。其中，营养液酸碱度（pH值）、电导率（EC）是漂浮育苗中的关键水体养分参数，采用传感器监测，可以保证营养液处于适宜烟苗生长的范围。

pH值描述的是溶液的酸碱性强弱程度，营养液的pH值过高或过低都会直接为害烟草幼苗。因此，在育苗环节使用pH传感器进行环境监测尤为重要。常见的在线复合式pH电极，由内外（Ag/AgCl）参比电极、0.1 mol/L HCl外参比液、1 mol/L KCl内参比液与玻璃薄膜球泡组成。在进行pH值测定时，玻璃薄膜两侧的相界面之间形成相对稳定的电势差，从而完成pH值的测定。

EC描述的是溶液导电的能力，可以间接反映溶液盐度和总溶解性固体物质（TDS）含量等信息。对电导率进行监测，可以有目的的精准调控烟草幼苗的生长发育状态。目前通常采用新型四电极测量结构，即两个电流电极和两个感应电压电极，通过两个电流电极之间的电流与电导率呈线性关系，从而完成电导率的测定。

4.2.2 图像视频信息感知

图像视频感知是将图像信息、音频信息和视频信息融合到一起的技术，目前有学者和厂商对此进行研究，各类带有智能识别功能的视频监控系统相继被开发，并应用到设施栽培、畜禽养殖等多个场景，为生产提供了便利。在烟草育苗领域，烟苗生长状况的全天候视频监控是传感器数据的有效补充，围绕烟草育苗过程中环境与苗情关键信息，建立多源实时烟苗生长图像分割、识别模型，获得烟苗生长全过程叶片温度、叶片数量、叶龄、叶片形状与烟苗产量、壮苗质量等关键表观参数的动态变化趋势、相关性分析结果等，以准确判定烟苗的生长状况。

此外，高水平育苗需要量化指标对烟苗质量进行综合评价。利用全方位的摄像头实时采集丰富且综合的烟苗表型信息，管控平台的智能图像分析算法通过图像预处理、图像分割、图像特征提取、图像分析技术，可对烟苗图像的特征进行精准定位、分类、量化与预测，判断烟苗所处状态，是否出苗，是否处于营养缺乏、病虫害状态等，在此基础上，可进一步准确研判育苗期生长发育状态，构建烟苗发育模型，实现育苗情况、生长进度实时播报，以及烟苗出苗率、壮苗率等指标的定量表述。

4.3 智能调控分析与辅助决策

4.3.1 环境调控

温室环境与作物的生长、发育、能量交换密切相关，同时温度、湿度、光照等环境因子，大多是相互影响的，须在合理分析后进行环境调控，这不仅需要依据环境信息，还需要结合作物本身生长信息进行多参数信息耦合，才能达到最优调控效果。在依据作物生长适宜性来确定控制参数方面，国外较早地开展了研究工作。Marsh等以水培莴苣为对象，通过建立白天温室内空气温度与莴苣生长所处日照阶段、生长周期等的函数关系，建立莴苣生长所需的最佳温度模型。Seginer等在建立作物生长模型的基础上，进行了数值寻优，得到不同温度、光照水平下最优的CO_2添加量。Aslyng等通过建立作物叶片光合作用和呼吸作用的预测模型，控制自然光照时间以此来控制温室内的温度。近年来，国内在温室参数的动态优化、模型建立方面也进行了诸多研究。伍德林等基于经济最优的考虑，提出了温室环境优化调控技术，在不同阶段采用不同控制策略，在保证作物正常生长需要的基础上，又兼顾了经济成本。朱丙坤等提出了基于节能偏好的冲突多目标相容算法的温室环境优化控制方法，实现温室的节能调控。晋春等用改进遗传算法，以实现温室环境动态优化问题的有效、实用求解。朱德兰等构建了温室无设备运行状态下环境温度和相对湿度变化的数学模型，并提出了根据作物需求分时间段、根据设备调控能力分温度区间的分段多区间温湿度调控方法。在烟草育苗领域，目前多采用基于给定设定值，设计合理的控制方法，使控制系统控制的温室环境尽可能好地跟踪设定值。控制方法的设计可以基于系统的数学模型，也可以不依赖于系统的数学模型。未来，可以试着采用基于目标函数的优化调控，如以温室生产能耗或以产量为目标函数，给定系统模型及边界条件，从而获得调控规则。

4.3.2 营养液调控

漂浮育苗是目前我国烟草实际生产中最主要的育苗方式，而营养液是漂浮育苗中不可缺少的核心关键组成部分，是烟苗获得水分和营养物质的主要途径，营养液的营养物质形态、组分、浓度直接决定着漂浮育苗的烟苗素质。烟草育苗过程中营养液调控是利用现代智能控制方法进行营养液浓度监测和分析，进而快速精准地调节烟苗水、肥、气、温等根际环境，在保证烟苗正常生长需求的同时，提高营养液的利用率、提高调控精度和速度、提升设施农业栽培自动化和智能化水平。设施栽培营养液自动调控过程主要分为3个阶段：一是信息采集阶段，通过传感器对营养液指标值、作物生长信息、根际环境等信息进行获取收集；二是分析决策阶段，控制中心下数据融合与智能决策子系统完成营养液检测数据的接收、处理、保存与查询，且发送调控作业命令；三是智能调控阶段，协同调控子系统实现对栽培营养液的自动调控，使营养液环境满足作物生长的最佳状态（图4-1）。

针对设施栽培营养液调控智能决策技术，王明辉等围绕设施栽培中营养液调控缺少监测管理、自动化程度低、稳定性难以保证等问题，基于营养液检测系统、调配系统、循环系统、营养液均匀混合机构作业参数优化试验和营养液自动调控作业效果验证等内容开展研究。但总体而言，现阶段针对烟草育苗场景的营养液调控智能决策研究较少，已经开展的探索与应用大多围绕设施农业栽培营养液调控模型、调控技术和调控系统等方面。营养液调控模型研究方面，Cliff等通过仪器测定、成分检测和感官分析，研究了营养液电导率对番茄成熟度品质的影响。通过检测低、中、高3

种电导率水平营养液灌溉下番茄的颜色、重量、硬度、pH值、总酸度值和可溶性固形物指标，建立营养液电导率和番茄品质之间的模型。崔永杰等针对作物栽培营养液水肥耦合模型进行研究，通过采集13个温度、50组不同营养液配比下的pH值、EC、K^{+}质量浓度、Ca^{2+}质量浓度和NO^{3-}质量浓度等检测指标值，基于支持向量机回归，构建营养液检测指标预测模型。目前国内在营养液调控系统研究方面，主要集中于调控最佳量的动态控制，将最佳量相应的控制信号转换并传输到执行元件，如水泵、控温器、流量计、电磁阀、增氧器等实现营养液相关变量调控。营养液调控技术研究方面，周婧宇等开发了一种适用于自动施肥的数据采集和控制系统，能够实现多任务调度、大容量数据储存和远程访问网络功能，通过设计不同浓度的营养液对温室作物进行浇灌的试验，通过分析特征叶长与营养液浓度的关系建立基于特征叶长的营养液管理策略，提出了一种基于特征叶长的营养液调控系统。

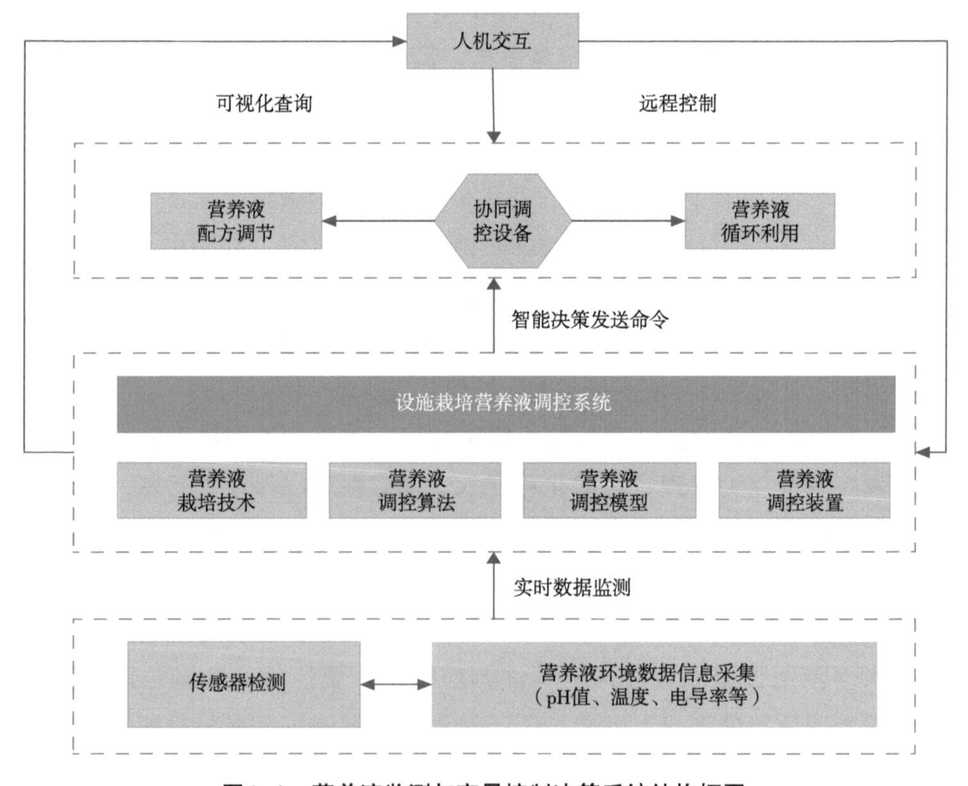

图4-1　营养液监测与变量控制决策系统结构框图

4.3.3 烟苗生长状态判别

传统大棚育苗主要以人工观测外观变化的方式对烟苗出苗率、壮苗率及健康状态进行诊断，这一方法不仅效率低下，且具有主观性，极易做出错误的决策。将AI技术和机理模型相结合，运用大数据分析手段，实现烟苗生长发育关键因子的模拟预测，解析“环境—水肥—烟苗”多因子交互影响机制，为建立设施烟苗培育生长状态判别模型与环境调控策略提供支持。采用AI算法耦合机理模型，确立经济效益最优为目标，基于环境—水肥—烟苗交互影响规律，以图像、烟苗生长数据作为辅助决策依据，建立“环境最优、水肥增效”的层级式调控方法，同时可依据烟苗生长状态和环境水肥调控结果，对环境水肥调控策略进行实时反馈修正和动态调整。

针对设施烟草育苗生产过程中具有普遍性发生、常规生产中必须进行防控、为害较重的重大病虫害，如灰霉病、蚜虫等病虫害的始发期，在已掌握其相关数据测报模型的基础上，分析各项参数与相关因子，逐步优化、校正、安全评测的基础上，形成包括烟苗生长环境信息采集、图像病虫害识别采集与校对更新子系统、数据分析与病虫害诊断、病虫害防控指导等病虫害发生测报与防控策略。实时监测病虫害的发生区域与程度，结合设施环境监测，可实现病虫害动态监测及预警。

4.4 设施育苗作业装备

4.4.1 自动播种装备

烟草自动播种是烟草工厂化、集约化育苗的关键技术环节，是实现智慧烟草育苗的重要手段，因其具有育苗效率高、成活率高、稳定性高且投资少等优点，在实际生产中得到了大量应用。烟草穴盘播种机一般由机架、基质填充装置、压穴装置、控制系统装置、播种装置及喷淋裂解装置组成，具体结构图如图4-2所示。穴盘播种机作业装置均是模块化设计，便于加工、装备、维修。播种机工作时，单向异步电机启动，播种机开始运作。当把穴盘放至传送带时，光电传感器接收信号，单片机启动，通过输送系统带动苗盘移动，当苗盘移动到装基装置处时，完成装基作业；基质完成填充之后，通过压穴装置对穴盘中的基质进行压实，使穴盘中基质紧实度达到播种状态；穴盘进入播种装置，单片机输入信号，控制播种步进电机转速，实现精量播种；播种后，随着苗盘的继续移动，静压淋水器、覆基装置进行后续的淋水和覆土作业，以此保证烟草种子的成活率；最后，当苗盘运行到出盘架时，在输送带的驱动下进入苗池中，完成整个播种过程，实现装基、压穴、播种、淋水、覆土、传送等过程的自动化、智能化。

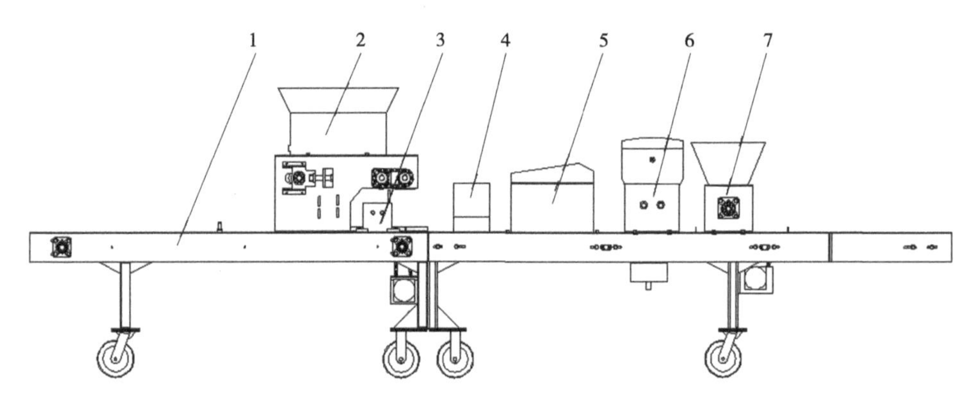

1.机架　2.装基　3.压穴　4.电控箱　5.播种　6.裂解　7.覆土

图4-2　烟草穴盘播种机整机结构图

关于烟草穴盘播种机的研发，有学者针对播种时出现的空穴、多粒等现象，研发出不同形式的排种器。针对播种过程中装基、压实、覆土等过程中基质装不满、压不实等问题，有学者设计了改良版的覆土装置。此外，国内不少机械公司也开始研制育苗播种机，来减轻育苗过程中的人力投入与劳动强度，提高育苗生产效率。

4.4.2　自动剪叶装备

在漂浮育苗过程中，剪叶是一个控制顶端优势、促进小叶发育和根系生长的重要农艺操作。现有较常见的剪叶机是根据烟苗培育大棚的轨道尺寸，将剪叶机平稳地放在育苗池上，在判断烟苗长势后通过控制手柄调节剪切高度，通过电机驱动剪叶机沿着育苗池纵向行走，往复式地剪切烟苗叶片，并由吸风机收集到碎叶收集箱中，刀具剪切速度与剪叶机行进速度在一定范围内可调节。

在烟草农业生产过程中，剪叶机按剪叶操作方式主要可以分为手动、半自动和全自动3种模式，操作复杂且成本高，自动化水平低。如何实现剪叶作业的数字化、智能化升级是现阶段智慧烟草农业智能设备研发的关键问题之一。目前，我国科研机构和学者围绕剪叶机的智能化控制升级做了相关有益探索，但尚未形成集成程度高、熟化程度好的相关系列产品。陈为等设计了YJY-ZD桥式烟苗剪叶机控制系统，该系统可实现烟苗剪叶机一键启动，运用往复运动控制算法控制往复机构，自动完成往复机构横向运动与整机纵向行走自动交互变化。邹振宇等运用“物质—场模型”，采用创新原理，设计出了碎叶收集系统；并基于虚拟样机技术，设计制造出一种新型烟苗剪叶机，提高了作业质量和作业效率。刘建廷设计了一种可组装式型材机架的智能烟苗剪叶机，实现了不同地区不同宽度苗池的剪叶作业。贾瑞昌等针对中小规模烟叶育苗机械化需求，设计了一种锂电池装在手柄内的手持式剪叶机，该设备结构简单、操作方便，具备较高的推广应用价值。

4.4.3 自动晾盘装备

育苗过程中，烟苗一直在育苗大棚内适宜的条件下生长，因其与外界接触少导致烟苗抗逆性极差，若不进行晾盘操作直接进行移栽，则会严重影响烟草在大田的生长，导致移栽后成活率偏低。晾盘是烤烟漂浮育苗的重要技术环节，为烟苗施加适度的水分胁迫、养分胁迫，促进烟苗茎秆木质化，从而提高烟苗壮苗率，尽快适应移栽后的大田环境。诸多研究表明，晾盘环节对烟苗素质的影响至关重要，可以提升烟苗壮苗率、移栽成活率，缩短烟苗缓苗时间。目前，传统晾盘方式采用竹竿、砖块等工具将育苗盘托起，耗时耗力且效率低下，需要人工判断湿度，增加了管理成本和用工成本。

我国学者在晾盘的智能化控制升级方面做了有益探索。黄浩等设计了一种烤烟漂浮育苗自动晾盘装置，在育苗池上部、下部设有进水管及出水管，在育苗池内悬空安装有育苗盘托架，育苗盘置于育苗盘托架上，并安装湿度传感器，在育苗池内安装水位传感器，在进水管和出水管上安装进水、出水电磁阀，能够根据湿度实现自动、快速晾盘，达到提高晾盘效率，降低育苗管理、人工费用的目的。王艺焜等利用物联网技术，设计出了一套烤烟漂浮育苗抽水式晾盘装置的控制系统，系统采用模块化设计，包括带泡沫支脚的漂盘、双向自吸泵、智能电控柜、摄像头、云平台、移动端等模块。摄像头将大棚内烟苗的信息通过移动网络上传至云平台并保存到数据库中，用户通过移动端模块获取信息，经用户决策后，发送操作指令，指挥智能电控柜控制双向自吸泵的启停，实现自动化晾盘。

4.4.4 温室控制装备

温室控制系统就是依据育苗温室内所装设的温湿度传感器、光照传感器、CO_2传感器等采集到的信息，通过控制设备（如控制箱、控制器、计算机等）控制驱动/执行机构（如风机系统、开窗系统、灌溉施肥系统等），对温室内的环境气候（如温度、湿度、光照、CO_2等）和灌溉施肥作业等进行调节控制，以满足烟苗的生长发育需要。温室控制系统根据控制方式可分为手动控制系统和自动控制系统。本部分重点介绍自动控制系统。

温室自动控制系统分为数字式控制仪控制系统、控制器控制系统和计算机控制系统。

4.4.4.1 光照自动控制

传统的补光系统以高压钠光灯为主，光谱齐全、性价比高。新型的LED光源比传统光源具有光谱可选择、热辐射小等优点，可以对植株进行近距离补光，是节能、高效的智能烟草育苗大棚补光的最佳选择。光照控制主要有光照强度控制和光周期控制两种方式。这两种控制都离不开光照强度测定仪和定时器这两个传感器基本部件。管控平台会依据烟苗所需光通量，合理增加LED补光灯的开启数量与开启时间，以进行光照智能调控。

4.4.4.2 温度自动控制

温度调控是育苗过程的重要环节，研究表明，温度的高低直接影响出苗时间、出苗率、整齐度和烟苗的生长速度，温度低于10℃时，种子不能萌发，10～17℃时烟苗生长缓慢，最适温度在25℃左右。因此，变温管理是烟苗生长调控的重要手段。在温度偏差超出预期范围时，管控平台将控制变温装备调节环境温度。育苗环节常见的保温增温方式包括在育苗池底部铺垫有氧发酵材料、热风式采暖增温、电热丝采暖增温、浴霸灯泡增温等。温室降温手段有湿帘风机降温、高压喷雾降温、遮阴降温、空调降温等，湿帘风机由湿帘箱、循环水系统、轴流风机和控制系统四部分组成，通过内部循环水系统吸收空气中的热量来达到降温的效果。高压喷雾装备在工作压力100～200 Pa下可以喷出直径5 μm的雾滴，雾滴在空气中迅速吸收热量汽化以达到降温的效果。

4.4.4.3 湿度自动控制

温室空气湿度调节的目的是降低空气相对湿度，减少叶面结露现象。降低空气湿度的方法主要有以下3种：①通风换气。这是调节温室内湿度环境的最简单有效的方法。②加热。在温室内空气含湿量一定的情况下，通过加热能够提高温室内温度，起到降低室内空气湿度的作用。③吸湿。采用吸湿材料吸收空气中水分可降低空气中含湿量，从而降低空气相对湿度。有些情况下温室需要加湿以满足作物生长要求。最常见的加湿方法是细雾加湿，即在高压作用下，水雾化成直径极小的雾粒飘在空气中并迅速蒸发，从而提高空气湿度。

4.4.4.4 CO_2浓度自动控制

实时监测温室内部的CO_2浓度，并根据作物生长模型对CO_2浓度的需求，通过CO_2发生器自动补充，满足作物呼吸要求。主要的补充方法有以下5种：①调整基质配比，促进根系的呼吸作用和微生物的分解活动，从而增加二氧化碳的释放量；②石灰石加盐酸产生二氧化碳，此方法简单、价格低，是理想的二氧化碳肥源；③硫酸加碳酸氢氨产生二氧化碳；④施用二氧化碳颗粒肥；⑤采用二氧化碳发生器。

4.5 本章小结

本章围绕烟草育苗这一重点环节，按照“数据感知—分析决策—管理控制”的智慧烟草农业实现流程，从设施育苗信息感知、智能调控分析决策、设施育苗作业装备这3个层面进行重点介绍，以期实现烟草育苗的自动化、少人化生产，为烟叶育苗的智能化发展提供参考。

精准种植

5.1 农情监测

5.1.1 烟田微环境及土壤墒情监测

适宜的生态环境条件是烟叶优质适产的重要基础。作为我国适应性较广的特殊叶用经济作物，烟株从移栽至采收结束通常经历缓苗期、伸根期、旺长期和成熟期4个阶段，不同生育时期烟株的生长发育对环境条件要求不同。烟叶产量和品质不仅受遗传因素和栽培措施的影响，也受产地气候环境、地形地貌、海拔等生态环境因子的影响。

5.1.1.1 烟田微环境监测

我国烟区地域分布广，地形地貌错综复杂，地势高低悬殊，温、水、热、光照等气候条件相差悬殊，气象条件复杂多样且灾害频发。烟叶生长经常受低温冻害、大风雹灾、病虫害蔓延等影响。烟田微环境监测是指利用物联网等技术对烟田气候如降水量、空气温度、空气湿度、CO_2浓度、光照辐射量、紫外线强度、风速和风向等指标数据进行实时监测和采集，及时掌握烟田微环境变化情况。通过采集到的烟田微环境指标数据，结合烟株生育期特性，为烟叶栽培技术措施调优、科学有效地预防和减轻灾害提供科学的决策依据，指导烟叶科学种植、精准管理。

2017年中国气象局与农业部开始共推特色农业气象服务，烤烟气象服务中心成为其联合认定的第一批10个特色农业气象服务中心之一。大力发展“气象+烟草”专项合作模式，建成统一规范的气候观测数据、基础地理数据、业务产品数据一体化的烤烟气象业务平台，实现精细化、动态化和智能化的烤烟农业气象监测、评估、预报、预警等业务产品能力，实现烤烟气象服务中心三省（云南、贵州、河南）农业气象数据和产品的共享共用。同时，物联网技术作为一种新兴的数据采集方法被越来越多地运用于烟草农业生产中。李建平等为了解决烤烟气象服务针对性和时效性不强、精细化程度不高、服务方法手段落后等实际问题，提出利用物联网技术，构建烤烟生长环境自动监测系统，提供个性化的气象服务产品。另外，大数据技术在气象领域的深入应用，数据驱动模型的气象预报研究作为传统气象预测和预报方法的补充，得到了快速发展，主要包括灾害风险预警决策、基于遥感的气象灾害预警决策、基于大数据挖掘和专家知识的气象灾害预警决策等技术方向。

5.1.1.2 土壤墒情监测

土壤是所有作物生长的根本。土壤环境决定了作物的安全性、可用性、品质特性。土壤墒情监测是指根据烟草不同生长时期的根系深度，在田间不同空间位置、不同土壤深度埋置土壤温湿度等传感器，实时观测土壤水分、温度等指标，为各级烟草部门提供及时的土壤墒情状况及趋势研判信息，掌握烟田土壤墒情变化规律可以为及时准确地防旱抗旱、灌溉等提供辅助决策，提高灌溉水资源的利用率。

长期以来，土壤墒情主要靠人工监测，存在墒情监测信息迟缓，不能及时掌握相关情况，且主要靠经验判断，准确性难以保证等问题。随着技术迅速普及和完善，人工监测方式逐渐被自动监测方式取代，进入农业信息化新时代。目前，国内外自动墒情监测的方法主要分为3种，即土壤墒情站自动监测技术、移动墒情自动监测技术、遥感墒情监测技术。例如，土壤墒情监测站主要利用高精度土壤温湿度、土壤pH值、土壤EC值、土壤盐分等传感器设备，实现土壤墒情等信息采集和远距离传输、旱情自动预报、远程控制灌溉设备、灌溉用水智能决策等功能；遥感墒情监测技术即利用卫星和机载传感器从高空遥感探测地面土壤水分，可以及时发现旱情、动态跟踪旱情变化、预测旱情发展趋势、评估抗旱成效，快速准确地获取田间土壤墒情信息。北京农业智能装备技术研究中心针对我国墒情数据采集手段落后、数据不准确、上报缓慢、监测网络不完善等关键问题，以“信息感知→采集→传输→统计分析、管理决策→信息服务”为主线，开发了具有自主知识产权的便携式、自动化、低功耗农田墒情信息测量及采集设备；研制了可以大尺度监测农田墒情信息的远程墒情监测站、区域型农田墒情监测站以及手持墒情采集器等系列产品，实现了墒情监测信息的自动固定监测、移动监测和人工监测自动上报等功能。

5.1.2 烟叶生长监测

通过合适的方式进行农情监测，适时了解、掌握烟叶生长状态和品质成分是实现烟叶精准种植，确保烟叶产量和质量的一个重要前提。其中，遥感（Remote Sensing，RS）技术凭借其非接触式、高灵活性、易于部署、多尺度等特点，逐步被应用于烟叶生产和科学研究中，本节将从烟叶长势监测和烟叶品质评估两个方面展开，详细阐述遥感技术在烟叶精准种植中的应用前景。

5.1.2.1 烟叶长势监测

烟叶长势信息反映了烟叶生长的状况和趋势。作为一种典型的阔叶作物，烟叶长势受各种环境因素的影响，如太阳光照、空气温湿度、灌溉量、土壤养分、病虫害等，是各种因素综合作用的结果。烟叶长势遥感监测是指利用遥感技术获取区域、田块等不同尺度影像数据，基于模型对烟田的苗情、生长情况和分布等状况进行定性或定量评估，为烟叶的精准种植提供数据和作业决策基础。

尽管烟叶生长过程是一个非常复杂的生理生态过程，生长状况也受各种各样的因素影响，但烟叶的生长状况仍可以利用一些能反映长势特征的指标进行表征。这些与长势特征密切相关的指标又称“长势因子”。进行烟叶长势遥感监测的基础是构建烟叶光谱特征与可用长势因子之间的关系模型，烟叶具有绿色植被典型的光谱特征，如图5-1所示，烟叶在可见光部

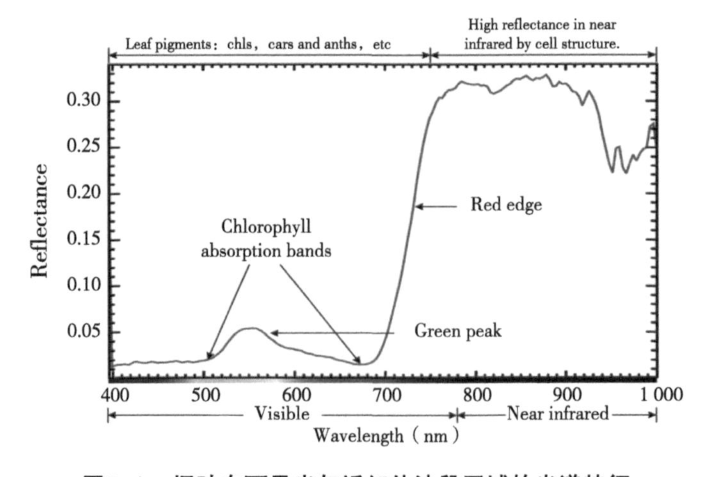

图5-1 烟叶在可见光与近红外波段区域的光谱特征

分（被叶绿素吸收）有较强的吸收峰，近红外波段（受叶片内部构造影响）有强烈的反射率，形成突峰，这些敏感波段及其组合形成植被指数，可以反映烟叶长势信息。

（1）目前常用的长势遥感监测指标主要为叶面积指数（Leaf Area Index，LAI）和各种植被指数，最具代表性的植被指数如归一化植被指数（Normalized Difference Vegetation Index，NDVI）、比值植被指数（Ratio Vegetation Index，RVI）和差值植被指数（Difference Vegetation Index，DVI）等。这些指标的具体定义如下。

①LAI是指单位土地面积上植物叶片总面积占土地面积的倍数。计算公式为：

$$\mathrm{LAI}=k\rho\frac{\sum_{i=1}^{m}\sum_{j=1}^{n}(L_{ij}\times B_{ij})}{m} \tag{5-1}$$

式中，L_{ij}、B_{ij}分别为最大叶长、叶宽；n为第i株的总叶片数；m为测定株数；ρ为种植密度；k是一个常数。实验发现，LAI是与长势的个体特征和群体特征有关的综合指数。作物的LAI是决定作物光合作用速率的重要因子，LAI越大，光合作用越强，这是用LAI监测长势的基础。

②NDVI是反映农作物长势和营养信息的重要参数之一，根据该参数，可以知道不同季节的农作物对氮的需求量，对合理施用氮肥具有重要的指导作用。其计算公式为：

$$\mathrm{NDVI}=\frac{\mathrm{NIR}-R}{\mathrm{NIR}+R} \tag{5-2}$$

式中，NIR和R分别为近红外波段和红光波段的反射率值。NDVI对土壤背景变化较为敏感，但由于NDVI可以消除大部分与仪器定标、太阳角、地形、云阴影和大气条件有关辐照度的变化，增强了对植被的响应能力，是目前已有的40多种植被指数中应用最广的一种。

③RVI是绿色植物的灵敏指示参数，与LAI、叶干生物量、叶绿素含量相关性高，可用于检测和估算植物生物量。植被的RVI值通常大于2，绿色健康植物的RVI值远大于1，而无植被覆盖的地面如土壤、建筑、水体、干枯植被或遭遇严重虫害的RVI值在1附近，计算公式为：

$$\mathrm{RVI}=\frac{\mathrm{NIR}}{R} \tag{5-3}$$

④DVI能很好地反映植被覆盖度的变化，但对土壤背景的变化较敏感，当植被覆盖度在15%～25%时，DVI随生物量的增加而增加，植被覆盖度大于80%时，DVI对植被的灵敏度有所下降，计算公式为：

$$\mathrm{DVI}=\mathrm{NIR}-R \tag{5-4}$$

（2）近几年，越来越多的研究工作将遥感技术应用到烟草长势监测方面，这里从遥感数据采集传感器所搭载的系统平台入手，将相关应用划分为近地遥感、低空遥感和卫星遥感3个方面进行总结分析。

①近地遥感。近地遥感一般以手持式光谱仪（如ASD FiedSpec、GreenSeeker、Specim-IQ等）或实验室光谱仪（如ATH8500）为观测工具。因为观测距离较近，基本不受环境和地形因素影响，因此它们具有最佳的空间分辨率、最高的信噪比、最准确的烟叶光谱反射率，且手持式光谱仪一般规格较小，便于携带，一些田间实验的结果可以在几秒内显示出来，因此广泛应用在各种烟叶表型监测任务中。缺点是不适用于大范围观测，费时费力，目前主要用于室内实验研究或者为其他尺度的遥感分析提供对照参考。

②低空遥感。低空遥感最主要的特征是以无人机（UAV）为载具，飞行高度在300 m以下，UAV载遥感可以说是目前最火热的一个研究领域，因为UAV的灵活性高、操作简单、成本较低，而且可以在较大范围上对烟田进行监测。相较于卫星遥感，UAV遥感可以在任何时候、任何地点执行观测任务。UAV遥感从时间和空间两个维度平衡了近地遥感和卫星遥感。

③卫星遥感。卫星遥感具有最高的空间覆盖范围，在执行地域级大规模的监测任务时效果显著，但是卫星的空间分辨率比较低，而且对同一目标区域的监测通常要间隔数天，数据采集周期长，在获取数据的过程中极易受环境因素如云层遮挡、阴雨天气、大气或气溶胶的吸收和散射等影响。

案例1：基于高光谱遥感的烟叶LAI评估

（一）试验设置

烟叶品种：K326和云烟85，采用盆栽试验（Pot-experiment）以

120 cm × 60 cm的行距和株距放置烟盆。

氮肥处理：每个盆从田间取20 kg土并仅栽一株烟苗，分三组（N_0、N_1、N_2）氮肥梯度处理。其中，N_0组不施氮肥，N_1组每盆施3 g氮肥，N_2组每盆施6 g氮肥。同时每盆施同样的磷肥（P_2O_5）4.5 g和钾肥（K_2O）9 g。

数据采集：以手持式光谱仪ASD FiedSpec，波段范围在350 ~ 1 050 nm，选择健康烟叶作为采集对象，获取烟叶冠层光谱数据，采集时间分别是移栽后35 d、55 d和80 d。

LAI测量：叶宽、叶长为人工测量，按照公式（5-1）计算LAI，其中，常数k=0.634 5。

植被指数：采用NDVI和RVI作为烟叶LAI预测的自变量。

（二）数据统计

在本案例中，植被指数RVI和NDVI、主成分分析（Principal Component Analysis，PCA）和反向传播神经网络（Back Propagation Neural Networks）被用来对烟叶LAI进行评估建模。这里，PCA算法中选择特征值大于1的主成分作为新变量参与建模，使用相关系数（R^2）和均方根误差（RMSE）作为模型的评估指标。

利用植被指数RVI和NDVI预测烟叶LAI的建模结果，如图5-2（a）和图5-2（b）所示，其中RVI的预测相关系数R^2=0.768，均方根误差RMSE=0.322；NDVI的预测相关系数R^2=0.798，均方根误差RMSE=0.281。

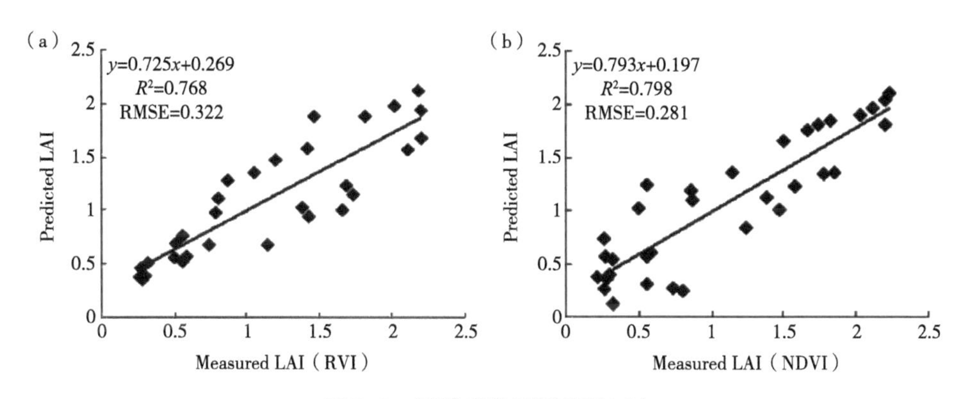

图5-2　植被指数预测烟叶LAI

利用PCA对烟叶LAI进行预测建模，如表5-1所示，通过PCA算法，最终选择了两个主成分，特征值分别为9.182和6.131，两个主成分的贡献负载分别为57.39%和38.32%，两个主成分的累计贡献度超过了95%。使用这两个主成分进行LAI预测可得计算公式为：

$$Y=0.407f_1+0.285f_2+1.166 \quad (5\text{-}5)$$

这里，Y为LAI的预测值，f_1、f_2分别对应两个主成分。

表5-1 PCA算法提取光谱反射率主成分

PC	Eigenvalue	Component loading（%）	Cumulative loading（%）
PC1	9.182	57.390	57.390
PC2	6.131	38.320	95.710

图5-3展示了PCA算法的预测散点图，其R^2=0.938，RMSE=0.172。

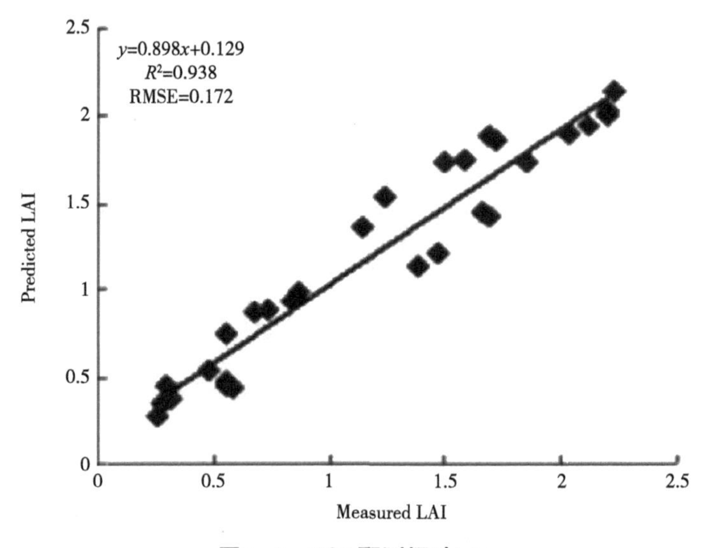

图5-3 PCA预测烟叶LAI

利用BPNN算法对烟叶LAI进行预测建模，模型设置了一个三层的BPNN，输入层为在可见光和近红外区域选择的16个原始波段，隐藏层和输出层的激活函数分别为“tansig”和“purelin”，输出层预测LAI值，在经过1 000次迭代后，隐藏层神经单元为7时，取得最好结果（R^2=0.889，RMSE=0.195），如图5-4所示：

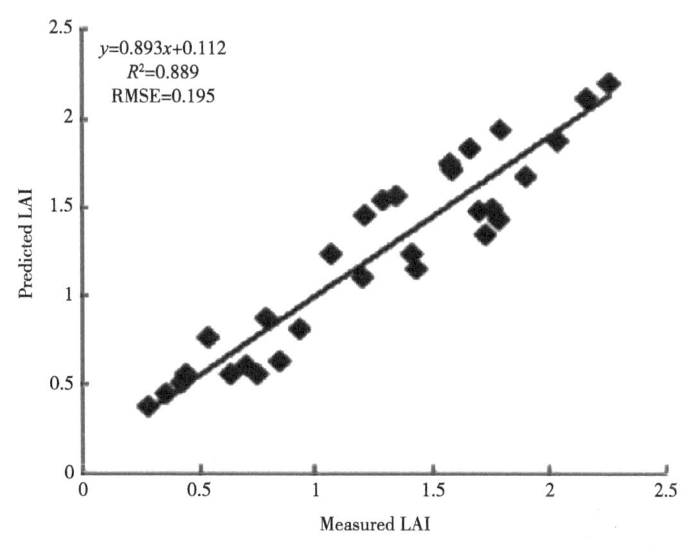

图5-4 BPNN预测烟叶LAI

（三）总结分析

根据最终结果可以看出，利用植被指数、PCA、BPNN 3种方法评估烟叶LAI，PCA算法取得了最好的结果，其次是BPNN，最后是植被指数法，即使如此，植被指数法仍然取得了0.768和0.798（高相关度）的良好结果。PCA算法可以对高光谱数据进行很大程度的降维，减少计算量，同时保留绝大部分有用信息，案例中在PCA算法后，使用线性回归进行LAI建模，取得了最好的结果，可见烟叶LAI与某些光谱波段组合呈现高度线性正相关，只是这里具体涉及的原始光谱波段组合，案例中并未作深入研究。

案例2：基于SAR的喀斯特山区烟叶LAI评估

（一）试验背景

喀斯特山区气候多云多雨、地形破碎、田块分散，作物间作，导致传统的遥感监测方式无法实现对烟草种植区域的实时监测。本案例选择贵州省清镇市流长现代烟草农业基地为研究区域，利用Terra SAR-X卫星获取不同生长期的烟区雷达影像。研究如何利用雷达图像实现对喀斯特地貌条件下烟区LAI的实时评估。

（二）雷达图像处理

工作模式：条带模式（StripMap，SM）。

极化方式：水平发送&接收（HH），垂直发送&接收（VV）。

入射角度：31.98°~33.33°。

空间分辨率：6 m。

使用5×5窗口FROST最佳滤波方法对原始影像进行滤波处理，并得到研究区滤波后烟叶SAR影像（图5-5），根据公式（5-6）计算滤波后的图像亮度：

$$\beta^0 = k_s \times |DN|^2 \tag{5-6}$$

式中，β^0为雷达亮度强度；k_s为雷达的校准系数，从头文件中读取；DN为SAR滤波后的灰度。SAR亮度分为两种：一种为强度类型（β^0）；另一种为分贝类型，其中雷达亮度分贝（$\beta^0{}_{db}$）计算公式为：

$$\beta^0_{db} = 10\log_{10}(\beta^0) \tag{5-7}$$

图5-5　TerraSAR-X滤波后的图像（R=HH，G=VV，B=HH/VV）

LAI测量：直接测量烟叶叶宽叶长，根据公式（5-1）计算。

地面定标：在烟叶成熟期，获取雷达图像后，利用GPS记录样本点位置，经过校正后叠加到滤波后的图像上，按照公式（5-6）提取SAR亮度值，经过计算，将样本点处的SAR值与LAI一一对应起来。

（三）数据统计

相关性分析：使用SPSS软件，计算LAI与不同极化方式下的SAR值之间的相关性，结果如表5-2所示。

表5-2　LAI与SAR亮度之间的相关系数

Polarization	Correlation coefficient（R）	Significant（Sig）
HH	−0.908	0.00
VV	−0.902	0.00
HH/VV	0.902	0.00

从表5-2可以看出，在HH和VV极化方式下，SAR与烟叶LAI值呈现高度负相关，而HH/VV时，则与LAI值呈现高度正相关。通过线性回归建模，获取SAR与LAI的定量关系，结果如图5-6所示。

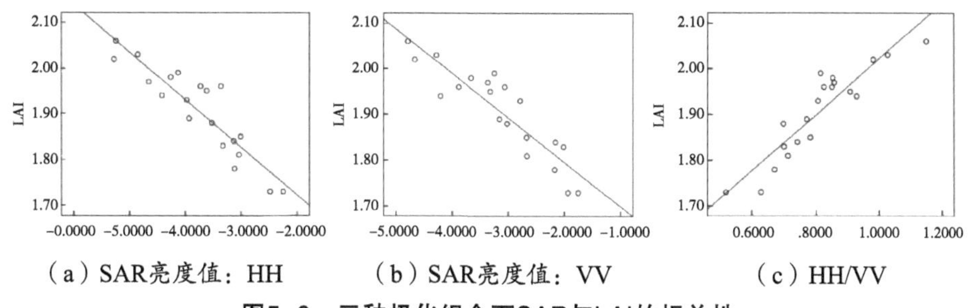

（a）SAR亮度值：HH　（b）SAR亮度值：VV　（c）HH/VV

图5-6　三种极化组合下SAR与LAI的相关性

具体结果如表5-3所示。

表5-3　三种极化组合的建模结果对比

Polarization	A linear equation	R^2	RMSE
HH	$Y=-0.104X+1.514$	0.825	0.041 74
VV	$Y=-0.097X+1.602$	0.813	0.043 15
HH/VV	$Y=-0.612X+1.410$	0.832	0.040 96

（四）总结分析

本案例通过卫星雷达图像反演区域烟叶LAI，通过对3种极化方式处理下的SAR亮度值与实地测量的LAI进行线性建模，均取得了较好的反演结果，说明了卫星遥感对烟叶LAI监测的可行性。不过，本案例中，选择的是烟叶成熟期做的反演，这一时期烟叶基本封垄，烟田大面积被烟叶覆盖，卫星可以较为容易地监测。至于移栽后不久乃至旺长期对烟叶的LAI监测，也仍须进一步研究。

5.1.2.2　烟叶叶片氮含量、叶绿素评估

氮素营养是影响烟叶产量和品质最重要的营养因子，合理的施氮量可以确保烟叶产量质量同步提升、双向保持。但是，前提是施氮量必须保持在一定的范围之内，氮肥供应不足时，烟株生长缓慢，植株瘦小，下部老叶小而早衰、黄化，烘烤后品质降低；氮肥供应过量时，烟叶疯长，植株高大，叶色深绿，成熟延迟且落黄不好，不易调制，烘烤后品质也会下降。烟叶总氮含量的高低还会影响烟叶制品的吃味与香味，叶片氮含量过高会产生浓烈的烟气、刺激性太大；而含量过低则烟气平淡，气味差、劲头不足。另外，烟叶质体色素是影响其外观质量和内在品质的重要香气前体物，主要包括叶绿素和类胡萝卜素，质体色素降解产物占烟叶中挥发性香味物质总量的85%～96%。叶绿素是烟叶成熟和调制过程中变化最剧烈的标识性物质。

案例3：基于高光谱反射率的烤烟氮含量、叶绿素含量反演

（一）试验设置

试验地点：河南省芳城市（33°15′N，112°54′E）。

试验时间：2010—2012年，2016—2018年。

烟叶品种：云烟87，2018年加入K326。

试验处理：采用随机小区试验，设置6个观测组，以自然光作为对

照组，试验组1～5分别作红光、黄光、蓝光、绿光、白光过滤处理，其余施肥管理等条件一致。

光谱数据获取：烟叶光谱反射率通过ASD Field SpecPr光谱仪测量，波段范围350～2 500 nm。

数据测量：实验室测量，其中氮含量测量方法为微量凯氏定氮法；叶绿素含量则使用Jasco 560-V分光光度计测量。

（二）数据统计

首先是氮含量反演。本案例选择植被指数SR、NDVI、多元线性回归（MLR）和BPNN进行氮含量反演；具体比值植被指数（Specific Ratio，SR）计算公式为：

$$SR = \frac{R1}{R2} \tag{5-8}$$

这里$R1$与$R2$分别为所选关键波段的反射率值。为了筛选出关键波段，这里随机选择两个波段代入SR与NDVI计算公式，并使用线性回归模型计算R^2，结果如图5-7（a）、图5-7（b）所示。

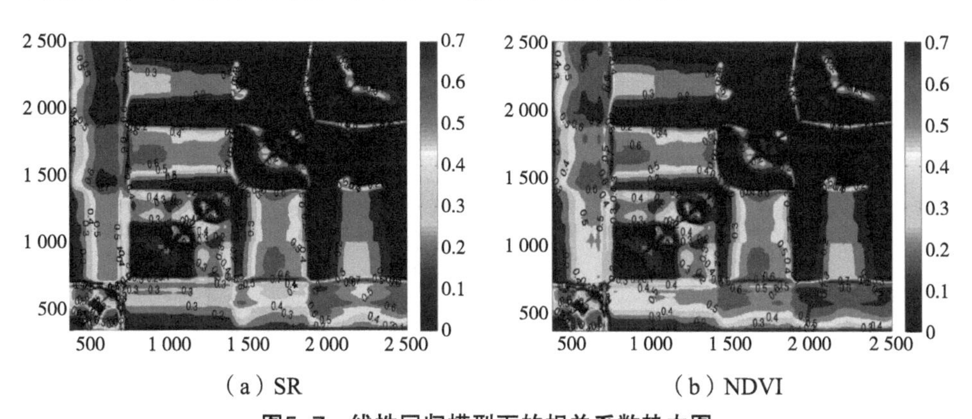

（a）SR　　（b）NDVI

图5-7　线性回归模型下的相关系数热力图

根据模型计算，由SR得出的R^2最大值为0.77，由DNVI得出的R^2结果最大值为0.76，在SR中，最优波段组合为450-700 nm、590-1 980 nm（R^2=0.77）、1 820-2 500 nm、700-750 nm、1 450-1 850 nm；在DNVI中，最优波段组合为420-455 nm、635-660 nm、460-500 nm、420-

450 nm、1 950–2 150 nm、1 970–650 nm（R^2=0.76）、480–680 nm、2 300–2 500 nm和540–660 nm。以最大相关系数波段进行氮素反演结果如图5-8所示。

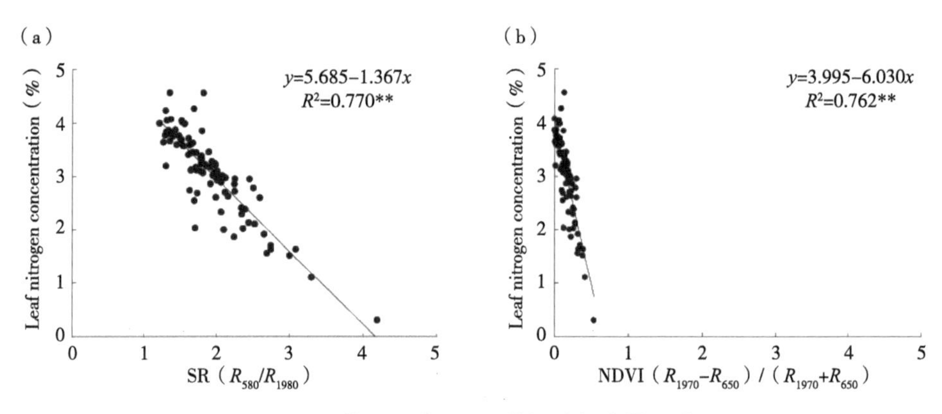

图5-8　基于SR与NDVI的烟叶氮含量反演

根据图5-8结果，选择前20个R^2值最大的波段组合，利用多元逐步回归法和BPNN算法进行氮素反演，使用的输入变量为（R_{1570}–R_{730}）/（R_{1570}+R_{730}），R_{550}/R_{2050}，R_{590}/R_{1970}，（R_{1600}–R_{730}）/（R_{1600}+R_{730}），R_{550}/R_{2080}和（R_{1980}–R_{660}）/（R_{1980}+R_{660}）。另外，在BPNN中，隐藏层设置了29个节点，使用tansig和purelin函数分别作为输入层与输出层的激活函数。结果如图5-9所示。

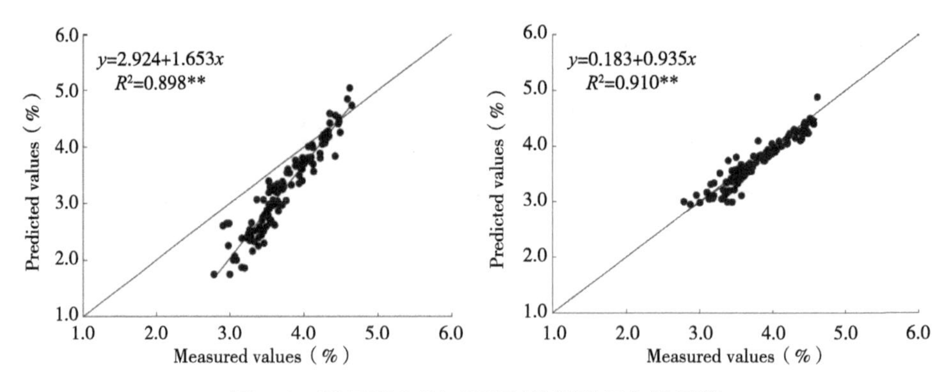

图5-9　基于SMLR与BPNN的烟叶氮含量反演

其次是叶绿素含量反演。选择植被指数RVI、NDVI和DVI，建模方法仍选择SMLR和BPNN。

同样的，先是以RVI、NDVI、DVI作为输入变量，线性回归模型计算波段相关系数R^2，结果如图5-10、图5-11和图5-12所示。

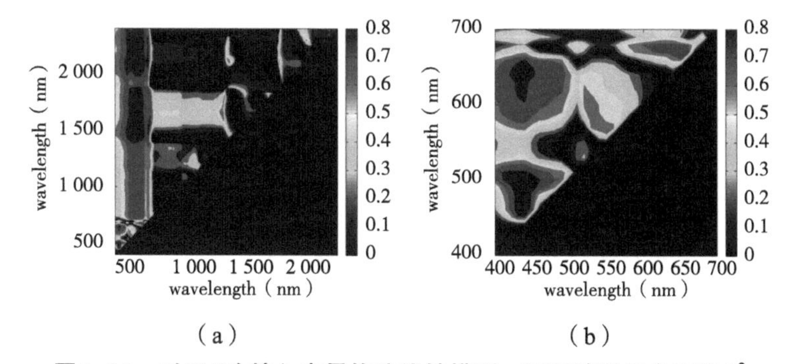

图5-10　以RVI为输入变量构建线性模型，不同波段组合下的R^2

［（a）350 ~ 2 500 nm范围；（b）400 ~ 700 nm范围放大图］

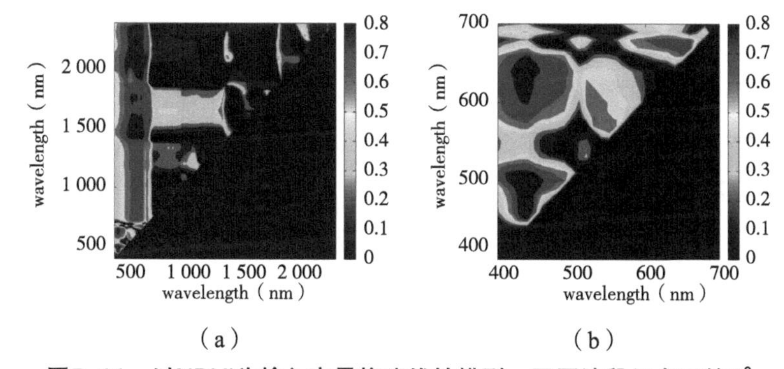

图5-11　以NDVI为输入变量构建线性模型，不同波段组合下的R^2

［（a）350 ~ 2 500 nm范围；（b）400 ~ 700 nm范围放大图］

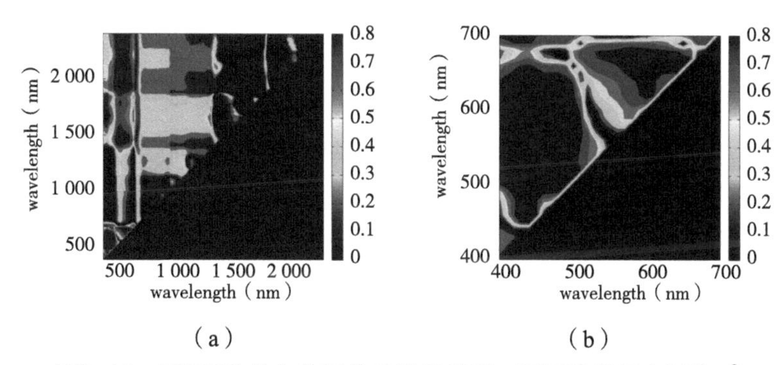

图5-12　以DVI为输入变量构建线性模型，不同波段组合下的R^2

［（a）350 ~ 2 500 nm范围；（b）400 ~ 700 nm范围放大图］

根据计算结果，当RVI、NDVI和DVI中的相关系数取得最大值时，相应的波段组合分别为：（440，470）nm、（440，470）nm和（440，460）nm，建模结果如图5-13所示，3种指标下各自的相关系数R^2分别为：0.76、0.77和0.69，均方根误差RMSE则分别为：0.63 mg/g，1.6 mg/g和1.59 mg/g。

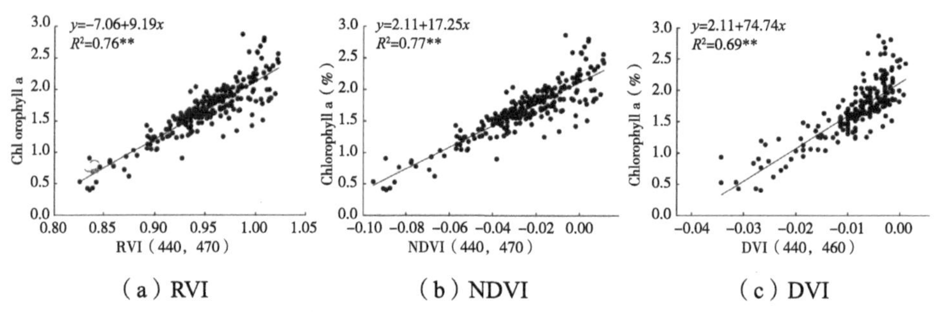

（a）RVI　（b）NDVI　（c）DVI

图5-13　以三种指标下的最优波段组合构建叶绿素a反演模型

同样的，选择前20个R^2值最大的RVI、NDVI和DVI波段组合，作为SMLR和BPNN的输入变量，构建反演模型，在BPNN算法中，隐藏层设置了22个节点，其余参数设置与氮素反演一致，结果如图5-14所示，在SMLR模型中，R^2=0.64，RMSE=2.04 mg/g；在BPNN模型中，R^2=0.96，RMSE=0.05 mg/g。

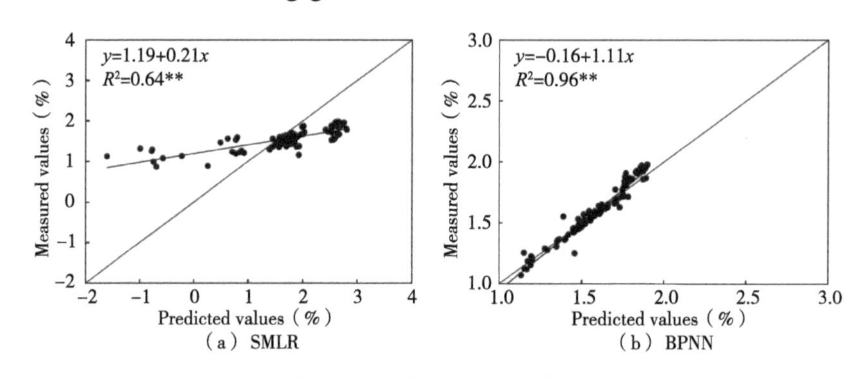

（a）SMLR　（b）BPNN

图5-14　叶绿素a反演模型

（三）总结分析

本案例通过试验控制烟叶接受不同光质的照射处理，获取不同处理下的光谱反射率数据，并测量烟叶叶片氮和叶绿素a含量，利用相关植被指数来判断哪些波段对烟叶氮素、叶绿素变化的反应更为敏感，最终确定氮素评估的最佳波段组合为：R_{590}/R_{1980}和（$R_{1970}-R_{650}$）/（$R_{1970}+R_{650}$）；叶绿素评估的最佳波段组合为R_{440}/R_{470}、（$R_{440}-R_{470}$）/（$R_{440}+R_{470}$）和$R_{440}-R_{460}$，案例中还通过选择前20个较优波段组合作为SMLR和BPNN算法的输入变量，构建相关度更高的预测模型，在氮素反演中，SMLR模型的R^2=0.898，RMSE=0.6；BPNN模型的R^2=0.910，RMSE=0.13，均属高相关度（$R^2>0.7$）范围；而在叶绿素反演中，SMLR模型的R^2=0.64，RMSE=2.04 mg/g；BPNN模型的R^2=0.96，RMSE=0.05。由此可见，BPNN在烟叶品质成分（氮、叶绿素）反演时，均取得较好效果。

5.1.2.3 烟叶叶片烟碱含量评估

烟碱，又称“尼古丁”，是烟叶区别于其他作物最具代表性的化学成分，是烟叶中重要的品质要素之一。烟碱是烟草中的主要生物碱，一般占烟叶中总生物碱含量92%以上。烟叶本身没有气味，但其能缓和其他因素的辣味，人们在摄入烟碱时会刺激大脑多产生多巴胺，提高人的兴奋度，这也是吸烟成瘾的物质基础。

案例4：基于叶片光谱反射率评估阴影对烟叶烟碱含量的影响

（一）试验设置

试验地点：河南省芳城市（33°15′N，112°54′E）。

试验时间：2010—2012年。

烟叶品种：云烟87。

试验处理：采用随机小区试验，设置3个试验组，分别作85%、65%和45%遮光处理，对照组不进行遮光处理，每种处理设3个重复组。

数据获取：叶片光谱通过ASD Field SpecPr光谱仪测量，波段范围350～2 500 nm，移栽后30 d开始，每隔15 d测量1次，直至收获。

烟碱测量：烟碱含量的测量是使用装配了Nova-Pak C-18色谱柱和紫

外检测器的高质量液相色谱仪（Waters 2690，Japan），通过峰值区域与标准含量表对比获取烟碱含量。

（二）数据统计

与案例3相似，本案例选择了植被指数SR与NDVI进行关键波段组合筛选，建模方法选择了SMLR与BPNN，具体设置可见案例3。

在不同时期，不同处理下的叶片反射率如图5-15所示。

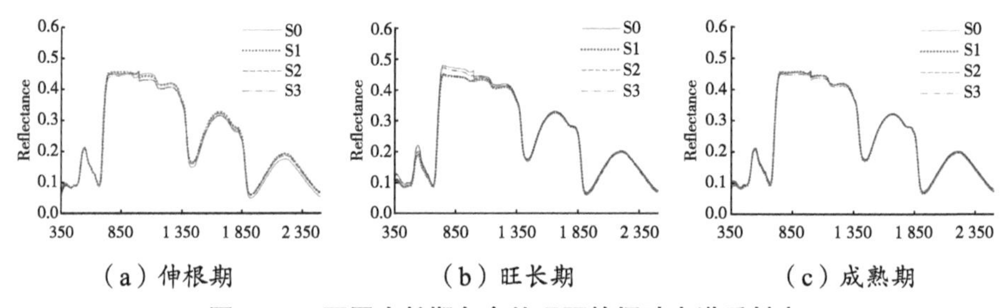

（a）伸根期　（b）旺长期　（c）成熟期

图5-15　不同生长期各个处理下的烟叶光谱反射率

从图5-15（a）可以看出，在伸根期，可见光350～700 nm波段，各组没有明显的光谱差异；而到了近红700～1 000 nm波段，遮光级别高，光谱反射率高；到了近红1 000～1 300 nm波段，光谱反射率整体开始下降。到了旺长期，光谱差异逐渐明显，可以明显看出对照组光谱反射率要大于试验组。到了成熟期，3种处理的光谱差异几乎没有。对于不同时期不同处理的光谱差异分析为烟叶尼古丁含量反演提供了试验基础。

首先使用植被指数SR和NDVI作为输入变量构建与烟叶尼古丁含量的线性回归模型，不同波段组合下的相关系数R^2如图5-16所示。

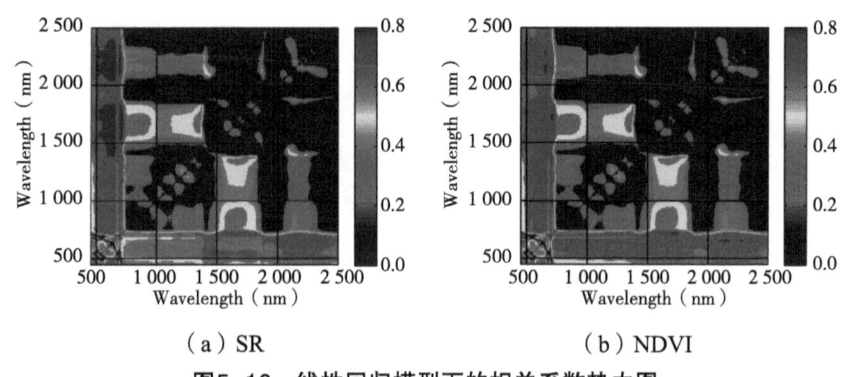

（a）SR　（b）NDVI

图5-16　线性回归模型下的相关系数热力图

以SR指标筛选出的最优波段组合范围为460～520 nm和420～460 nm，1 350～1 850 nm和500～730 nm，以及2 000～2 400 nm和500～730 nm；以NDVI指标筛选出的最优波段组合范围为510～750 nm和1 400～1 800 nm，以及420～470 nm和460～515 nm。在最大R^2下，进一步筛选出最优波段组合为SR（R_{610}，R_{2150}），NDVI（R_{500}，R_{450}）。以此为输入变量进行线性回归预测尼古丁含量，结果如图5-17所示。

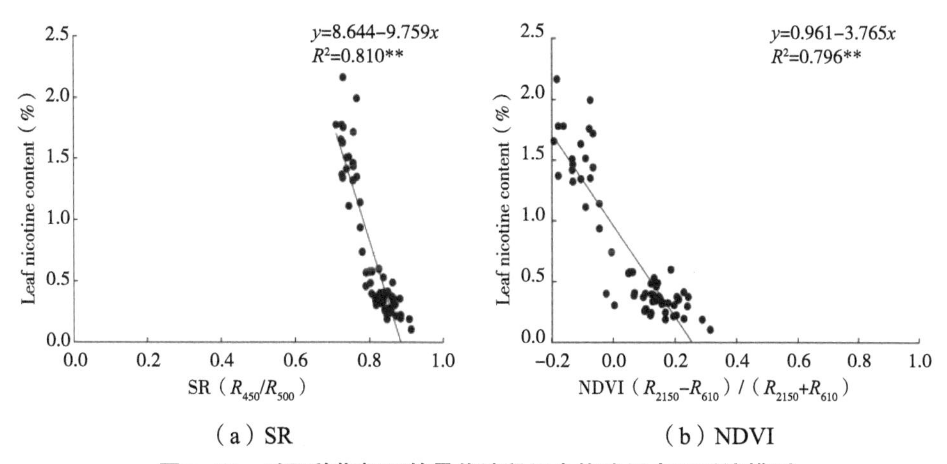

（a）SR　　（b）NDVI

图5-17　以两种指标下的最优波段组合构建尼古丁反演模型

同样的，选择前20个R^2值最大的波段组合作为SMLR和BPNN的输入变量，进行尼古丁含量反演，结果如图5-18所示，SMLR模型的R^2=0.601，RMSE=0.883；BPNN模型的R^2=0.973，RMSE=0.109。

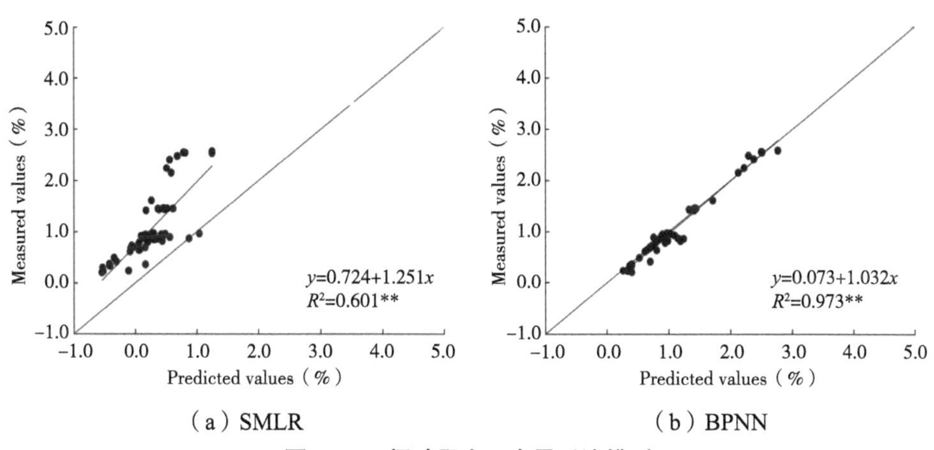

（a）SMLR　　（b）BPNN

图5-18　烟叶尼古丁含量反演模型

（三）总结分析

本案例最终的试验结果表明，利用高光谱反射率数据进行尼古丁含量反演，需要选择合适的烟叶生长期进行，经过对比可以看出，旺长期的光谱差异最为明显。不过，值得说明的是，在进行烟叶加工时，一般比较关注烘烤后的烟叶烟碱含量，大田期烟碱含量的评估可作为烟叶生长过程中品质调优的理论依据。最后，综合案例3可知，BPNN算法在烟叶品质建模方面确实有显著的优势。

5.2 烟田电子地图建设

利用遥感监测与分析、地理信息系统和全球定位、移动互联网等技术，面向烟区发展和烟叶生产实际需要，制定烟区地块数据采集技术规程，利用卫星遥感、航测影像、实地测量等技术手段，获取种烟地块综合信息、烟基设施保障等数据资源，综合烟叶生产业务关联信息进行数据汇总建库管理，并构建数据更新机制，形成烟田电子地图及其分析技术体系，对实现烟区科学规划与烟叶精准种植管理具有重要意义。

本节主要从烟田电子地图地块信息采集、电子地图管理平台等方面，介绍数字烟区技术集成应用。

5.2.1 电子地图地块信息采集

参考云南省烟区电子地图地块信息采集技术规程，介绍烟田电子地块信息采集的技术规程及实际操作方法。

5.2.1.1 地块信息

地块是指按自然田埂边界、承包经营权边界（取最小者）围成的多边形及相关属性组成的数据单元。

（1）地块信息包含的数据项（表5-4）。

表5-4 云南省规划烟区地块数据项明细

分类	序号	数据项名称	说明
采集数据项	1	地块多边形	由若干顶点连线围成的多边形形状。通过实测法或图测法取得
	2	烟田类型	勾选项（□核心烟区□重点烟区□普通烟区）
	3	土壤类型	必填，提示（□红壤□黄壤□棕壤□黄棕壤□暗棕壤□褐土□水稻土□紫色土□冲积土□其他）（有多种类型的以主要的为主）
	4	村委会行政区划	按国家统计局发布的2020年《统计用区划和城乡划分代码》为准
	5	地块编号	按业务规则编号，该编号列表由各州市自行编制并保证唯一性 例如，5325041100001001，代表云南省红河哈尼族彝族自治州弥勒市东山镇0001号连片001号地块，其中，53表示云南省，25表示红河哈尼族彝族自治州，04表示弥勒市，110表示东山镇，0001为东山镇所辖第一个规划连片，001为第一个规划连片中的第一个地块
	6	水源保障	勾选项［□水库□水窖□机井□河（溪）流□塘坝□无］
	7	密集烘烤保障	勾选项（□有□无）
	8	机耕路配套	勾选项（□有□无）
生成或推算的数据项	9	海拔	省局（公司）统一选用数字高程模型计算，地块代表海拔取顶点海拔的算术平均值，存储为双精度小数，单位为米
	10	面积	由CGCS2000-高斯克吕格3度带投影后计算的投影面积，存储为双精度小数，单位为平方米。使用时按要求单位换算和修约
	11	坡度	省局（公司）统一选用数字高程模型计算，取最高点和最低点连线与水平线夹角计算，修约到整数度数
业务关联数据项	12	承包经营权信息	包括：权证代码、承包户主身份证号、姓名等。由合同网签等业务系统生成和管理
	13	烟叶种植主体信息	包括：年度种植合同编号、主体名称及主体标识符等。由合同网签等业务系统生成和管理
	14	所属基地单元	以国家局规定的名称为准，各州（市）局（公司）建立索引。由基地单元管理系统生成和管理

烟田类型为勾选项，分为核心烟区、重点烟区、普通烟区，分别与全省2020年核心烟区建设规划中的核心烟区、优质烟区、适宜烟区相对应。

水源保障是指有水库、水窖、机井、河（溪）流、坝塘等水源或通过管道、引水、抽水、提水等方式就近拉水（3 km以内）可以满足抗旱移栽用水的地块。

密集烘烤保障中“有、无”是指地块所在区域配套密集烤房是否满足烟叶烘烤需要。

机耕路配套中“有、无”是指配套砂石路、硬化路等能否通达地块所在区域。

地块编号为入库时统一编制。

面积、海拔、坡度通过地块多边形推算生成。

承包经营权信息、烟叶种植主体信息、所属基地单元、水源保障、密集烘烤保障、机耕路配套等信息，由合同网签等关联业务系统经业务办理产生。

（2）待采集的数据项。各有关单位组织采集获取的数据项：地块多边形、烟田类型、土壤类型、村委会级行政区划等。

5.2.1.2 地块空间及属性数据库设计

（1）地块。地块是指按自然田埂边界、承包经营权边界（取最小者）围成的多边形及相关属性组成的数据单元。每一个地块即为一个实体。它包括一个唯一标识符、若干内禀属性，和一个在适当的地理坐标系统中，由多个顶点直线连接围成的多边形形状。地块的内禀属性如表5-5所示。

表5-5 地块内禀属性

名称	类型	说明	备注
地块标识符	字符串	唯一的表示一个地块实体	由地块信息库统一编制，并保证唯一性
多边形数据	Geography	描述地块多边形形状	
面积	双精度小数	根据多边形数据计算的投影面积，按平方米（m^2）计	
登记时间	日期时间	记录地块登记入库的时间	

（续表）

名称	类型	说明	备注
描述	文本	地块提供额外的描述	
提供者	文本	提供者填写，标记地块的提供者	
提供者引用	文本	提供者填写，提供者可用来追踪管理其递交的地块	

（2）地理数据标准。

坐标系统：多边形输入/存储采用WGS-84大地坐标系统。面积/距离量算采用CGCS2000UTM3度带。位置坐标应用采用GCJ-02加密。

几何形状：多边形形状数据必须满足OGCSFS规范。记录地块坐标点的海拔高度值，但当前高程应用不使用。

数据交换格式：业务应用（登记地块、范围检索）数据格式采用GeoJson标准。

瓦片/服务规范：投影坐标为WGS-84，按照OGCWMTS规范提供服务。

（3）地块历史记录。地块信息库记录所有地块的变更（增删改），包括能级和删除直接导致的变更，也包括因业务约束裁剪导致的变更。给出地块标识符和一个过程的时间点，可以唯一确定一个地块在过去特定时间点的形态和关联数据。

5.2.1.3 地块信息采集和制作

制作合格的地块数据，主要分为两种手段：第一种使用带有定位装置的设备到实地沿地块边缘行走，记录归集形成地块多边形；第二种是使用遥感底图或正射影像图，然后采用边界识别或人工描绘。

（1）外业勘界。使用装有定位装置的设备，现场绕地块边界行走测绘。定位装置包括：测亩仪、带定位装置及程序的PDA、带有定位装置的移动电话或具有多边形轨迹记录功能的GPS接收机等（图5-19）。

图5-19　带有定位装置的移动地块信息采集仪

（2）通过图像识别或人工描边。这种方式是通过在含位置参数的栅格图（传统的点阵式照片图像）上，通过田埂边界的识别或人工描边，获得地块多边形矢量数据。执行边界识别前，需要获得足够精度的栅格图，通常可能来自各种地图服务所提供的可见光影像图层，或者根据需要自己通过无人机航拍制作的正射影像图。

制作正射影像图：如果地图服务商提供的某个区域的可见光图层精度不足，或数据年代较远，与现实地块划分情形发生较大差异时，那么就需要先对这个区域制作正射影像图，以反映当前区域的地块现状，并满足图像识别所需的精度（图5-20、图5-21）。

图5-20　正射影像图-1

通常采用无人机对地航拍，获得一系列位置参数和照片，再经软件处理定位、拼合、纠偏，最后获得特定区域的正射影像。

正射影像图的制作需要用到航拍和专业地图处理技术，可委托具有相关技能的公司提供正射影像图的交付服务。正射影像图的制作不是必要的步骤，只有当底图精度不足，或底图与现实地块划分情况差异较大时，才考虑制作正射影像图。

图5-21 正射影像图-2

计算机图像识别边界：在获得了满足要求的影像图后，在某些田埂边界明显的区域，可以利用计算机图形学算法，识别边界，并生成地块多边形数据（图5-22）。

图5-22 计算机图像识别边界

计算机识别边界可以较快速大范围地产生地块多边形数据，但受限于算法、训练参数设定等，计算机识别边界存在一定的错误率。计算机识别完成后，需要人工复检，进行偏差修正。

人工复检较为费时，且人工复检中，发现未识别、识别错误、放线偏移等情况，需要人工重新描绘修正，其用时相当于直接人工描绘。计算机识别边界的错误率取决于计算机识别的错误率，后续人工复检的工作量可能存在较大的波动性。

人工描绘边界：在获得合适的影像底图或正射影像图后，可直接人工描绘边界。人工描绘边界精度较高，且比较适合地块边界不明显的地区。如红河哈尼族彝族自治州西三镇部分地块，没有明显边界，仅在顶点位置放置几块石头就视为边界。如图5-23所示，灰色地块实际上由若干家承包，但从影像图上基本无法识别各承包户的地块边界。

图5-23　人工描绘边界

（3）地块信息采集和制作。采集地块数据时，统一采用WGS-84坐标系统。采集开始前，应检查所需设备程序对坐标系统的支持。无法支持WGS-84坐标系统的，应在采集前采取必要的换算和参考纠偏措施验证坐标系转换是否有效。地块数据的制作处理过程可选择成熟适宜的工具，或由具备技能的服务商处理。最终，每一个地块均可按GeoJson、OGC等规范输出。图5-24展示了一个地块的GeoJson格式数据样例。

```
1  {
2      "type": "Feature",
3      "geometry": {
4          "type": "Polygon",
5          "coordinates": [
6              [
7                  [
8                      103.49895860762548,
9                      25.42912250604743
10 >               ],              [...
13 >               ],              [...
16 >               ],              [...
19 >               ],              [...
22 >               ],              [...
25 >               ],              [...
28 >               ],              [...
31 >               ],              [...
34 >               ],              [...
37 >               ],              [...
40 >               ],              [...
43 >               ],              [...
46 >               ],              [...
49                 ]
50             ]
51         ]
52     },
53     "properties": {
54         "suppressOverlay": true,
55         "description": "",
56         "offsetType": "WGS84"
57     }
58 }
```

图5-24　地块数据的制作处理

（4）数据质量控制。为了确保地块数据质量，采取以下几种措施。随着地理信息应用的深入、业务的重构升级，未来将会加入更多的措施和手段进行质量控制。

地块注册人资格：只有经信息中心认定的个人或组织，才可以向地块信息库注册地块。其他个人或组织通过报告方式提交地块信息，经审核后入库。

地块数据限制：面积超过100亩（66 666.67 m^2）的地块不予注册。面积小于0.01亩（6.67 m^2）的地块不予注册。因裁剪导致地块小于0.01亩（6.67 m^2）的地块，将被删除。

投诉纠正机制：受理来自个人或组织对地块形状、位置、面积等的疑问和申诉。

5.2.1.4　地块信息登记和报告

制作准备好的地块数据，需登记到地块信息库，以供其他业务应用使用。地块信息库公开以WebAPI式提供地块登记服务，使用GeoJson标准为数据载体。调用地块登记服务要通过身份验证。使用OpenIDConnect进行身份验证，使用JWT传递身份令牌。上述均为国际标准规范。

（1）地块信息库规则约束。地块信息库的当前地块集合应满足无交集规则。为满足规则，存在如下约束。登记时，若新登记的地块与现有地块存在交集时，地块的提供者必须指示：①裁剪新登记地块，以符合无交集规则；②裁剪与新登记地块有交集的地块，使之空间能容纳新登记地块，以符合无交集规则。

图5-25显示了简单交集时，裁剪情形。当指示覆盖时，新地块形状不变，现有地块被裁剪；当指示不覆盖时，现有地块不变，新地块被裁剪。

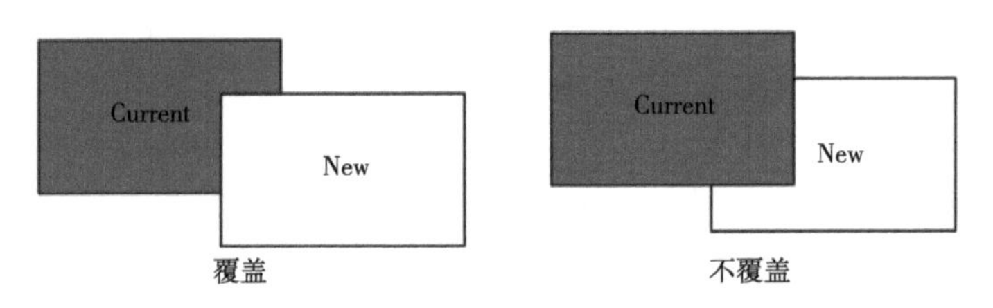

图5-25　地块信息库规则约束-1

图5-26显示了复杂的场景：左侧标识新地块与现有地块呈跨越交叉的情况。如果提示覆盖，则现有地块会裁剪分裂为两个地块（产生一个新地块）；如果提示不覆盖，则现有地块将新地块裁剪为两个地块。

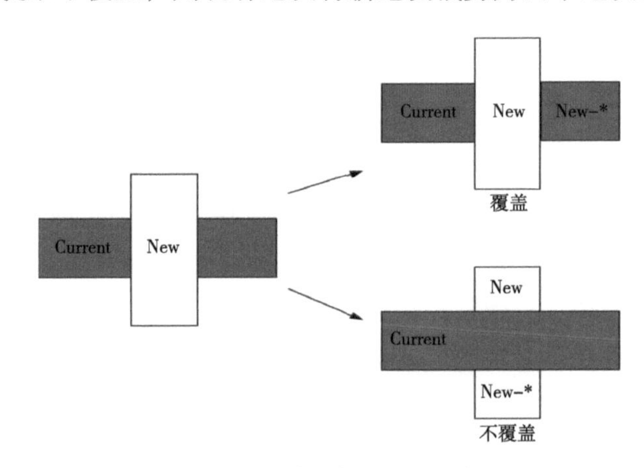

图5-26　地块信息库规则约束-2

以上规则和约束，将会导致地块被裁剪（改变形状）、挖洞、完全覆盖（删除）、拆分为多个地块等情形出现，并将进入地块历史。地块登记接口的返回结果中，会将此次调用导致新增、变更、删除的地块返回给调用方。

地块登记接口仅支持一次调用一个地块的方式执行，每次调用均检查上述规则和约束。若要批量处理地块登记入库，调用方需对每一个地块重复调用上述登记接口，调用方自行管理调用排队及状态，避免遗漏或重复。

（2）地块信息登记。信息中心认定的个人或组织，可称为地块信息库服务者，并直接向地块信息库登记地块。登记地块直接进入地块信息库。

（3）地块信息报告。其他任何组织或个人，可以向地块信息库递交地块登记报告。地块登记报告将在审核人员审核后，正式登记到地块信息库中。

（4）其他与地块关联的信息。与地块关联的信息是指不属于地块本身，但依赖地块信息关联的其他信息，如确权信息、合同信息等。

5.2.1.5 地块检索

提供：地块信息检索接口、地块信息瓦片服务、地块信息在线地图等检索服务方式。

5.2.2 电子地图管理平台

以云南省数字烟区管理平台为例对烟田电子地图的数据集成应用进行介绍（图5-27）。

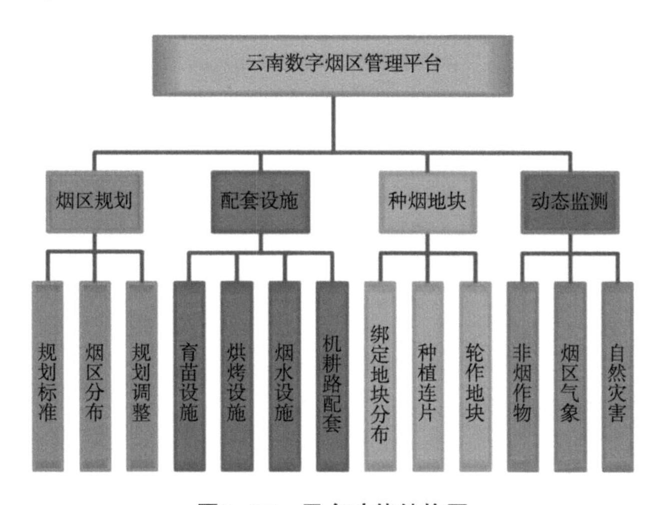

图5-27 平台功能结构图

5.2.2.1 烟区规划

根据云南省规划烟区总面积1 504万亩的要求，以“管好地”为切入点，统一采集获取种烟地块信息，呈现全省各种烟州（市）烟区规划分布信息，直观掌握全省烟区利用现状和烟区资源变化情况。根据烟叶生产实际规划调整烟区布局，为烟区管理提供了线上化、数据化、可视化的管理模式，为推进基本烟田永久保护、稳定核心烟区、推动烟粮（菜）轮作提供数据支撑。

烟区规划模块包括规划标准、烟区分布、规划调整3个子模块。

（1）规划标准。重点规划核心烟区、重点烟区和普通烟区。以海拔、坡度、土壤、气象等信息为基础，规划自然条件较好、可连片轮作种植和有发展潜力的区域。

以“一张图”的形式分层分要素呈现海拔、坡度、土壤、气象等生态环境信息及其分布占比情况（表5-6）。

表5-6　烟区规划生态环境条件参考数据

项目	指标	核心区	重点区	普通区
气温(℃)	成熟期（7—9月）平均气温（℃）	20～21	19～22	17～24
降雨(mm)	4—9月雨量	600～900	500～1 000	400～1 300
日照(h)	成熟期（7—9月）月均日照时数	≥400	≥350	≥300
海拔	（m）	1 400～1 900	1 200～2 000	1 100～2 200
坡度	（°）	＜10	＜15	＜20
土壤	pH值	5.5～7.0	5.0～7.5	5.0～7.5
	有机质含量（g/kg）	25～35	20～40	15～45
	速效钾（K_2O）（mg/kg）	≥120	≥100	≥80
	碱解氮（N）（mg/kg）	60～120	50～160	40～200
	含氯量（Cl）（mg/kg）	＜30	＜40	＜45
	有效耕作层厚度（cm）	≥20	≥18	≥16
	Cd（mg/kg）	≤0.5	≤0.5	≤0.5
	Hg（mg/kg）	≤0.5	≤0.5	≤0.5
	Pb（mg/kg）	≤300	≤300	≤300

注：降雨。具体指标为当前、上年同期和历史同期旬降水量、月降水量、年降水量，单位（mm）（保留1位小数）。以空间分布或时间序列展示不同时段降水状况，分析适合不同类型规划烟区的区域。

温度。具体指标为当前、上年同期和历史同期旬平均气温、月平均气温、年平均气温，单位（℃）（保留1位小数）；以空间分布或时间序列展示不同时段温度状况，分析适合不同类型规划烟区的区域。

光照。具体指标为指标当前、上年同期和历史同期旬日照时数、月日照时数、年日照时数，单位（h）（保留1位小数）；以空间分布或时间序列展示不同时段光照状况，分析适合不同类型规划烟区的区域。

土壤。包括pH值、有机质含量、速效钾（K_2O）、碱解氮（N）、含氯量（Cl）、有效耕作层厚度、Cd、Hg、Pb等指标。以空间分布或时间序列展示不同时段光照状况，分析适合不同类型规划烟区的区域。

（2）烟区分布。在现有烟区、烟农和生产规模的基础上，以“一张图”呈现核心烟区、重点烟区和普通烟区分布占比情况。同时使用烟田网格形式实现责任到人、到地块的精准化管理。烟田网格是按照“省局（公司）、州（市）级公司、县级分公司、烟叶站（点）、烟技员”5个层级划分；省局（公司）为一级网格，州（市）级公司为二级网格，县级分公司为三级网格，烟叶站（点）为四级网格，烟技员挂钩烟田为五级网格。

以不同的图层按省、州（市）、县（市、区）、乡镇四级逐级展示核心区、重点区、普通区的烟区规划分布情况。以图表的形式查询年度间各网格层级的烟区分布基础信息及汇总数据。根据查询区域、网格层级、地块属性等进行查看，并以图表的形式呈现查询结果。三级及以上网格层级可查询基地单元、产业综合体分布情况。

（3）规划调整。烟田规划可根据相关政策、种植计划、烟农和市场等情况适当调整，规划调整模块涉及申请审批、数据采集、规划调整等功能，以满足规划烟田调整的需要（图5-28）。

申请审批，由县级分公司根据调整的烟区，逐级提交调整申请上报州（市）局（公司）、省局（公司）进行审核，符合相关规定的予以通过。数据采集，调整申请上报省局（公司）审批同意后，县级分公司及时采集变更的地块等信息数据。规划调整，省局（公司）临时开放地块信息修改权限，权限可由县级分公司指定人员进行添加、删除、修改、上传规划地块等基础信息。

图5-28　规划地块基础信息功能

5.2.2.2　配套设施

烟区基础设施配套是支撑烟叶生产高质量发展的重要条件，生态资源适宜、基础设施配套完善是建设高标准烟田的基础。将烟区规划结果与基础设施配套情况进行关联分析，进一步为烟叶基础设施建设提供决策依据，为稳定核心烟区、优化烟区布局提供重要保障。

基础设施模块分为育苗设施、烘烤设施、烟水配套和机耕路配套4个子模块。

育苗设施：育苗设施类型分为大棚、中棚、小棚3类，支持按项目编码查询、展示该设施的具体位置和受益面积，可按网格层级呈现对应区域的育苗设施保障情况（图5-29）。

烘烤设施：烘烤设施关注类型分为密集烤房和密集烤房烟夹配套，其中按供热源选择燃煤、生物质燃料、电、天然气、其他5个子类。烘烤设施需含烤房项目编码（涉及烟夹配套的有烟夹项目编码），支持按项目编码查询、展示该设施的具体位置和受益面积，可按网格层级和供热源类型统计汇总对应区域的烘烤设施保障情况（含烟夹配套保障情况）。

烟水配套：烟水配套设施项目关注类型分为水池、水窖、塘坝、管网、沟渠、提灌站、机井7类，支持按项目编码查询、展示该设施的具体位置和受益面积，可按网格层级呈现对应区域的烟水配套保障情况（图5-30）。

机耕路配套：支持按项目编码查询、展示该设施的具体位置和受益面积，按网格层级呈现对应区域的机耕路配套保障情况。

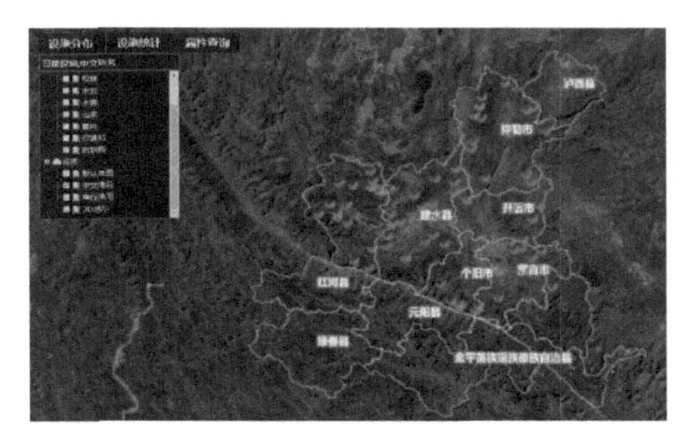

图5-29　育苗点空间分布示意图

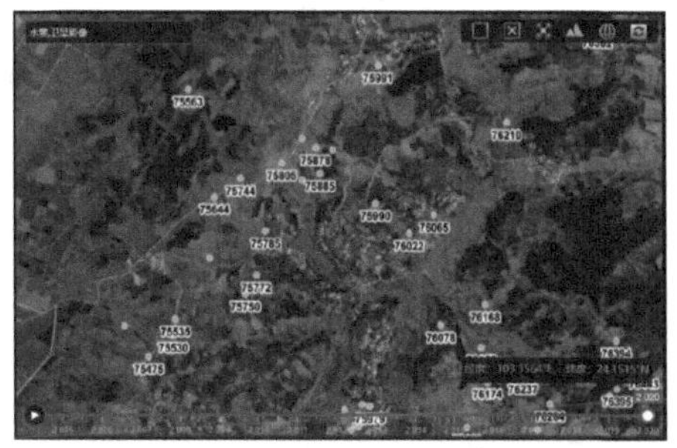

图5-30　水窖空间分布示意图

5.2.2.3　种烟地块

种烟地块是针对地块空间信息和属性信息的综合管理，利用平台展现种烟地块“一本账”。直观呈现种烟地块“画像”信息，推动解决“在哪儿种烟”的问题，为进一步优化烟区布局，提高烟区规模化种植、机械化作业程度提供依据，为核心烟区保护、高标准烟田建设等奠定基础，为数字烟区管理平台“一张图”规划落实提供核心要素支撑。

种烟地块模块包括绑定地块分布、种植连片、轮作地块3个子模块。

（1）绑定地块分布。绑定地块分布是将本年度烟农签订合同与种烟地块在地图上进行绑定展示，为实际植烟地块与规划地块的吻合性分析提供支撑依据。可根据年度、层级进行查询，以图表的形式呈现对应年度、层级的合同签订、种植规模、种植品种、烟田类型、烟农年龄结构等信息。

种植规模可根据实际需求进行自定义查询，主要以图表的形式呈现年度、层级（不含第五级网格）的规模种植分布情况和查询结果，不同规模种植以不同颜色区分。默认规模种植区间为M＜5亩、5亩≤M＜10亩、10亩≤M＜20亩、20亩≤M＜50亩、M≥50亩。烟田类型分为田烟、地烟两类，可根据年度、层级查询数据，并以图表的形式呈现结果。烟农年龄结构可根据实际需求进行自定义查询，主要以图表的形式呈现年度、层级（不含第五级网格）的烟农年龄结构分布情况和查询结果，不同年龄结构以不同颜色区分。默认年龄结构区间为N＜30岁、30岁≤N＜40岁、40岁≤N＜50

岁、50岁≤N<60岁、N≥60岁。

（2）种植连片。种植连片可采用自定义方式查询指定或任意区域种烟地块的连片集中程度，展示烟区规模化种植情况。

支持3种方式查询连片情况：①在地图上可使用多边形工具进行种植规划连片地块圈定，以图表形式呈现圈定范围内的地块信息，显示地块总数、总面积。②种植连片常见面积区间自动生成。在系统后台设置种植连片区间数值，自动进行各网格种植连片地块生成，田烟默认种植连片区间为M<50亩、50亩≤M<100亩、100亩≤M<200亩、200亩≤M<500亩、500亩≤M<1 000亩、M≥1 000亩；地烟默认种植连片区间为M<30亩、30亩≤M<100亩、100亩≤M<200亩、200亩≤M<500亩、500亩≤M<1 000亩、M≥1 000亩。③自定义面积区间，用户设置指定面积区间，查询分析指定面积区间的连片总地块数、总面积。

（3）轮作地块。通过GIS空间叠加分析，计算指定年度种植烟田地块轮作率，了解地块连续耕作情况、轮作情况，为提高烟叶质量、烟草种植布局等提供决策支持。

根据年度、层级（不含第五级网格）进行查询，通过叠加图层的方式将不同年度的植烟地块以不同颜色直观呈现，并自动计算出轮作面积及占比。可指定任意年度的叠加分析，计算不同年度的轮作状况。

5.2.2.4 烟区动态监测

利用遥感卫星、无人机、智能终端等多源遥感观测技术，集成大数据、云计算等技术，直观展示规划烟区内非烟作物、自然灾害时空分布和面积统计。结合气象信息，运用大数据分析，形成本年度规划植烟区域动态监测“一张图”，为各层级及时做出分析决策、防控措施提供依据，实现烟区多源数据的综合管理和分析应用。

烟区动态监测分为非烟作物、烟区气象、自然灾害3个子模块。

（1）非烟作物。利用卫星遥感、物联网等技术，实现对非烟作物分类识别，按网格层级在规划的烟区中呈现出非烟作物空间分布、种植面积及占比情况。根据年度、层级呈现任意指定年度的非烟作物种类面积、占比等变化情况。

（2）烟区气象。气象条件是烟草生产的基础，是植烟地域分布的主导因素。在规划烟叶种植分布区域的基础上，选定适宜烟叶生长的环境区域，是提高烟叶质量的关键所在。可以通过气温、降水、日照等气候条件因子实时掌握烟叶生长的环境变化趋势，选取符合烟叶生态适宜标准做出合理规划。

通过气象局实时或定期获取植烟区域气温、降水量、日照时数等气象数据。以省、州（市）、县（市、区）、乡镇四级查询年度间种烟区域历史气温、降水量、日照时数等变化情况，并以图表的形式呈现结果，展示实时气象信息（图5-31）。

（3）自然灾害。自然灾害模块综合气象部门提供的相关数据，对烟区气象信息及灾害（冰雹、洪涝、大风和干旱）数据收集，并在地图上按层级在规划植烟区域内呈现不同自然灾害类型、不同受灾程度（旱情：轻旱、重旱、绝收；灾情：受灾、成灾、绝收）的发生面积及占比情况。

支持自然灾害历史数据和当年自然灾害数据可视化和分析。自然灾害历史分布：采用热力图等形式展示不同自然灾害历年发生频次和空间分布。当年自然灾害发生区域：在地图上呈现当年或者近期自然灾害分布和严重程度（图5-32）。

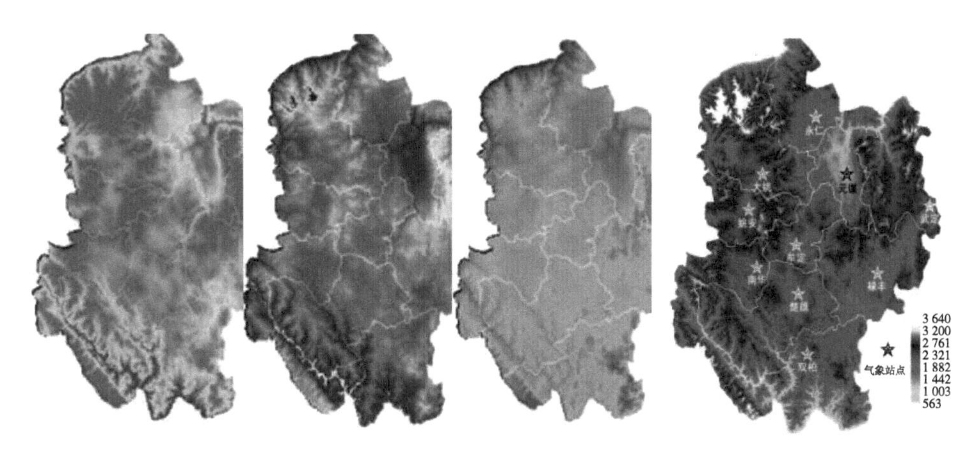

图5-31　气温、降水、光照、气象站分布示意图

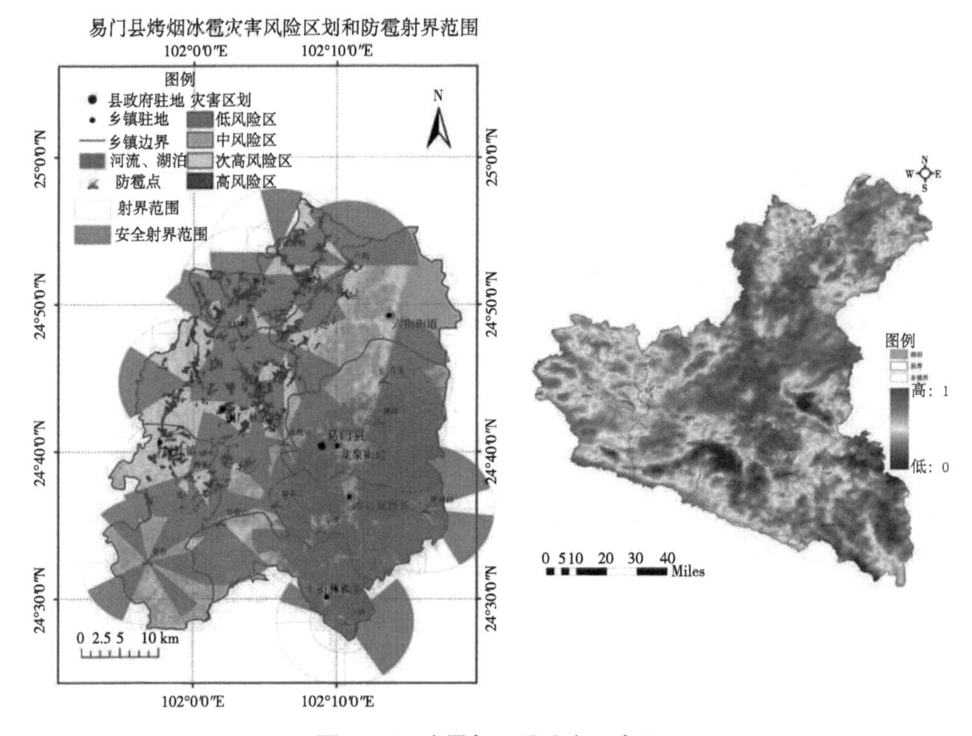

图5-32 冰雹与干旱分布示意图

5.3 烟叶生产动态管理

推动烟叶生产高质量发展是保持烟草持续稳定发展的重要举措，提升质量的关键是提高烟叶生产标准化技术措施，落实到位率。多年来，烟叶生产技术措施的推广主要依靠烟站技术员管理、合作社技术员指导烟农落实，上级烟叶生产主管部门采取抽查考核的方式进行管理，对合作社技术员工作指导的及时性、烟叶生产技术措施推进的节令性以及技术落实的均衡性和到位率不能很好地做到实时跟进。烟叶生产动态管理平台采用人工智能技术，对现代烟叶生产管理技术进行研究；提升烟叶生产、管理、服务科技水平和效能；实现烟叶生产全过程的信息监测和管控；探索地方烟叶生产技术标准化、智慧烟叶数据标准化；管好地、管好人、管好技术、管好质量，提高优质原料保障能力，提升服务烟农的水平（图5-33）。

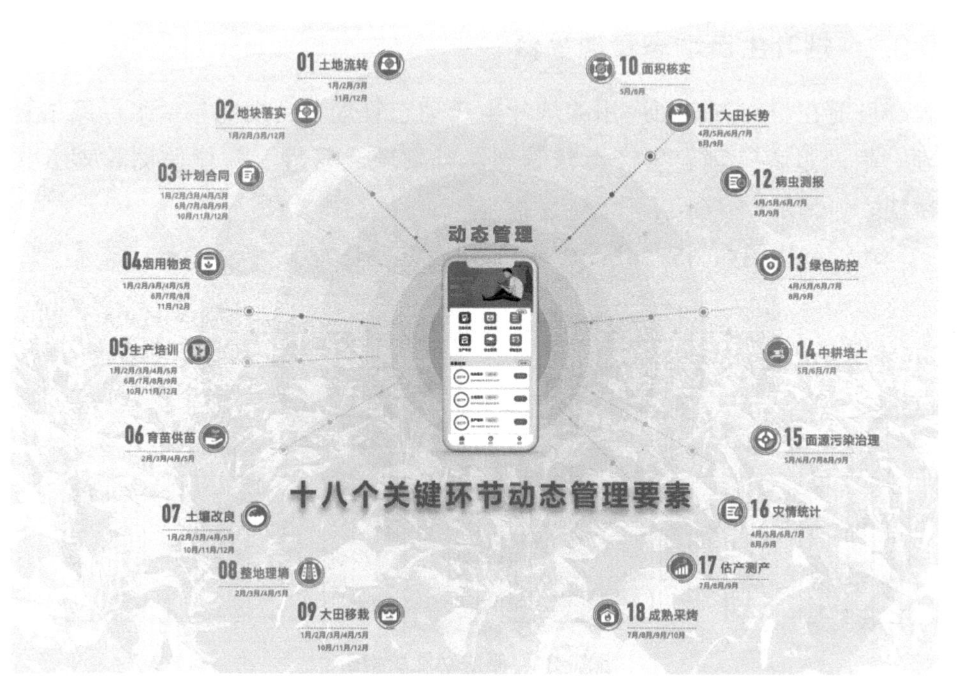

图5-33　烟叶生产动态管理平台

5.3.1　动态管理目标

首先，通过烟叶生产动态管理系统实现烟叶生产监管精益化，通过对烟叶生产关键环节、重点技术措施落实的网格化、信息化、可视化管理，精准掌握烟叶生产管理动态信息，实现烟叶生产过程管理的精益化。其次，要实现产前补贴验收精准化，通过优化产前投入补贴验收流程，开展产前投入补贴线上验收、线上兑付，减少线下验收劳动强度，既减轻基层工作负担，又提升补贴项目、数量、资金、时间等的精准性，不断提升烟农满意度。再次，实现烟叶生产考核线上化，依托烟叶生产网格管理模式，搭建省、州、县三级动态考核平台，实现烟叶生产在线考核管理、指标自动评价、结果实时查询，推动各级不断完善烟叶生产改进措施和考核方案，持续提升烟叶生产水平。最后，实现基于大数据的烟叶栽培措施动态调整，依托精准掌握烟叶生产动态信息，面向多变气象等不确定因素，前置农艺栽培调整方案，实现烟叶产量和质量生产目标的最优化。

5.3.2 烟叶生产动态管理平台

目前在云南省全面应用的烟叶生产动态管理平台功能包括生产网格管理、生产过程管理、生产考核管理、补贴验收管理、智能监测管理五大模块。

功能结构图如图5-34所示，功能列表见表5-7。

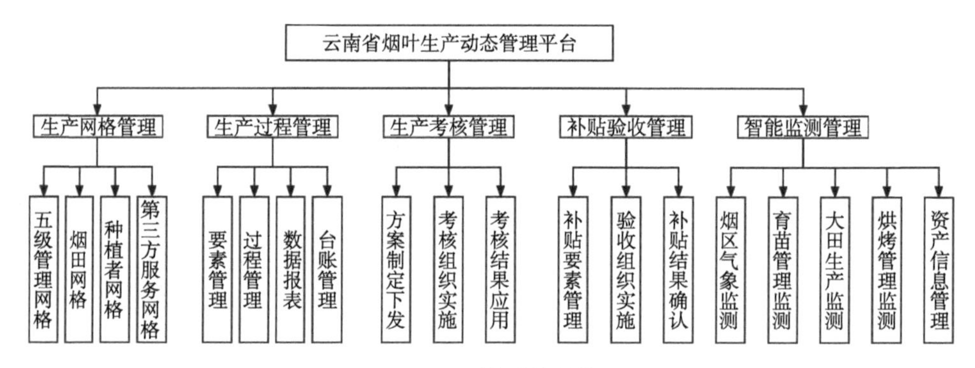

图5-34　系统功能结构图

表5-7　功能列表

序号	功能模块	功能项
1	生产网格管理	五级网格管理数据展示、烟田网格展示、种植者网格信息展示、种植者网格数据统计、第三方服务网格
2	生产过程管理	任务制定下发、数据采集上报、结果抽查核验、动态采集结果、采集结果审核、动态数据统计、生产报表查询、痕迹台账管理
3	生产考核管理	考核模板管理、考核标准管理、扣分规则管理、考核方案下发、考核方案意见反馈、考核结果上报、考核结果查看、考核排名统计
4	补贴验收管理	生成补贴数据、补贴验收、分公司抽查复验、补贴明细确认；系统间对接补贴数据、补贴标准、烟农确认结果、补贴验收明细结果
5	智能监测管理	资产信息管理、设备信息管理、阈值信息管理、气象预测、气象观测站监测、虫情监测点监测、烤房监测、农机监测、育苗点监测等

5.3.2.1　生产网格管理（图5-35）

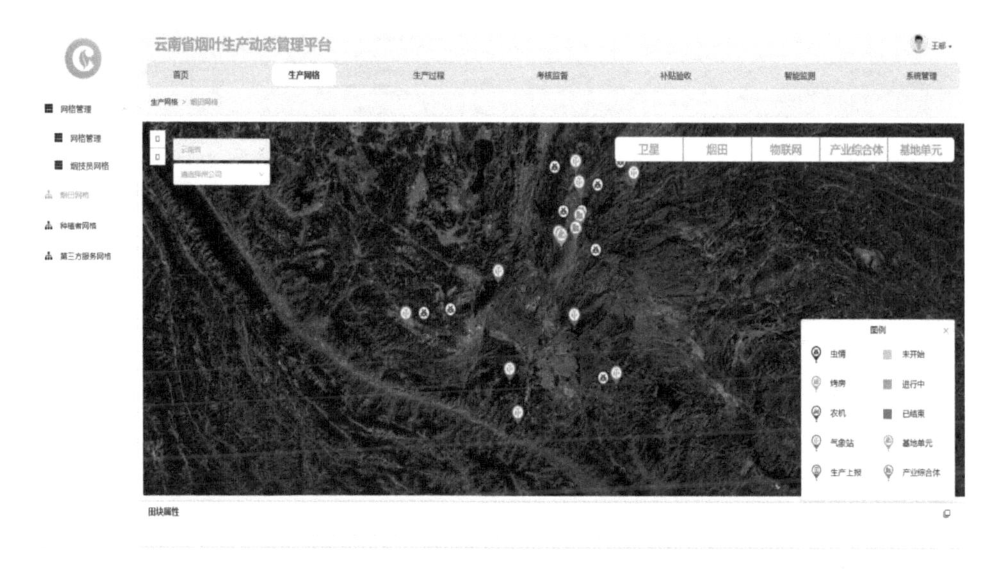

图5-35　云南省烟叶生产动态管理平台

按照“省局（公司）、州（市）级公司、县级分公司、烟叶站（点）、烟技员”5个层级划分网格；省局（公司）为一级网格，州（市）级公司为二级网格，县级分公司为三级网格，烟叶站（点）为四级网格，烟技员为五级网格。“烟技员”是指专业合作社、劳务派遣公司等第三方人员。各州（市）级公司可根据实际情况对网格进行合理划分。

一级网格负责制定全省网格化管理工作方案，督促指导各州（市）公司烟叶生产网格化管理和考核工作。二级网格负责州（市）公司烟叶生产网格化管理工作落实，对各县级分公司烟叶生产网格化管理相关工作进行考核。三级网格负责县级分公司烟叶生产网格化管理工作落实，对各烟叶站（点）烟叶生产网格化管理相关工作进行考核。四级网格负责组织辖区内网格划分，指导专业合作社开展烟叶生产、服务等工作。五级网格负责落实烟叶生产各环节数据采集工作，做好烟叶生产技术措施推广和种植者的服务工作。

5.3.2.2 生产过程管理（图5-36）

图5-36 烟叶生产过程动态监管App

以数字化手段实施生产过程动态监管，提升关键业务数据获取时效性和真实性，增加业务数据的关联和复用程度，实现数字化生产场景优化、业务流程再造，达到生产过程管理高效、流程精简、数据互联、监督有力、标准规范的目标。

烟叶生产过程管控关键环节共18个，分别为：土地流转、地块落实、计划合同、烟用物资、生产培训、育苗供苗、土壤改良、整地理墒、大田移栽、面积核实、大田长势、病虫测报、绿色防控、中耕培土、面源污染治理、灾情统计、估产测产、成熟采烤。平台对上述生产环节实行动态可视监管，实现对生产标准、生产流程、生产节令等核心要素的实时把控，为各级提供决策参考依据，在条件允许的地方通过物联网、人工智能化设备等，开展烟叶生产全环节、全过程的可视监管，彻底改变传统烟叶生产管理模式。

5.3.2.3 生产考核管理（图5-37）

当前传统烟叶生产考核主要采取现场抽查评比打分的方式，抽查范围比例小、考核时间滞后、代表性不强，存在整改措施跟进不及时等问题，不能达到以检查推动生产水平提升的目的。平台将烟叶生产过程管理与生产考核管理有机融合，在开展烟叶生产过程管理的同时，结合烟叶生产技术标准，既开展生产预警管理，又通过各管理网格随机抽查开展考核评分，实现对烟叶生产全过程的考核管理实时化、动态化、全环节、可追溯。

图5-37　云南省烟叶生产动态管理平台考核模板

生产考核管理功能包括方案制定下发、考核组织实施、考核结果应用3个子模块。方案制定下发子模块由省级公司、州（市）级公司、县（市、区）级分公司制定并下发烟叶生产考核方案，明确考核标准和评分细则；考核组织实施子模块由省级公司、州（市）级公司、县（市、区）级分公司依据考核标准和评分细则进行抽查考核；考核结果应用子模块针对考核结果进行评先评优、绩效考核、生产现状分析。在开展烟叶生产过程管理的同时，结合烟叶生产技术标准，既开展生产预警管理，又通过各管理网格随机抽查开展考核评分，实现对烟叶生产全过程的考核管理实时化、动态化、全环节、可追溯。

5.3.2.4　补贴验收管理（图5-38）

生产补贴是落实烟叶生产技术措施的有力抓手，是促进烟区稳定发展的重要政策保障。当前，传统烟叶生产补贴缺少生产动态数据管理，以手工统计线下报表为准，存在兑现业务数据不实、补贴资金落实不到位、验收抽查工作量大等问题，不能有效发挥补贴政策的导向作用，通过流程再造优化升级，将烟叶生产动态管理与补贴验收管理有机融合，实现生产补贴的线上验收；借助信息手段智能判定数据逻辑关系、上传存储补贴验收痕迹资料，并通过各级对补贴数据的抽查核验，压实基层站点补贴验收责任，实现业务数据的真实有效，补贴资金的精准兑现。

图5-38　云南省烟叶生产动态管理平台补贴项目

平台的补贴验收管理功能包括补贴数据获取、验收组织实施、补贴结果确认3个部分。补贴数据获取子模块获取生产过程管理模块和补贴数据；验收组织实施子模块实现补贴兑付“烟叶站（点）全面验收、县级分公司抽查复验”的功能；补贴结果确认子模块呈现种植主体的补贴确认结果，并将结果推送至补贴兑现系统进行补贴兑现。

5.3.2.5　智能监测管理（图5-39）

依托物联网等手段，围绕烟叶生产管理“过程可视化、管理精准化、决策智能化”的目标，实时采集分析烟区气象信息，开展烟区育苗、大田、烘烤、收购管理等相关场景的过程数据采集和可控监管，为烟叶生产收购提供数据支撑，实现工作场景的无死角监管，规范相关人员工作行为，严肃工作纪律，实时跟踪生产过程动态和管理质量，发现存在问题并预警，达到突管理、强震慑，提升烟叶工作规范管理水平的目标。

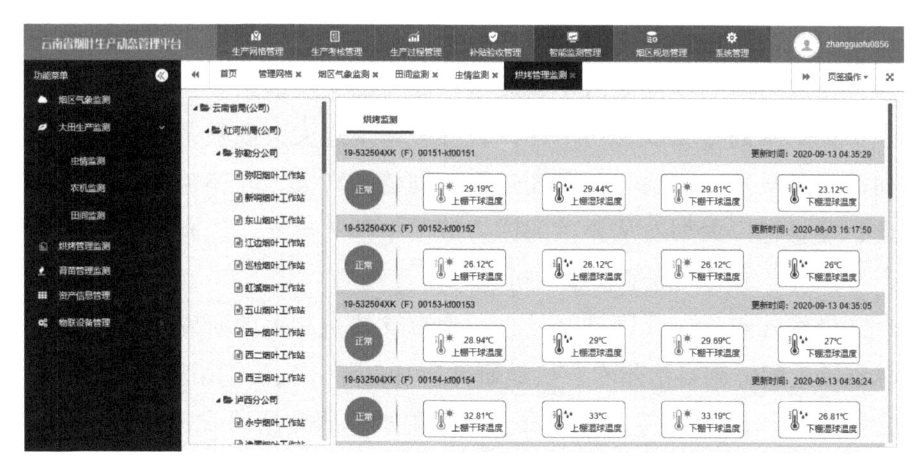

图5-39 云南省烟叶生产动态管理平台管理监测

智能监测管理功能模块分为烟区气象监测、育苗管理监测、大田生产监测、烘烤管理监测和收购管理监测5个模块，具体监测指标项如下。

烟区气象监测指标项：光照、气温、湿度、降水量、风向、风速、云、能见度等。

育苗管理监测指标项：育苗棚内温度、湿度，基质温度、湿度，苗池水pH值和水温，烟苗长势，病虫害发生情况等。

大田生产监测指标项：大田烟株长势、烟田土壤情况、农机作业质量、病虫害发生情况、自然灾害发生情况等。

烘烤管理监测指标项：烟叶烘烤质量，异常烘烤预警，烘烤工艺进程。

收购管理监测指标项：烟叶专业化分级，定级区、过磅区、微机室、仓储区等管理现场。

5.4 精准作业

5.4.1 自动移栽

烟草生长发育及品质特色是遗传特性、生态条件和栽培措施共同作用的结果，但在同一地区生态条件相对稳定的基础上，烟草生产种植中的移栽环节则成为影响烟苗成活率以及烟草品质的关键因素。在移栽过程中，必须保证烟草的密度以及均匀性，若移栽密度过大，则根系发育差，叶片小而薄且易早熟，相反，若密度过稀，则植株高大，叶厚色深且易徒长。因此，要想把广大烟农从繁重的体力劳动中解放出来，提高烟叶生产质量和产量，就必须实现烟草移栽的机械化。

20世纪70年代，我国就开始进行烟草移栽机相关的研发工作。其中，吉林省延边朝鲜族自治州农业机械研究所1980年开发出了吊篮式“2ZL-2型联合栽植机”；1982年，中国农业科学院烟草研究所研发出“2ZYM-2型烟棉移栽机”，这两种移栽机带有开沟器，分别采用吊杯式和钳夹式投苗原理，实现了烟草移栽领域机械化的开端。近年来，伴随着烟草育苗技术的不断发展，学者在借鉴棉花、玉米、蔬菜等移栽机械的基础上，又开始了烟苗移栽机械研究开发。按照移栽机机构特点可分为钳夹式移植机构、挠性圆盘式移植机构、吊杯式移植器、导苗管式移植器、双输送带式移植器、滑道分钵轮式移植机构和鸭嘴式移植机构。按照机械化程度又可分为半自动机械移栽和全自动机械移栽两种移栽方式。半自动机械移栽利用人工进行取苗，机械完成栽植作业；全自动移栽机械则是全程通过移栽机械自身完成取苗、栽植作业。目前，全自动移栽机械在国外应用较为广泛，但由于其与我国烤烟种植农艺特点、育苗方式存在差异，因而并没有被广泛应用。例如，南通富来威农业装备有限公司研发的2ZQ型烟草移栽机、2ZBX系列悬挂式吊杯移栽机，山东农业大学研制的2ZFS-1A型多功能烟草移栽机，安徽农业大学的烟草移栽施肥机等。这些机械大部分都可以实现开穴、投苗、覆膜等作业，并且可实现膜上移栽和膜下移栽，但是由于仍采用人工投苗以及部分部件的设计等存在一些缺陷，移栽效率仍较低，膜上移栽易造成开穴器撕裂地膜等。因此，研制性能高效稳定且符合我国烟草移栽农艺要求与育苗方式的全自动烟草移栽机械，已成为促进我国烟草移栽产业发展的迫切需求。

为了进一步减少人工，提高移栽相关作业的自动化、集成化程度，贵州烟草开展了自走式整地施肥起垄覆膜一体机研制，其中重点开展轻简高效模块化田间整备通用底盘技术研究，针对丘陵山区现有自走式烟田整备机具功能单一、狭窄地头换向困难、地表起伏条件下作业质量不一致、转场不便等问题，突破动力精准传动、多环境行走、地表起伏主动仿形、机具姿态调控等主要技术，创制轻简高效模块化田间整备通用底盘。同时针对烟田土壤类型、烟草品种、栽植密度对施肥用量的不同需求，探究了肥料—土壤—机具互作机制，实现肥料按需供给与苗床优化构建；创制基于垄型稳定成型控制技术的丘陵山区烟草起垄装置和垄顶与垄侧多向覆土关键技术，创制丘陵山区烟草种植专用覆膜装置。针对烟草种植田间整备过程中，施肥、整地、起垄及覆膜作业工序复杂、机具挂装接口不一致的问题，基于轻简高效模块化田间整备通用底盘，整合烟株苗床整备与薄膜柔性垄面贴合技术，创制具备整地、施肥、起垄、覆膜、仿形、调平、计亩、作业路径、狭窄地头换行作业等功能的自走式整地施肥起垄覆膜一体机。

此外，针对丘陵山区地块狭窄、转弯掉头频繁、目前尚无应用敏捷通用底盘挂装作业机具进行高效作业的问题，开展了小功率汽/柴油机功率匹配、机液动力组合、动力输出控制、高通过性与灵活转向、部件柔性挂接适配等技术研究，研发垄作对行寻迹与垄型跟随传感控制机构，创制模块化多功能自走式敏捷底盘挂装揭膜培土作业机具。

5.4.2 精准施药

5.4.2.1 病虫害自动识别

目前，烟草种植病虫害防治环节存在的用药不合理问题，主要源于对烟草病虫害的认识程度不高和防治方法不够精准。为了解决生产痛点问题，云南烟草开发了烟草病虫害识别小程序，筛选增加主要病虫害照片1.12万张，目前覆盖烟草常见病虫害、非侵染性病害、药害以及天敌共计46种，常见主要病虫害识别率可达90%以上（图5-40、图5-41），可以按照病虫害种类、时间段统计各区域的发生频数，侧面反映病虫害的发生时期、空间分布情况，查询病虫害的发生区域和发生数量，为烟草病虫害诊断提供一种便捷的识别手段。

以红河哈尼族彝族自治州为例，识别结果排名前3的烟草病害为：马铃薯Y属病毒病、烟草斑萎病、烟草花叶病毒病；识别排名前3的烟草虫害为：斜纹夜蛾、金龟子、烟青虫/棉铃虫。

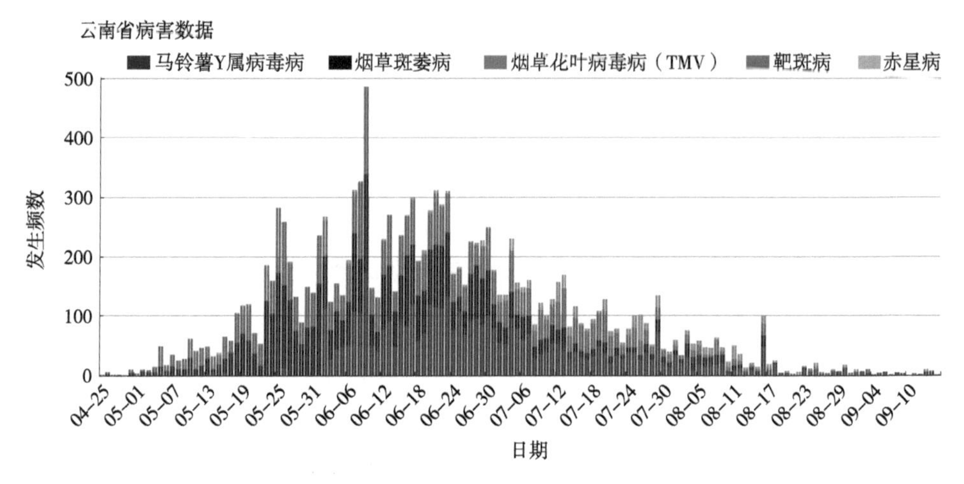

图5-40　2022年近5个月主要病害识别统计

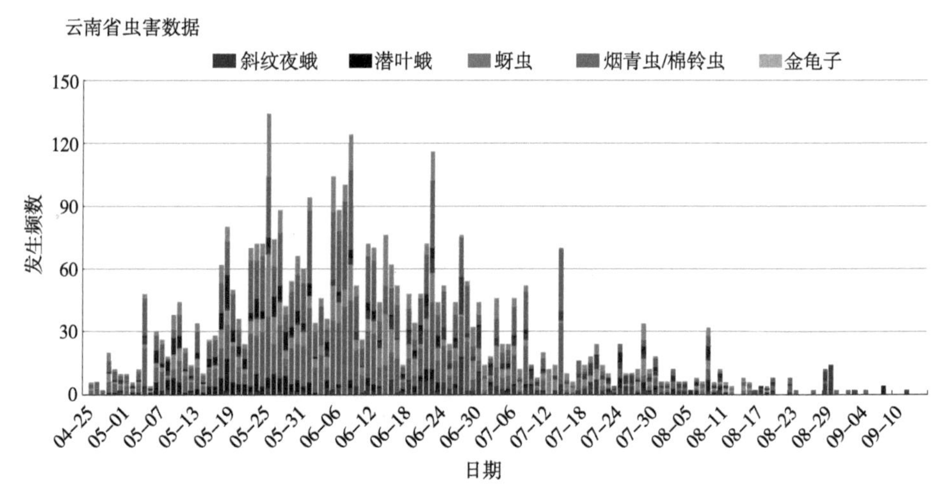

图5-41　2022年近5个月主要虫害识别统计

5.4.2.2　病虫害精准飞防

（1）飞防助剂筛选。无人机施药因具有飞行速度快、距离作物冠层高的特点，因此在施药过程中其药液蒸发飘移和随风飘移会导致药效降低且飘移雾滴会带来非靶标作物药害、非靶标生物伤害的问题。因此在药液体系中加入喷雾助剂改善药液体系的性能以降低喷雾雾滴飘移风险是目前切实可行的措施之一。

药液体系雾滴粒径是影响雾滴飘移的重要因素之一，雾滴粒径越大其飘移风险越小；雾滴粒径跨度（RS）是雾滴谱均匀性的主要指标，因此相对较大的雾滴粒径和相对小的雾滴粒径跨度有利于减少雾滴飘移，增加其沉积。通过是否能增加药液体系喷雾雾滴粒径来确定不同药液体系是否应该加入助剂，加入哪种助剂更合适。

开展的云南红河烟草现场试验表明，不同药液体系中加入助剂后的雾滴粒径和雾滴粒径跨度有明显区别，5%啶虫脒微乳剂、4.5%高效氯氰菊酯乳油、5%甲维盐微乳剂、20%腈菌唑微乳剂、3%多抗霉素水剂和10%多抗霉素可湿性粉剂药液体系中添加助剂4506和倍达通后，雾滴粒径均有所增加，且雾滴粒径跨度（RS）值均减小，说明添加助剂4506和倍达通有利于增加药液雾滴粒径大小且雾滴谱较为集中，过大或过小的雾滴数量比较少，从而有利于雾滴在靶标作物上的沉积。20%吡虫啉可溶液剂、70%啶虫脒水分散粒剂、15%茚虫威悬浮剂、5%甲维盐悬浮剂、1%甲维盐乳油、30%醚菌酯悬浮剂、50%醚菌酯水分散粒剂、3%噻霉酮水分散粒剂和40%噻唑锌悬浮剂药液体系中添加助剂倍达通，其雾滴粒径增加和RS值减小，且优于助剂4506；5%氨基寡糖素水剂和50%氯溴异氰尿酸可溶粉剂药液体系中添加助剂4506其雾滴粒径增加和RS值减小，且优于助剂倍达通；5%啶虫脒乳油、77%硫酸铜钙可湿性粉剂和80%代森锰锌可湿性粉剂药液体系中添加助剂4506和倍达通均对增加药液雾滴粒径大小和减小雾滴粒径跨度没有共享，说明这两种助剂不适合添加在5%啶虫脒乳油、77%硫酸铜钙可湿性粉剂和80%代森锰锌可湿性粉剂药液体系中。

（2）无人机机型及作业方式选择。烟草具有收获植株叶片的特殊性，因此在利用植保无人机施药时首先要考虑无人机的风场是否对烟草叶片产生损伤，特别是烟草在成熟后期秆茎及叶子较脆易受损伤，若在烟草成熟后期作业易导致烟草品质与产量降低。因此筛选适用于烟草植株的植保无人机机型是植保无人机进行烟草病虫害防治的前提。

表5-8是9种不同类型植保无人机，以不同飞行高度与飞行方向（相对于烟草种植垄而言）于烟草成熟期进行的作业结果对比，分析了9种植保无人机对烟草植株形态的影响特别是对烟草叶片的影响，为筛选出适合烟草植株成熟期病虫害防治的植保无人机类型与作业方式，推进植保无人机在烟草病虫害防治方面的推广与应用提供参考。

表5-8　不同类型植保无人机技术参数

编号	旋翼类型及个数	喷头类型及个数	载荷（L）	最大流量（L/min）	有效喷幅（m）	雾滴粒径（μm）
UA	双旋翼（双叶桨）	2个离心式	16	10.0	5.0 ~ 10.0	60 ~ 400
UB	四旋翼（双叶桨）	4个离心式	20	7.2	4.5 ~ 7.0	85 ~ 550
UC	四旋翼（双叶桨）	4个液力式	10	1.8	3.0 ~ 5.5	130 ~ 250
UD	六旋翼（双叶桨）	8个液力式	20	4.8	4.0 ~ 7.0	130 ~ 250
UE	六旋翼（双叶桨）	16个液力式	30	7.2	4.0 ~ 9.0	130 ~ 250
UF	四旋翼（双叶桨）	2个离心式	15	3.5	4.0 ~ 5.0	20 ~ 250
UG	四旋翼（双叶桨）	2个弥雾式和4个液力式	20	5.0	4.0 ~ 5.0	20 ~ 250
UH	四旋翼（双叶桨）	2个CCMS常温弥雾式	15	3.5	4.0 ~ 5.0	20 ~ 250
UI	四旋翼（三叶桨）	4个液力式	25	7.4	7.0	120 ~ 200

9种植保无人机机型共52个处理，每个处理1 000 m^2（20 m × 50 m），试验设计详细情况见表5-9。根据规划好的处理小区，不同类型的植保无人机均以4 m/s的速度、15 L/hm^2的施药量、1.7 L/min的流量、5.0 m的喷幅且药箱满载水的状态下在烟草植株上作业。植保无人机在作业过程中均采用全自主精准化模式进行作业，作业过程中开启避障模式以确保安全性，无人机自身配置的RTK精准定位系统以确保无人机航线的准确性。

作业结束后，调查各处理小区内烟草植株形态情况。在每个处理小区采取“五点采样”法，每点选取50株，统计烟草植株叶片发生破裂或断裂的数量。

表5-9　不同试验处理设计

处理	植保无人机	飞行方向（相对于垄体）	飞行高度（m）
A1	UA	平行	4
A2			3
B1		垂直	4
B2			3

（续表）

处理	植保无人机	飞行方向（相对于垄体）	飞行高度（m）
A3	UB	平行	4
A4			3
A5			2
B3		垂直	4
B4			3
B5			2
A6	UC	平行	4
A7			3
A8			2
B6		垂直	4
B7			3
B8			2
A9	UD	平行	4
A10			3
A11			2
B9		垂直	4
B10			3
B11			2
A12	UE	平行	4
A13			3
A14			2
B12		垂直	4
B13			3
B14			2

（续表）

处理	植保无人机	飞行方向（相对于垄体）	飞行高度（m）
A15	UF	平行	4
A16			3
A17			2
B15		垂直	4
B16			3
B17			2
A18	UG	平行	4
A19			3
A20			2
B18		垂直	4
B19			3
B20			2
A21	UH	平行	4
A22			3
A23			2
B21		垂直	4
B22			3
B23			2
A24	UI	平行	4
A25			3
A26			2
B24		垂直	4
B25			3
B26			2

当植保无人机以平行于烟草种植行飞行时，UA、UB、UC、UD、UE、UI作业时的烟草断叶率随着其飞行高度降低而升高，且当飞行高度为2 m时，断叶率最大，UF、UG、UH作业时的烟草断叶率随着飞行高度降低而降低，且飞行高度为4 m时，断叶率最大。当植保无人机以垂直于烟草种植行飞行时，UA、UD、UE、UF作业时的烟草断叶率随着其飞行高度降低而升高，且当飞行高度为2 m时断叶率最大，UB、UC、UG、UH、UI作业时烟草断叶率不随飞行高度的变化而变化，且当飞行高度为3 m时，断叶率最大。这说明植保无人机UA、UB、UC、UD、UE、UI在烟草成熟期以4 m的飞行高度进行病虫害防治作业时，可降低对烟草植株叶片的损伤，UF、UG、UH以3 m的飞行高度进行病虫害防治作业时，可降低对烟草植株叶片的损伤。

对于植保无人机UA、UD、UE、UF、UG、UH而言，以平行于烟草种植垄的方向飞行时的烟草断叶率高于以垂直于烟草种植垄飞行作业时的断叶率，其中UF无人机以平行方向飞行时的烟草断叶率显著高于以垂直方向飞行时的断叶率。对于UB、UC、UI而言，以平行或垂直于垄体的方向飞行作业时对烟草断叶率无影响。对于UD而言，以平行于烟草种植垄的方向飞行时的烟草断叶率低于以垂直于烟草种植垄飞行作业时的断叶率，但差异不显著。这说明植保无人机在烟草成熟期进行病虫害防治作业时以垂直于烟草种植垄方向飞行时可以降低对烟草植株叶片的损伤。

不同旋翼个数的植保无人机作业时的断叶率相比，双旋翼的UA显著高于四旋翼的UF，六旋翼的UD和UE高于四旋翼的UC；不同旋翼类型的植保无人机作业时的断叶率相比，四旋翼双叶桨型的UC与四旋翼三叶桨型的UI之间无显著差异；配置不同喷头数量的植保无人机作业时的断叶率相比，配置8个液力式喷头的UD与配置16个液力式喷头的UE之间无显著差异；配置不同类型喷头的植保无人机作业时的断叶率相比，配置4个离心式喷头的UB与4个液力式喷头的UC之间无显著差异，配置2个离心式喷头的UF以垂直于烟草种植垄的方向作业时的断叶率显著高于配置2个CMMS常温弥雾式喷头的UH，以平行于烟草种植垄的方向作业时的断叶率无显著差异。这说明采用四旋翼植保无人机在烟草成熟期进行病虫害防治作业时可降低对烟草植株的损伤。

以上结果说明植保无人机旋翼个数可以影响其对烟草成熟后期植株形态的损伤程度，而旋翼类型、喷头类型及个数对其无显著影响。9种植保无人机中，UA不适于烟草成熟后期病虫害的防治，UB、UC和UI适于烟草成熟后期病虫害的防治，UD以4 m的飞行高度平行于种植垄的方向作业能够降低对烟草的损伤，UE以4 m的飞行高度垂直于种植垄的方向作业能够降低对烟草的损伤，UF、UG、UH以4 m的飞行高度平行于种植垄的方向作业能够降低对烟草的损伤。

（3）飞防参数优化。无人机施药参数飞行速度、飞行高度和施药液量等对喷雾雾滴的沉积量具有重大影响，进而直接影响植保无人机施药效果，因此在进行植保无人机施药之前需开展植保无人机施药参数优化研究。

以大疆T20电动多旋翼植保无人机为研究对象，分别在烟草的团棵期、旺长期、封顶期对植保无人机的飞行高度、飞行速度和施液量进行优选研究。

结果表明，在烟草团棵期，影响冠层上部雾滴密度的主次因素依次为飞行高度、飞行速度、施液量；影响冠层下部雾滴密度的主次因素依次为飞行高度、施液量、飞行速度；影响上层药液沉积量的主次因素依次为飞行速度、飞行高度、施液量；影响下层药液沉积量主次因素为飞行速度、飞行高度、施液量。最佳作业参数：飞行速度4 m/s或者5 m/s，飞行高度2 m，施液量1.5 L/亩。

在烟草旺长期，影响冠层上部雾滴密度的主次因素依次为施液量、飞行速度、飞行高度；影响冠层中部雾滴密度的主次因素为施液量、飞行速度、飞行高度；影响冠层下部雾滴密度的主次因素为飞行高度、施液量、飞行速度；影响冠层上部药液沉积量的主次因素依次为飞行高度、飞行速度、施液量；影响冠层中部药液沉积量的主次因素为飞行高度、飞行速度、施液量；影响冠层下部药液沉积量的主次因素为施液量、飞行速度、飞行高度。最佳作业参数：飞行速度5 m/s，飞行高度4 m，施液量1.5 L/亩。

在烟草封顶期，影响冠层上部雾滴密度的主次因素依次为飞行高度、施液量、飞行速度；影响冠层中部雾滴密度的主次因素为施液量、飞行速度、飞行高度；影响冠层下部雾滴密度的主次因素为飞行高度、施液量、飞行速度；影响冠层上部药液沉积量的主次因素依次为飞行速度、飞行高度、施液量；影响冠层中部药液沉积量的主次因素为飞行高度、飞行速度、施液量；影响冠层下部雾滴密度的主次因素为飞行高度、飞行速度、施液量。最佳作业参数：飞行速度5 m/s，飞行高度3～4 m，施液量1.5 L/亩。

（4）飞防作业质量监控。飞防作业质量监控包括3个环节：即通过预设参数明确飞行作业的标准，在大面积防治时候统一作业质量提升作业效果；把飞行参数推送给无人机精准植保监管平台；作业结束后采集作业与对应作业标准进行对比判定作业是否达标，计算合格率（图5-42）。

在作业前，应引导操作人员设置正确的烟草飞防各项参数，包括亩施药量、飞行高度、飞行速度、作业行距等关键参数。

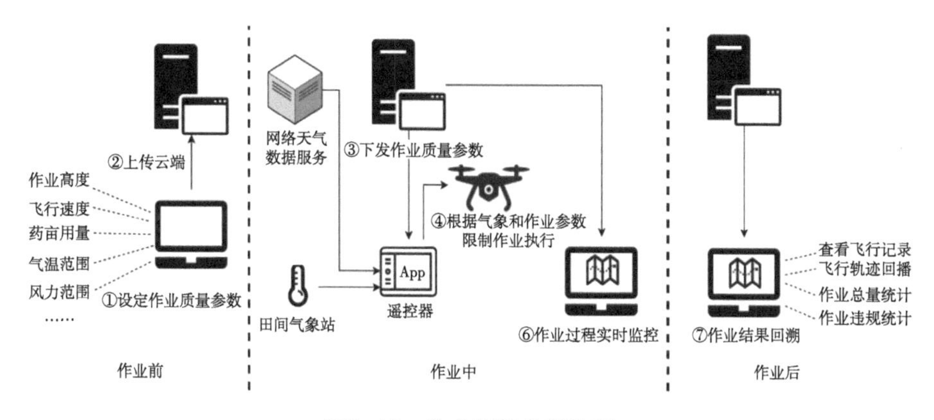

图5-42 作业质量监管流程

作业过程中，对当前实时轨迹、施药参数进行自动记录；对当前作业模式及参数进行监管，超过设定阈值的违规操作进行报警并提示有关参与方和监管方。

作业后，对作业飞行记录合规性进行检查和分析，判断作业是否符合质量标准，计算合格率；可以根据不同地区筛选查看当前地区的植保数据，包括作业面积、无人机数量、无人机总架次。对单独每一架次的实时数据和标准数据进行比对，从而对这一架次飞行服务作出合理的评判。

5.4.3 自动采收

5.4.3.1 自动采收技术分析

目前，我国烟草采收仍较多采用人工采收的方式，环境恶劣，劳动强度大，县域、农村劳动力不足，尤其是农忙时节劳动力缺口巨大，严重限制烟草农业现代化的发展。提高烟草采收环节技术水平、实现农机农艺融合、厘清产业合作逻辑，成为烟草产业高质量发展的关键之一。从技术角度而言，烟叶自动采收是利用适用于烟区地形和烟田小环境的动力底盘，在其上加装视觉识别、精准定位、柔性控制、作业监测、移动互联网等关键部件，通过合理的结构设计和动力源选择，研发设计、制造推广与农艺标准融合、与收购标准匹配的行业专用智能装备，实现该环节的减工降本提质增效。

烟叶自动采收，是在农机农艺融合的基础上，实现特种动力底盘、关键识别算法、柔性控制采摘部件、整机结构设计等维度的突破，其主要特点有：①提高了烟叶采收的工作效率，减少了人工操作的劳动力强度，降低了人工成本；②维持采摘标准统一，减少了漏采、重采等问题的发生；③为后续烟叶自动分类和烘烤设备工艺的改进，提供了基础，为稳定烟叶品质、提升产业链整体水平奠定了基础。

烟草种植全程机械化是提高劳动生产率和资源利用率、降低成本，实现烟草种植产业化升级、助力乡村振兴的重要内容。受到烟叶采收质量和采收效率难以兼顾的难题制约，烟叶采收环节成为我国烟草种植全程机械化环节的困点，而自动化、智能化发展是一种必然趋势，具体可应用于以下方面。

（1）规范标准和基础模型体系的建立。基于烟草的作物特征和产业需求，结合大农业方面相关工作的经验，运用自动控制、图像识别、智能感知等先进技术，集中攻关，针对以专用设备动力底盘为代表的基础工程、以烟叶成熟度快速识别为代表的算法工程、以柔性控制采摘为代表的硬件工程，建立相关标准体系和基础模型，将为行业相关研究和产业发展带来很好的助力。同时，也能为农机农艺融合工作中的农机研发边界划定大致区域，进而反推农艺研究工作的需求，再结合收购标准和收购政策，最终推算出在农机农艺融合、研发测试推广贯通角度上的烟叶智能采摘整体经济学模型和政策实现路径。

（2）烟草专用、多环节通用底盘的研发与推广。鉴于烟草的生物学特征，采摘设备的动力底盘基本只能是烟草专用；再鉴于设备专用性越强研发制造成本越高的基础常识，以及烟叶属于基础原料、政策性定价的市场情况，故在需要烟草行业政策性投入的前提下，技术的研发方面还要考虑底盘的多生产环节通用，以提高其使用率、降低边际成本。例如，在起垄以后的环节，均需要相应轴距、轮距、通过性的动力底盘，承载水肥调控、病虫害防控等工作环节的智能化。以国家农业智能装备工程技术研究中心的研究结果为例，开发的可跨双行的三沟高地隙液压移动平台采用一机多用的设计思路，实现了采收机具和液压驱动行走平台的分体设计，便于后期打药、施肥等机具的研发和扩展。

（3）作业设备的优化与推广。针对烟草种植区域的地形特点，以及烟叶大田生长姿态特点，目前全国多个产区开展了相关研究，但在成果产业化、成果推广方面，还有很大的工作空间。其主要问题仍是采摘的精度要求、完整度要求与速度要求、边际成本要求难以统一。故相关工作，一个方向为集中攻关动力底盘、识别模型、柔性采摘，并理顺前后端的产业逻辑和技术对接；另一个方向为“人机结合”，解决成本可控、操作稳定、减少用工的问题。以国家农业智能装备工程技术研究中心的研究结果为例，针对山地烟草种植地形特点及大动力作业需求，研究了液压驱动系统与电控系统，建立液压驱动系统作业参数，使系统具备低速采收运行稳定、山坡地高通过性和大负载运输能力，实现长距离规模化采收作业，具体的采摘执行动作仍由人工完成。类似成果，对于行业牵头开展集中研发攻关工作，以及装备的规模化开发论证试验，具有参考借鉴意义。

5.4.3.2 “人采机运”半自动采收机

我国烟叶采收机械化发展相对落后，这主要与我国特殊的烟叶种植模式、农艺要求和中式卷烟调制加工工艺要求等相关。全自动采收机械虽然作业效率高，但价格昂贵、烟叶破损率高（25%～35%），烟农难以接受；丘陵种烟区由于地面起伏大、地块面积小，需要机动性更好、适应于山地丘陵的小型烟叶采收机械。国内一些地方从国外引进的烟叶采收机械，由于不适宜国内的实际情况且价格较贵，难以推广和应用。综上，针对烟区烟叶采收作业的巨大需求和对烟叶破损率的严格要求，烟叶采收在实现自动化采收作业上难度极大，在关键采收部件没有取得突破性进展之前，全自动化采收尚不适合我国烟叶生产模式。因此，结合我国烟草种植和烟叶烘烤、收购特点，人机协作采烟模式是提高烟叶采收质量和效率的重要研究方向，具备极强的实用性和可操作性，目前人机协作采收机构多为高地隙机构，但是人工采好的烟叶，不易搬运至高地隙运输平台上，造成了机构和人员的协作效率低下，成本升高。基于此，迫切需要能够解决这一问题的装置，实现人工采收作业的机械化输送，提高效率，节本增效。

国家农业智能装备工程技术研究中心研究了一种三沟液压驱动烟叶采收作业平台，主要由牵引部分和后悬挂采收模块构成，包含前轮、后轮、运载平台、发动机和液压站等。"M"形高地隙结构组成的三轮运载作业平台，适应了烟草高秆茎特征，保证了烟草采收或植保过程中的行间通过性能，减少了烟草叶片的损失，增加了烟农的收益。在烟草田间作业平台中轴线下部布置动力系统，使作业平台的重心居中且较低，保证作业平台的稳定性，防止侧翻。三轮全液压驱动，同时提供扭矩，动力性能好。为了最大限度地发挥行走平台的效能，将烟叶采收机设计为行走平台和烟叶提升机构分体布置，后端可以悬挂模块化机构，如灌溉和喷药机构、中耕及采收机构，可以进行多种田间管理作业，实现一机多用的功能（图5-43）。

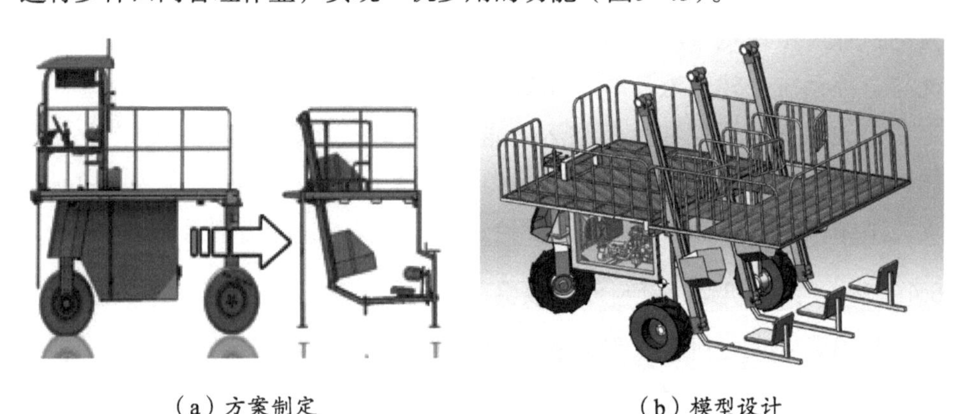

（a）方案制定　　（b）模型设计

图5-43　三沟液压驱动烟叶采收作业平台设计思路

采收作业平台包括一动力牵引模块和一采收运载模块，动力牵引模块包括转向总成、运载平台、GPS定位模块、运载平台护栏、手动操作手柄、后驱动轮、发动机总成、液压动力总成和控制盒等，作为动力提供和输出者，提供动力，行走执行单元，可以任意搭载一个功能模块，如采收、打顶等；采收运载模块包括采收提升总成、采收机构安全门、采收平台、围栏、乘坐座椅和采收料斗等，依托动力牵引模块作为采收运载执行单元，工人乘坐在上边一边采收，一边通过烟草提升总成和采收料斗向上部平台运输烟草，完成采收作业。

动力牵引模块搭载GPS自动导航系统，控制系统生成路径规划地图，采收作业平台按照路径进行工作，系统按照路径控制转向油缸的伸缩来完成自走式烟草采收作业平台方向的调节，自动进入预设轨迹，从而实现无人控制自走式行进工作。一边作业平台自走行进，另一边工人乘坐在采收运载模块中进行采收作业，实现了无人驾驶的人机协助采收作业工作。烟草采收作业平台搭载集成了GPS自动导航驾驶功能，设置了手动、自动功能切换，特殊场景可手动调整，行进工作采用自动模式实现无人驾驶自走运行。转向总成设置双转向油缸“人”字形摆放，合力驱动转臂转动实现轮胎转向。

耕整地块或移栽幼苗时，该采收平台对地盘通过GPS测量并规划地图路径。采收作业时，自走式烟草采收作用平台，安装地图路径进行工作，GPS实时定位并修正路径，平台安装路径在烟草行间正常行进，采收平台上乘坐的采收人员随着平台的行进进行采收作业。上述流程循环进行完成工作。

根据上述设计，对样机进行了制作和外观设计，如图5-44所示，整机重量为1 750 kg，经过多次启动、停火，验证了本烟草采收机的启动性能，在此基础上，对样机爬坡性能、车速进行了多次测试。

图5-44　工程样机

最终设计的整机最大外形尺寸（长×宽×高）为4 440 mm×2 940 mm×3 040 mm，轴距为2 400 mm，后轮轮距为2 400 mm，装烟量为7.07 m^3，左右转向角度为24°，最小转弯半径为6.5 m，跨行高度为1 700 mm，最小离地间隙为1.34 m，爬坡角度≤15°，行驶速度≤10.36 km/h。进行了驻车制动测试，将烟叶采收机驶上20%的干硬坡道上纵向驻车，变速器置于空挡，发动机熄火，保持时间不少于5 min，上下坡各试验1次。试验结果表明，驻车后车辆在20%干硬坡道纵向提车时不产生滑动。进行了行车制动测试，试验路面应为干燥平坦的硬路面，烟叶采收机呈运输状态，燃油箱加满，收集箱空仓，轮胎气压符合产品使用说明书规定。试验时，烟叶采收机以5 km/h的初速度，进行冷态紧急行车制动，往返各测试1次，其行车制动距离，取平均值约为3.0 m。

本采收机型具有以下特点：①三轮液压驱动，动力强劲，运行平稳。②烟叶承载量大，最大承载空间可达7.07 m^3。③独创双控电驱提升机构，满足独立行采摘人员和搬运人员同时控制的要求，提高作业效率。④采用烟叶运载车和提升机构可拆卸安装方式，增强烟叶运载车挂载多类型机具能力（图5-45）。

（a）等轴视图

（b）正视图

图5-45　烟叶采收平台

5.5 本章小结

实施创新驱动，加快推动智能农机装备技术与产业发展，对支撑现代烟草农业的发展意义重大。通过对目前烟草农业智能农机装备的调研情况来看，烟草农业生产智能机械化技术和装备存在以下问题。

一是烟叶生产装备的智能化程度较低。目前，烟叶生产缺乏数据自动采集、远程智能调控、图像精准识别等信息采集和应用的终端设备。现有装备的作业功能单一，作业性能和效率依赖操纵人员的操作经验。另外，部分烟叶生产作业装备设备与业务管理平台的数据衔接不畅，无法实现作业数据的实时上传存储与可视化展示，不能很好地满足烟叶生产减工节本增效的目的。二是“小快智”检监测工具和应用设备的缺失。在烟叶病虫害精准识别、烟株生长发育监测、烟叶农残原位检测、烟田土壤养分快检等方面对小型化、快速的智能化检监测工具需求较大。然而，适应多场景、可配套使用的烟田耕作、烟叶分级、远程控制的“小快智”设备缺失，应用设备的使用灵活度不够。三是农机与农艺结合度不够。在烟叶生产机械化发展过程中，由于烟叶生产农机装备的智能化程度低、机械化作业质量评价指标缺失等问题，不能实时获取农机作业数据，很难支撑烟叶生产业务的深度需求，易陷入机械作业效率和作业质量难以兼顾或相悖的困境。

围绕烟叶生产作业全流程精准作业需求，突破系列关键技术，融合农机农艺，研发适合平原、山地丘陵等多样性地貌特征的烟叶生产精准作业装备还有很长的路要走。本章简要介绍了作者及相关团队近年在红河哈尼族彝族自治州烟草开展的一些工作，包括烟苗移栽一体化作业装备、烟田植保无人机精准施药技术系统以及人采机运半自动烟叶采收作业平台。

智能烘烤

6.1 智能烘烤概述

烟叶烘烤就是将烟草在全部农艺过程中形成和积累的优良性状充分显露发挥出来，是生产优质烟叶至关重要的技术环节，也是我国目前烟叶生产水平较为薄弱的环节，在部分地区甚至成了增进烟叶内在和外观品质的制约因素。烤烟烘烤存在着劳动强度高、耗时长、能耗大、烘烤技术不易掌握，烘烤人员培养周期长、见效慢、烘烤质量不易得到保证等诸多问题、痛点，一直是制约烟叶品质的一项“卡脖子”环节。

烟叶智能烘烤是综合运用鲜烟叶成熟度无损判别技术、烘烤过程无损监测分析技术、烘烤工艺曲线自适应调优技术、移动互联网技术，以及机器视觉系统、环境监控系统、大数据及自动控制烘烤装置等技术设备，聚焦烤前、烤中、烤后烟叶素质变化机理研究，实时监测烤房空间内鲜烟叶的理化性质、经济性状等，建设人—机—物协同运行模式，参照预设烘烤工艺指标参数模型，实时调控烘烤环境和调制烘烤工艺，最终达到烘烤变黄、定色和烘干等阶段精准调控和远程监管的过程。该场景可实现烤房温湿度数据按照既定工艺曲线快速、稳定、精准调节，提高了烘烤工作效率，提升了烘烤烟叶的品质。

6.2 智能烘烤特点

烟叶智能烘烤是围绕成熟采收、鲜烟判断、曲线匹配和灵活调控等环节，旨在通过烤房环境智能调控实现烟叶高质量精准烘烤的过程。主要特点有：①烘烤工艺过程控制精准。该场景通过烤前、烤中、烤后多源数据的在线融合分析，以及图像采集和温湿度传感等设备精准调控烘烤温湿度，提高烟叶烤后质量。②烘烤工艺专业化高。按照智能烘烤采烤一体化要求统一成熟采收、分类编烟装烟、精准工艺和精准供热，烘烤工艺曲线自适应调优、自动更新，因叶施烤、叶尽其用，降低了烟叶烘烤损失。③降低人工成本。该场景采用智能化烘烤工艺流程，实现烟叶、烤房和工艺的优化匹配、自动生成和下发，有效地减少人力投入。

烟叶智能烘烤使烟草商业企业充分了解烟叶烘烤工艺执行、叶片烘烤效果等情况，有利于后续烟叶制品实施优质优价策略，满足市场的需求。具体可应用于以下方面。

（1）数据规范及规范之下的长效采集、存储、互联和使用。大数据最直接的作用，在于海量样本的数据分析和经验的量化积累，而基础的基础，在于建立通用的数据规范。通过建立数据规范，以及在规范之下解决鲜烟叶素质识别、过程温湿度感知、过程图像感知、反馈控制等方面数据的长效采集、存储问题，并互联互通各地、各年度数据，建立烘烤数据库，继而通过数据建模实现数据及时预警提醒、技术经验积累、智能分析执行、可视化展示管理，总结绘制最佳适应当地、当炉次的烘烤曲线，让“成功经验”得到量化、复制、推广，让“失败教训”得到量化、评估、消除，并通过烟叶生产队伍较为完整的组织运行体系，以“科学技术+管理体系”的相互作用，实现能效最大化。

（2）工艺技术分析与应用。从技术层面来说，烘烤指导曲线发挥着巨大的作用，是烘烤技术落地的标的物。但经典专家曲线，常常面临颗粒度不够细化、难以及时量化更新的难题，这其中既有人员技术水平的主观因素，也有海量数据无法收集分析、核心技术人员数量有限的客观因素。从曲线的计算产生机制而言，一旦解决规范之下的数据长效采集、存储问题，并互联互通，则各地结合当地气候因素、烟叶生长特点等，制定完善的具有针对性和指导性的烘烤技术要点，以及广大烟农在实际操作中摸索和积累的许多有益的经验，就可以通过数据记录下来，通过大数据分析，转化为适宜当地烤房、气候、品种、成熟度的“专属曲线”。进而从数据量级、分析能力上，起到解决细化颗粒度问题、及时准确产生烘烤指导曲线的作用。

要想真正实现智能烘烤，技术核心难点在于建立烤房温湿度数据、烟叶外在图像数据、烟叶内部化学成分数据三者之间的关联分析模型。之后，参照预设烘烤工艺指标参数模型，通过温湿度数据、烟叶外在图像数据，在线融合分析，实时调控烤房设备运行状态，从而实时调控烘烤环境（烘烤工艺），获得具有良好外在质量，以及更为关键的内在质量的烟叶。

（3）组织管理分析与应用。烤房存在网点分布广、集中使用频率高、区域跨度大、实时维护监督难度大、管理复杂等情况。对技术员来说，由于烤房分布区域广，即使“跑断腿、说破嘴”，也难以做到面面俱到。如果不充分利用好现有的组织架构，如果没有思考“人与物”相互作用的闭环，将烘烤简单理解为一个片段场景，必将丧失组织脉络的贯穿。

基于现有的组织架构，加入快速准确的应变烘烤技术、烘烤智能化研究，实现“技术+管理”两相促进，是提升烟农种烟收入、稳定烟农队伍的重要路径。通过大数据，及时预警异常烘烤，为烘烤指导员技术指导提供数据支撑；量化、可视化展示烘烤情况，方便烘烤指挥调度；收集积累数据，专注发现薄弱环节、总结细化优势，帮助烘烤人员更好地把握技术标准，提高烟叶烘烤质量，减少烟叶资源浪费，增加优质烟叶出炉率。从而推进与数字体系建设相应匹配的烘烤管理体系构建，以此来优化资源配置、减轻劳动强度、降低管理成本、提高烘烤质量、增加烟农收入，推动传统烟叶生产管理向智慧烟草农业转变。

（4）编装烟自动化。“同秆同质、同层同质”是烘烤出优质烟叶的基础条件，但烟叶是天然产物，注定有质量差异；烤房是立体空间，注定有平面差异和立体差异。从有效利用客观差异的角度来说，通过鲜烟叶素质识别，将鲜烟叶进行简单分档，并基于整炉烟叶的素质识别数据，给出悬挂间距、悬挂位置、烘烤工艺建议，将有利于提升全炉烟叶的基准烘烤水平。

劳动力是影响烟叶生产的核心要素，采烤是烟叶生产中用工最密集的环节，编装烟是烟叶采烤中用工最密集的环节之一。现有的烟夹、编烟台，可以简单有效地减少编烟过程用工，建议规模推广。在装烟过程中，因现有烤烟收购模式、工商交接模式的约束，以及单户生产规模的限制，导致大箱烘烤、隧道式烤房在国内的使用场景有限；考虑生产投入主体和大规模应用的投入强度，故装烟过程减工降本增效的切实有效解决思路是使用半自动化装烟设备或者根据装烟动作开发的穿戴类设备。

这里需要明确的是，烟叶智能烘烤很难解决烟叶田间生长出现的问题，烘烤的本质依然是将烟草在全部农艺过程中形成和积累的优良性状充分显露发挥出来。所谓智能烘烤，关注的是如何更好地发挥、更稳定地发挥、更低成本地发挥农艺过程中形成和积累的优良性状；并作为全过程数据要素的积累，以及全流程数据分析的构成，为之后打叶复烤、工业加工过程中的配方设计及模组使用提供一定支撑。

6.3 烘烤大数据技术应用

在实际烘烤中，由于生态环境、栽培品种和种植技术等差异，我国不同烟区的鲜烟素质和实际执行的烘烤工艺明显不同，由于数据采集方法不完善、控制系统不兼容等原因，对烟叶烘烤过程数据的收集存在较大难度。如烤房温湿度数据无法有效收集和利用，导致烟农对实际执行的烘烤工艺无法掌握，与推荐工艺的符合情况难以评价；烘烤烟叶状态（颜色、水分、叶片温度等理化性质）的数据无法有效采集和利用，导致目前指导烘烤过程工艺参数灵活应变的烟叶状态判断方法多为“几成黄”“凋萎”“勾尖”等相对模糊的概念，不同人员的主观判断存在差异，造成烟叶烘烤工艺参数的应变调整很大程度上依赖于烟农和烘烤师的主观经验，给烟叶的烘烤质量带来诸多不确定因素。有报道显示，目前我国每年烟叶烘烤的平均损失在10%～13%，按烤烟产量3 500万担[①]计算，每年烘烤损失约350万担，直接经济损失40多亿元；部分区域烟叶僵硬光滑、香气质量下降等与烘烤工艺执行密切相关的问题也较为突出。如何有效收集烘烤环节的烤房环境和烟叶状态数据，建立算法模型和大数据服务系统，从而提高烘烤过程的智能感知和精准控制水平，降低烘烤损失和提高烘烤质量，已

① 1担=50 kg。

经成为烟叶生产高质量发展亟待解决的重要课题。

近年来，农业数据获取技术如物联网信息采集技术等取得明显进展，涌现了一批可用性强的烘烤数据采集装备；机器视觉、人工智能技术的快速发展，为烟叶状态智能识别和精准判断提供了重要技术手段；大数据分析技术为深度挖掘数据、建立算法模型奠定了基础；燃煤烤房改造、清洁能源烤房升级等为烘烤过程智能精准控制提供了基础平台，不少产区正在着手建立本区烟叶烘烤数据服务平台。利用现代信息技术自动获取和分析烟叶烘烤过程数据、建立算法模型对不同区域烟叶的烘烤技术精准施策、开发满足不同用户需求的烘烤大数据应用系统，可为推进烟叶生产方式变革和现代化进程、助推智慧烟草农业发展提供重要支撑。

基于此，作者团队与郑州烟草研究院合作，运用物联网技术，大密度采集不同烟区烘烤过程的烤房温湿度和烟叶状态数据，建立烘烤数据规范和烤房环境、烘烤烟叶状态两类主题数据库。针对烤房环境温湿度数据，重点研发烘烤工艺分析算法，实现烘烤工艺执行参数在线分析；针对烘烤烟叶状态数据，重点研究烘烤过程烟叶状态的数值模拟方法，建立烘烤烟叶质量动态变化模型和识别算法。综合两类数据库，运用数字孪生技术研究烟叶烘烤过程仿真模型，实现不同工艺条件下烟叶烘烤质量转化的模拟仿真和烟叶烘烤质量转化偏离的工艺参数调优策略推荐。基于上述研究基础，研发满足工商企业需求的烟叶烘烤大数据综合服务系统并推广应用。项目的开展将为我国烟叶烘烤环节的数据采集提供方法和技术支撑，有助于打破数据孤岛，衔接烟叶生产与烟叶质量数据链条；通过相关模型和算法的开发，支撑建立服务于不同用户的烟叶烘烤大数据综合服务系统，为烟叶智能烘烤的深入研究和应用推广提供基础平台。

6.3.1　烘烤过程数据批量获取技术

6.3.1.1　烘烤数据规范建立

根据前期烤房环境温湿度数据采集和烘烤工艺分析研究结果，分析数据特点，制定烘烤过程烤房环境温湿度数据采集、数据质量评价、数据清洗、远程通信等数据规范获取流程，为烤房温湿度数据的长效获取和准确分析提供依据。

以烟叶物理状态和主要化学成分为对象，制定含传感器类型、安装位置和数据采集频次、远程通信传输要求等内容的烘烤烟叶状态数据规范获取流程，为烘烤过程烟叶状态数据的准确采集和分析提供方法依据（表6-1）。

表6-1 数据类型和元数据标准

中文名称	英文标识	数据类型	值域	约束条件	备注
标识符	id	字符型	自由文本	M	
烤房名称	grill Name	字符型	自由文本	M	
烟叶品种	tobacco Var Name	字符型	自由文本	M	
产区名称	dist Name	字符型	自由文本	M	
产区编码	dist Code	字符型	GB/T2260	M	
烟叶部位	part Name	枚举型	自由文本	M	脚叶、下二棚、腰叶、上二棚和顶叶
部位标识	part Eng Name	枚举型	英文1位大写		脚叶（P）、下二棚叶（X）；腰叶（C）；上二棚叶（B）；顶叶（T）
长度	length	浮点型	非负	M	保留小数点后2位
宽度	width	浮点型	非负	M	保留小数点后2位
单叶重	weight	浮点型	非负	M	保留小数点后2位
含水率	rate Water		非负	M	保留小数点后2位
成熟度	maturity	枚举型	自由文本	M	A.完熟，B.成熟，C.尚熟，D.欠熟，E.假熟
采集时间	acq Time	日期时间型	GB/T 7408	M	
图片编码	pic Code	字符型	自由文本	M	
图片名称	pic Name	字符型	自由文本	M	
图片地址	img Url	字符型	自由文本	M	
图片编码格式	Img Format	枚举型	JPEG，JPEG2000	M	
图像分辨率	imgdpi	整型	非负	M	
采集时间	acq Time	日期时间型	GB/T 7408	M	
图像像素宽	img Width	整型	非负	M	
图像像素长	img Height	整型	非负	M	
色差	img Delta E	浮点型	自由文本	M	

6.3.1.2　烤房环境温湿度数据采集

在现有烤房温湿度物联网数据采集区域基础上，通过在烤房控制仪加装物联网通信模块的方法，进一步扩大数据采集的覆盖区域，在3～5个香型生态区定位5 000座以上烤房，跟踪采集烘烤过程烤房的干球温度、湿球温度等烘烤环境物联网数据，获取不同区域、品种、部位烟叶的烘烤过程环境温湿度数据2万套，并基于Hadoop、HBase等大数据存储技术对采集数据进行高效存储与管理。同时选取代表性烤房类型，利用在烤房内多点布置温湿度传感器的方法，采集烘烤过程烤房不同区域的温湿度数据。

6.3.1.3　烘烤烟叶状态数据采集

定位3～5个香型生态区的500座以上烤房，利用在烤房加装机器视觉传感器并采用便携式近红外等手段，跟踪采集烘烤过程烟叶的图像（图6-1、图6-2）、叶片温度、主要化学成分和含水率等数据，构建基于不同区域、品种、部位烟叶烘烤过程物理状态、关键化学成分和图像一一对应的时间—空间序列数据集。

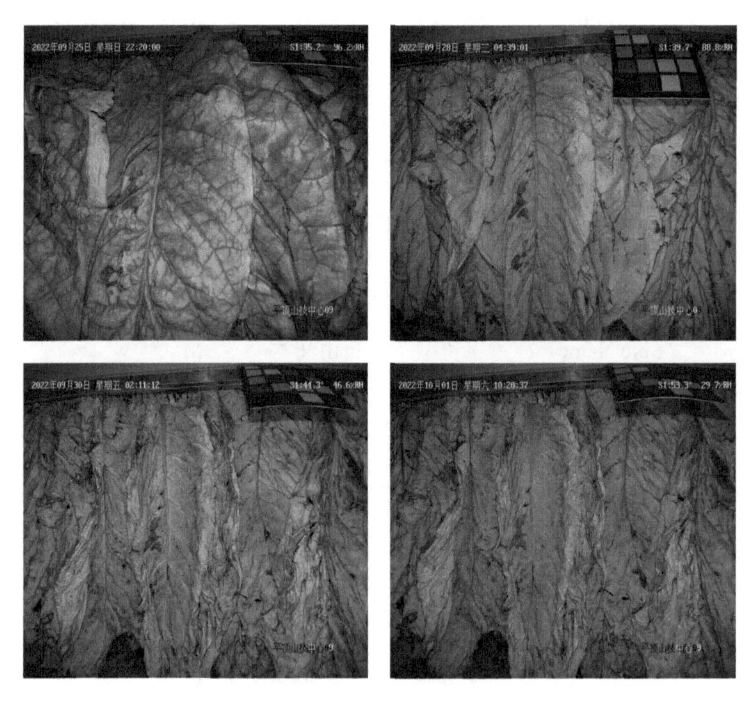

图6-1　烟叶图像

图6-2 图像采集装置

6.3.2 烘烤工艺数字化分析

基于烤房环境温湿度数据库，研究开发基于物联网时序数据的烘烤工艺参数提取与分析算法，建立从海量温湿度数据挖掘分析每一炉次烟叶烘烤工艺执行情况的标准流程。运用大数据可视化分析手段，分析不同区域烘烤过程的主要稳温阶段、稳温时间、升温速度、湿球温度等烘烤工艺执行参数，实现基于物联网温湿度数据的烘烤工艺数字化分析和结果可视化表达。进一步优化物联网温湿度数据采集的稳定性和数据分析流程，逐步实现单座和区域烤房烘烤工艺执行情况的实时在线分析。

利用烘烤过程烤房内不同区域的温湿度数据，开展主流烤房类型烘烤过程的温湿度场分布研究，结合计算机学习模型软件，模拟烤房内温度场、湿度场，明确烘烤过程烤房内温度、湿度的空间分布均匀特性，为烘烤过程模拟仿真研究提供依据。

6.3.3 基于烟叶状态数据的烘烤烟叶质量转化动态识别

利用烘烤过程烟叶状态数据库，运用多元线性回归、偏最小二乘法等统计学分析方法，分区域研究烟叶关键化学成分转化与物理状态变化的数学关系，可建立4类烘烤关键化学反应（淀粉→糖、蛋白质→氨基酸、非酶促棕色化反应、酶促棕色化反应）与烟叶物理状态变化的数学模型，阐明不同区域烘烤过程烟叶质量转化的关键节点。基于微分方程的离散化方法或边界条件处理等数值模拟方法，分区域求解烘烤过程烟叶质量动态变化模型，实现不同区域烘烤过程烟叶质量转化的精确数值模拟。

在数值模拟研究基础上，利用烘烤过程烟叶图像数据集，形成分区域的烘烤过程烟叶质量转化关键节点（如烟叶含水率80%、70%、60%、50%、40%等；环境温度35～36℃、37～38℃、39～40℃、41～42℃、45～46℃、49～50℃、52～54℃、60℃等）的图像数据集，通过自动标注结合人工辅助方法，标注图像对应的烤房环境温湿度、烟叶物理状态信息，为机器学习算法开发提供依据。利用人工智能图像深度学习，开发烟叶烘烤质量转化关键节点的图像识别算法，实现不同区域烘烤过程烟叶质量转化的智能辅助识别。

6.3.4 烘烤工艺参数智能辅助调优技术

基于烘烤工艺数据库和烘烤烟叶质量转化数据库，采用大数据关联查询技术构建不同区域烘烤工艺执行参数与烟叶状态变化一一对应的数据集。基于大数据关联分析挖掘烘烤不同阶段温湿度组合与烟叶烘烤质量转化的相关性。利用数字孪生技术建立烟叶烘烤过程的模拟仿真系统，实现不同工艺参数条件下烟叶烘烤质量演变的模拟仿真。进一步根据不同区域烘烤过程烟叶质量转化的关键节点和关键指标，构建烟叶烘烤质量转化目标优化函数，形成烟叶质量转化偏离的工艺参数调优策略（升温、稳温、保湿、排湿等）。在示范区域同步开展烤后烟叶质量的跟踪验证，评估基于烘烤过程模拟仿真的工艺参数调优策略效果并不断优化，逐步实现烘烤过程烟叶质量转化动态监测，自主推荐烘烤质量转化偏离的工艺参数调优策略，辅助烟农/烘烤师烘烤工艺参数的科学调优。

6.3.5 烘烤大数据服务系统（图6-3）

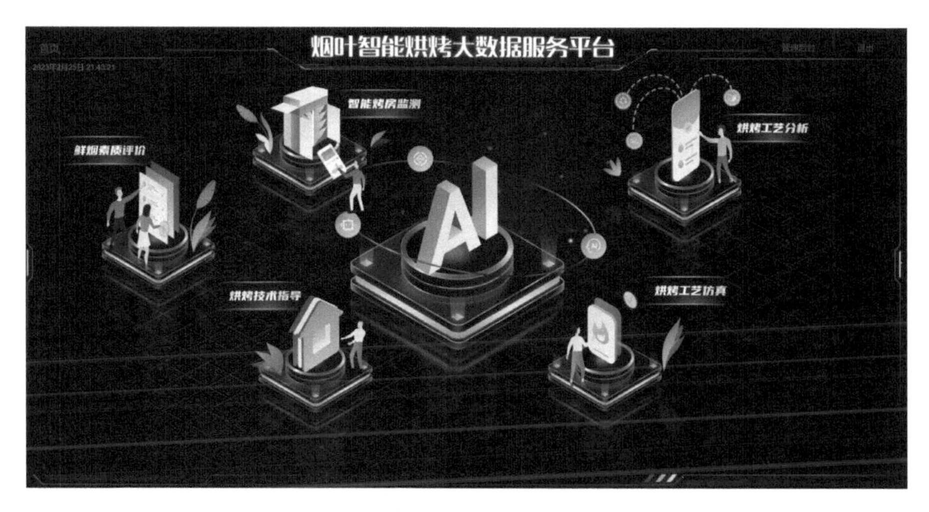

图6-3 烟叶智能烘烤大数据服务平台

以精准服务不同用户需求为牵引，构建不同香型生态区的烟叶烘烤大数据服务系统。主要功能包括：海量烟叶烘烤大数据的有效采集和规范化存储、烘烤工艺执行分析、开发烘烤工艺执行在线分析与评价、烘烤技术在线指导等。

一方面根据烘烤过程模拟仿真和工艺参数智能辅助调优结果，提供分区域的烘烤过程工艺参数科学调优策略；另一方面结合烟农/烘烤师实际需求，通过在线问答方式收集汇总烘烤环节的主要问题，实现烘烤问题解答和推送。服务烟农/烘烤师科学精准烘烤，支撑降低烟叶烘烤损失，提高烘烤质量。

6.4 本章小结

烘烤环节是决定烟叶质量的关键环节，也是决定烟农一年生产收成的最重要环节。智能烘烤长期以来受到高度关注，行业对于智能烘烤的探索创新层出不穷。本质上，智能烘烤指的是烤房具备自适应烘烤的能力，即烤房有能力根据鲜烟叶素质和相关要素、烘烤目标自动调整烘烤工艺，并通过智能控制执行到位，通过基于再烤烟叶的状态实现烘烤过程的实时动态调优，实现烤后烟叶质量的最优化。

本章从烘烤场景特点及其智能化重塑思考、烘烤大数据采集与分析、基于烟叶质量转化的烘烤工艺参数的辅助调优，以及烘烤大数据服务系统设计等方面，介绍了目前著者团队及行业相关单位对智能烘烤的初步研究。智能烘烤是一个系统工程，涉及计算机、烟草、生物、环境、化学、自动控制等较多技术领域的融合创新突破，真正实现智能烘烤还需要各方持之以恒的探索研究。

7

自动分级

烟叶分级是烟叶收购环节的一道重要工序。分级是指将同一组内的烟叶，按照烟叶分级因素（品质因素和控制因素）的优劣来划分级别。分级操作流程就是把每片烟叶定为某个等级的过程。按照我国现行的烟叶分级国家标准，共有42个等级，其中主组29个等级，副组13个等级。从管理者角度来说，烟叶分级是稳定卷烟制品原料质量及推行优质优价烟叶价格政策的必要步骤。对于烟农而言，烟叶分级是获取相应经济报酬之前必经的评判过程。

品质因素是用来反映烟叶等级质量的外观因素，主要由成熟度、颜色、身份、叶片结构、油分等组成。影响烟叶品质好坏的外观因素称为控制因素，如杂色、残伤、破损等。目前，我国主要依赖人工进行烟叶分级，判定烟叶质量的方法是依赖分级人员的眼观、手摸、耳听、鼻闻。每逢烟叶收购的高峰时期，分级现场总是呈现一片繁忙的工作景象。为了提高烟叶精细化分级水平，最大限度地维护烟农利益，加派专业的分级人员是最常采用的工作手段。在实际烟叶收购过程中，虽然参与烟叶分级的工作人员大都是具备多年分级经验的熟练工，但当遇到收购量大或收购量突增的情况，分级人员必须高强度连续工作，不能得到充分休息，因而分级效果也受到影响，烟叶质量不达标、纯度不够、混部位混等级等现象时有发生。加之现在农村地区劳力流失严重，劳动力成本持续攀升，长期、稳固的专业烟叶分级队伍建设受到严重冲击。

近20年来，为了解决烟叶分级过程中用工量大、烟叶分级准确率与效率低下、受分级人员感官和主观经验影响大等问题，一大批行业内科技人员高度重视烟叶分级的技术创新，在长期专注于烟叶自动分级技术与设备的研究上，初步探索了基于机器视觉结合神经网络、基于模糊模式识别、基于光谱及高光谱等技术的烟叶分级模型和智能化分级设备系统的研制工作。烟叶分级技术与设备的智慧化发展，已经成为科技人员推动烟叶分级技术创新发展、代替传统人工烟叶分级模式、促进烟叶生产过程“提质增效”的主要方向。

本章首先介绍了当前烟叶自动分级技术的研究现状，接着从烟叶自动分级装备、自动分级图像采集标准、自动分级算法模型、自动分级软件4个方面对烟叶自动分级技术进行系统介绍，最后以皖南烟叶分级成果为案例进行分析。

7.1 烟叶自动分级技术研究现状

烟叶的质量以及等级纯度直接影响着卷烟工业的品质和质量稳定性，对烟叶进行分级是当前控制烟叶质量的重要手段之一。目前，国家标准中烟叶分级指标以感官定性为主，但在执行过程中存在主观随意性较大、分级精度较低、烟叶均一性差等问题，造成了诸多问题与矛盾。因此，建立烟叶品质识别与分级智能决策系统，将人工智能等数字化技术应用于烤烟分级中，代替传统人工分级已经成为烟草农业智慧化发展的趋势。1977年，Morris Bennie A.利用光电检测器检测烟叶颜色、形状及反射率等参数，并利用空气喷射器对不属于该级别烟的叶进行剔除，首次实现了烟叶自动分级。现如今，随着图像处理技术、光谱技术、人工智能技术等的日趋成熟，现代技术手段越来越多地应用到烟叶分级品质识别与分级智能决策系统构建过程中，对提高烟叶分级效率、减少用工成本有着重大意义。

7.1.1 烟叶分级装备研究现状

烟叶分级是整个烟叶生产过程中用工量较大的环节之一。烟叶等级划分的好坏直接影响烟叶的收购价格，同时烟叶的正确分级对满足卷烟工业需要、保证烟农合理收益、合理利用国家资源、促进对外贸易发展具有重要意义。烟叶分级装备通常称作烟叶分级机，是由烟叶松散输送装置、信息采集装置、分类识别定级系统、自动分拣装置等部分组成，人工解把后的烟叶经输送装置运送至信息采集处，基于机器视觉技术和图像处理等技术对触发传感器的烟叶进行图像或近红外光谱等信息的采集，分类定级系统结合人工智能算法对烟叶进行自动化智能识别，并控制定级烟叶进入不同输送通道进行自动分拣，实现烟叶生产过程和收购环节的精细化、高效化、规范化。

目前国内对烟叶分级机的研究大多集中在信息采集、特征提取与分析、分级算法等方面，对烟叶自动分级的装备研究还较少。姬江涛等（2015）

设计了一种可适用于间歇输送的匀速烟叶输送装置，包括支架、输送带、输送带轮、连接件、销轴和烟叶输送台。该装置可实现间歇运动，在一次输送完成后可暂停一段时间，暂停时间的长短由摆放人员自行控制。韩力群（2006）、李婷（2006）、贺智涛（2016）、李宏彬（2022）等针对当前实际生产中烟叶分级效率低、人为主观性较强等问题，对烟叶自动分级装备中的烟叶分拣装置进行了部分研究，发明了烟叶自动分级系统，主要包括标准光源、图像采集与传输、机械变光、单片机控制、通信5个子系统。该系统由烟叶进料、烟叶松散震动、烟叶自动分离、烟叶自动排列、烟叶自动铺平、烟叶智能检测及定级判断、烟叶智能分流分拣7个工段组成。通过调试和模拟实验，将成堆烟叶分离成小堆再分离成单片烟叶，对烟叶的成熟度、色度、长度、残伤等外观因素快速完成检测、识别定级。

7.1.2 烟叶分级算法研究现状

（1）基于机器视觉技术以及神经网络的烟叶品质识别与自动分级。机器视觉技术主要是通过感光元件对物体进行图像获取，并基于图像处理技术、人工智能技术对图像进行处理和分析，从而模拟人类视觉与大脑。经过几十年的发展与创新，机器视觉技术在工业、农业、医学领域应用已十分广泛。在农业领域，机器视觉主要集中在作物种子质量检测、田间病虫害监测、作物种类识别、等级分类等方面。在烟叶分级领域中，由于烟草品质与感官质量有着密切的关系，而烟叶的形态特征、轮廓特征、烟叶颜色等信息均可通过图像提取，故而机器视觉技术同样发挥着重要作用，可满足分级的实时性和高效性。其分级原理是利用机器视觉技术提取烟叶表面特征，将烟叶的颜色、亮度、形状、纹理等特征作为神经网络的输入变量，建立基于烟叶图像特征的分组、分类模型，完成烟叶品质的智能识别。最终依据识别结果，利用分拣系统进行分级。

（2）基于光谱技术的烟叶品质识别与自动分级研究。光谱技术作为现代结构分析技术，目前已被广泛应用于农产品检测、食品品质检测以及烟草行业等领域。基于光谱技术的烟叶品质识别与自动分级原理主要是利用光谱仪无损获取烟叶光谱数据，进而建立基于光谱特征的烟叶分类模型，依据识别结果，利用分拣系统进行分级。光谱技术具有无损、快速、方便等特点，利用光谱技术可以获得反映烟叶外部结构特征的光谱，以及与烟叶密切相关的化学指标和内部结构信息，从而建立起可靠性更高的烟叶分类模型。

在研发与应用现状方面，顾金梅等（2016）基于BP神经网络，选择相关颜色分量作为输入项，实现烟叶等级的预测识别，研究结果表明模型准确率达89.17%。姚学练等（2018）、贺立源（2011）、李士静（2021）等探究了烟叶分级光谱数据预处理方式，构建基于近红外光谱技术的烟叶分类数学模型，显著提高了烟叶分级效率以及分级准确度。刘思宇（2021）、李婷等（2022）等设计了集成烟叶分级模型的分级硬件系统，实现了烟叶样品自动分离、烟叶品质智能定级、定级样品分流分拣。

7.2 烟叶自动分级装备

烟叶自动化分级装备应主要包含上料机构、成像机构与图像识别系统、分拣下料机构三部分的核心部件，其他部件还可能包括暂存与落料机构、称重装置等。

7.2.1 上料机构

烟叶分级机的自动化高效上料机构有多种形式，如机械抓取式、输送吸附式、夹烟梗差速式等。

机械抓取式是通过机械臂运动的方式结合抓取或吸取单片烟叶的机构进行烟叶的上料，该机构的技术核心点包括4个方面（图7-1）。

（1）机械臂来回定位速度能否满足要求。

（2）吸取烟叶或者抓取烟叶的部件是否能稳定抓取烟叶，不掉落，烟叶不破损。

（3）出现烟叶相互交错时，烟叶抓取时是否能准确顺利抓取一片而非多片。

（4）烟叶抓取后快速运动过程中是否会脱落。

图7-1　大吸力吸盘吸取烟叶过程

输送吸附式是采用吸风机构将收纳筐中的烟叶一层一层吸走，通过多级差速输送带将烟叶尽可能地分离成单片状态，进入末端输送带后，人工将青杂烟叶剔除。上料机构通过负压吸附及高速输送的形式将烟叶进行单片吸附后送料，实现无接触式不破坏烟叶的一片片的分离和向前输送的功能。这种方式容易出现烟叶堆积，实际应用效果尚不理想（图7-2）。

夹烟梗差速式是在传送过程中烟秆被传送带夹持着向前输送，包含差速机构、转向机构和挂料机构三部分。其中，差速机构采用3段式速度递增皮带，实现差速，使烟叶在经过差速机构后，以单片离散的状态进入检测工位。烟叶送料转向机构与烟叶挂料机构可实现烟叶从水平状态转为竖直状态，解决单烟叶顺序排列识别的问题，实现烟叶的高速移动。如图7-3所示，展示了送料过程中烟叶转向机构的局部设计图，使烟叶秆由水平状态渐变为竖直状态。

图7-2 输送吸附式上料机构的分离设备

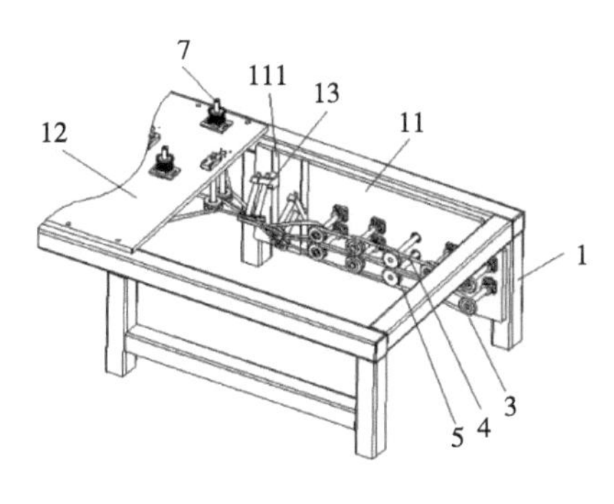

1. 机架
4、5. 传送带
7. 驱动轴
11. 竖版
12. 横版
13. 倾斜度
111. 滑槽

2. 送料单元
20. 从动单元
21. 惰性轴
22. 双槽从动轮

20
21
22
2

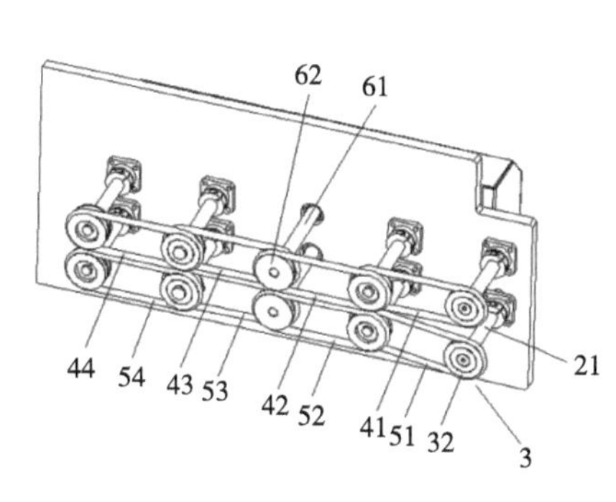

3. 驱动装置
41、42、43、44. 传送带
51、52、53、54. 传送带
61. 输出轴
62. 双槽驱动轮

图7-3 烟叶送料转向机构局部设计图

夹烟梗差速的上料方式在整体烟叶分级作业时受烟叶自身质量影响较大，对烟秆形态要求较高。若遇到烟秆过粗、过细、无烟秆、烟秆弯曲等情况，会造成烟叶在流水线上脱落、传送带卡断、成像质量不稳定的情况，导致分级准确率和作业效率大大降低。此外，为解决烟叶堆叠难以分离的问题，还可在差速分离烟梗时加入吹气机构，形成气动差速分离的方式，即在原有水平差速机构中加入吹气机构，烟梗分离过程中，高速气流吹动堆叠烟叶部分，设计图如图7-4所示。

图7-4　夹烟梗吹风机构设计图

7.2.2　成像机构与图像识别系统

烟叶上料后便进入成像机构，根据上料形式的差异，成像机构也有两种不同的形式。对于机械抓取式和输送吸附式的上料机构，烟叶形态进入成像机构为平铺状态，夹烟梗差速式上料机构的烟叶则为垂直挂料形态。

针对烟叶平铺形态，成像模块采用上下成像的方式，拍摄烟叶正、反面图像。烟叶通过前一级的差速分离后有序地进入黑箱，上下风扇的吸附使得烟叶可以保持一个稳定的姿态进入采图环节，如图7-5所示。

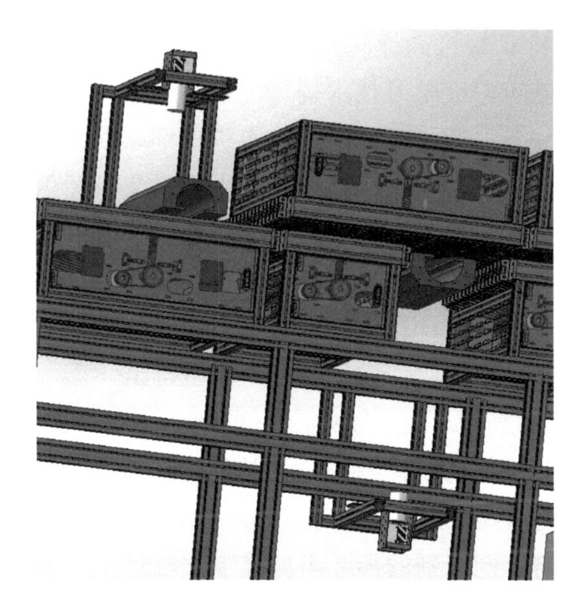

图7-5 平铺烟叶成像模块设计图

针对烟叶垂直挂料形态，光源采用定制的高亮度、高均匀性的隧道式线性光源，相机的安装工位在正对隧道光的中间位置，可上下、前后移动。成像模块采用黑色栅栏式背景，后置负压装置，在烟叶高速飘动时起到吸附作用（图7-6）。

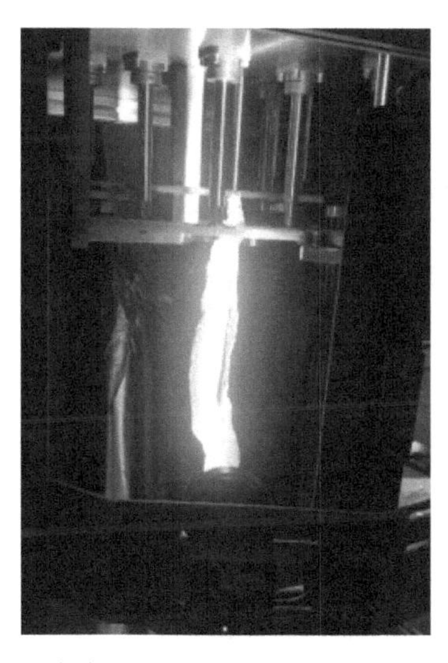

（a） 相机和运动成像的烟叶

（b） 隧道光源

图7-6 垂直挂料烟叶成像模块图示

成像完成后将双相机高速采集的烟叶正反两面图像输入图像识别系统，系统核心为基于深度学习技术构建的烟叶图像分类算法，完成对正面烟叶图像的分级任务。通过研发的烟叶等级识别软件，调用相机驱动、分级模型、IO通信卡等功能接口，实现烟叶图像采集、图像预处理与图像识别等功能，最终将分级信号传输到分拣下料机构。

7.2.3 分拣下料机构

烟叶采集图像后，图像传输给模型，模型得出等级结果，之后和设备PLC做信号交汇。烟叶经过传感器后，PLC开启分拣模块进行落料。分拣模块采用气缸来辅助该结构达到快速开合效果（5次/s）。通过插入皮带缝隙将不同级别的烟叶阻挡至下方收料口（使用气缸或电磁推杆），如图7-7所示。

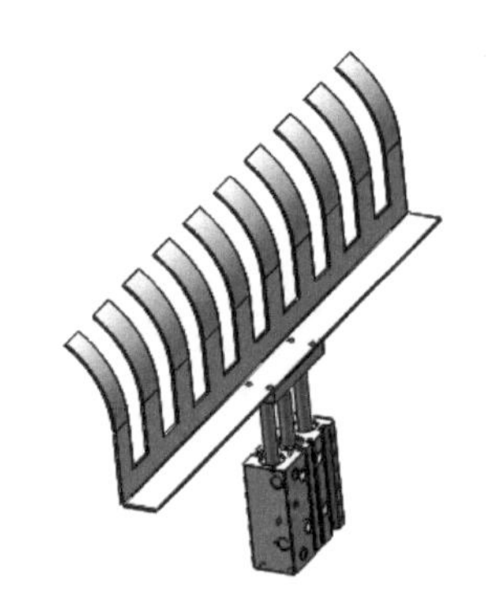

图7-7 下料模块设计图

7.2.4 暂存与落料机构

烟叶经过分拣模块落入该临时存料箱，当达到一定数量后，箱子底部的开合机构打开使烟叶下落进入收纳箱。收纳箱底下放着称重滚筒，当重量达到一定阈值即发出报警声音提醒人工换箱，如图7-8所示。

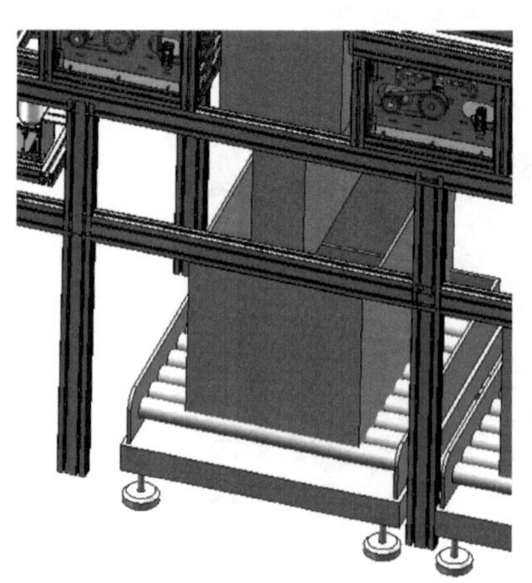

图7-8 暂存与落料机构设计图

7.3 烟叶自动分级图像采集标准

图像作为构建智能视觉分析模型的数据源，其质量直接决定了图像识别的准确性和模型的可靠性。优质的图像一方面可以降低图像识别的难度和模型的计算复杂度，另一方面对于提升识别结果有极大的帮助。烟叶图像采集一般采用双面成像的方式以获取烟叶正面和背面图像，成像设备一般由光源、相机、镜头、成像黑箱等部件组成。科学的成像设备参数调试是保证烟叶图像质量的主要因素，为实现这一目标需解决以下3个技术问题：标定烟叶图像采集环境、烟叶图像质量定量评价、检验双相机成像质量的一致性。

7.3.1 标定烟叶图像采集环境

（1）基础条件。烟叶图像采集环境的标定应在满足硬件和工业现场环境的基础条件下开展和标定。具体基础条件见表7-1。

表7-1 成像环境基础条件检查

序号	基础条件	具体要求
1	完成成像设备安装	安装箱体遮光黑布； 双相机、双镜头、双光源安装到位； 双相机的背景板保持一致； 固定各硬件设备的安装位置，保证不动
2	完成成像所需硬件功能测试	单片烟叶上料、成像拍照、下料的完整流程测试； 确定流水线运行速度； 确定2个拍照传感器的触发效果（未触发率不高于0.1%）
3	完成成像参数的粗调	运行图像采集软件，镜头对焦、调光源亮度，确保能够获取到完整的、较为清晰的烟叶图像； 粗调相机参数（做白平衡，调整RGB色彩增益参数、曝光时间），获取清晰、亮度适宜的烟叶图像； 确保采集的图像无伪影、无白条、无其他因素的干扰

（2）标定流程。标定色卡可采用DataColorChercker24色比色卡确定和

标准化烟叶图像采集环境，如图7-9所示。可根据烟叶的形状、大小和覆盖面积，选用不同的色卡拼接方式，如图7-10所示。

图7-9　标定色卡

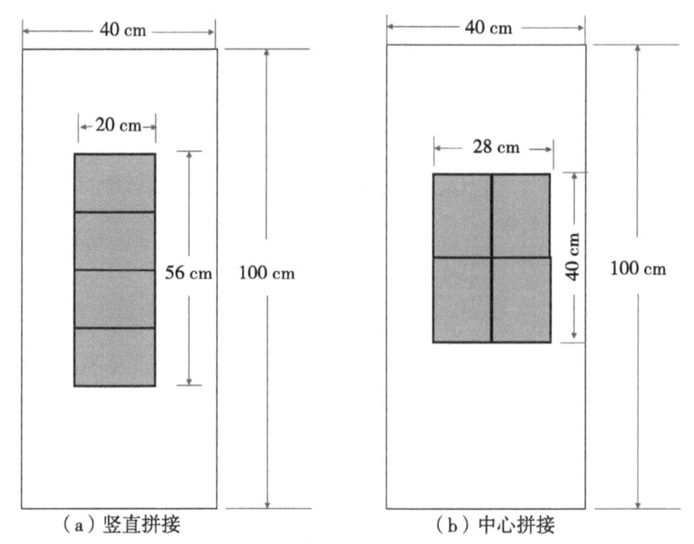

图7-10　色卡拼接方式示例

标定流程如下。

步骤1：确定色卡拼接方式，进行色卡拼接。

步骤2：相机白平衡标定。

步骤3：采用烟叶分级样机上相机对标准色卡拍照。

步骤4：查看图像各色块的像素R、G、B、L、a、b值。

步骤5：调节成像参数，使拍摄图像像素指标接近色卡真实指标。

步骤6：下相机重复上述操作，直至符合标准值。

步骤7：结束图像采集环境的标定（如环境、硬件有所调整，需重复上述步骤验证）。

（3）标定要求。符合标准：拍摄比色卡获取图像；图像与比色卡的标准色彩值相比，各个色块RGB值允差范围±15，Lab值中L值允差范围±3。

覆盖范围：色卡覆盖区域，需全部满足标准要求。

（4）指标范围建议（表7-2）。

表7-2 灰色色卡的指标范围建议

序号	灰卡指标	标准范围（单位）
1	亮度	灰度峰值110，范围91～121
2	色彩	R/G/B峰值110

7.3.2 烟叶图像质量定量评价

（1）基础条件。双相机烟叶图像采集环境标定完成，并均达到标定要求。

（2）评价指标。

颜色

①计算图像的r-g色域空间，如公式（7-1）所示。通过归一化RGB值可消除光照和阴影的影响。式中（r，g，b）表示图像（x，y）处像素的色彩成分，由RGB颜色空间三通道像素值获得。则$0 \leqslant r, g, b \leqslant 1$，且$r+g+b=1$。

$$
\begin{cases}
r = \dfrac{\tilde{R}}{\tilde{R}+\tilde{G}+\tilde{B}} \\
g = \dfrac{\tilde{G}}{\tilde{R}+\tilde{G}+\tilde{B}} \\
b = \dfrac{\tilde{B}}{\tilde{R}+\tilde{G}+\tilde{B}}
\end{cases} \tag{7-1}
$$

②计算r-g色域空间图像各像素r，g，b色彩成分的概率，如公式（7-2）所示。式中，n_r，n_g，n_b为色彩成分为r，g，b的像素数，n为图像总像素。

$$
\begin{cases}
P_r = n_r / n \\
P_g = n_g / n \\
P_b = n_b / n
\end{cases} \tag{7-2}
$$

③计算r-g色域峰值，如公式（7-3）所示。

$$
\begin{cases}
r_{\max} = \max(P_r) \\
g_{\max} = \max(P_g) \\
b_{\max} = \max(P_b)
\end{cases} \tag{7-3}
$$

④计算待评估图像r-g色域峰值位置相对标准参考图像色域峰值的偏移程度（图像色调失真程度指标D_{rg}），如公式（7-4）所示。D_{rg}越小，表明图像色调越接近理想图像，其色调偏移越小；反之，D_{rg}越大，图像色调与理想图像的差距越大，其色调偏移越大。

$$
\begin{cases}
D_{rg} = \sqrt{\dfrac{A+B+C}{3}} \\
A = (r_{\max} - \overline{r}_{\max})^2 \\
B = (g_{\max} - \overline{g}_{\max})^2 \\
C = (b_{\max} - \overline{b}_{\max})^2
\end{cases} \tag{7-4}
$$

亮度

①计算图像的归一化灰度直方图概率密度函数，如公式（7-5）所示。

$$P(l)=\frac{n_l}{n}=\frac{1}{MN}\sum_{x=0}^{M-1}\sum_{y=0}^{N-1}\delta\left[f(x,y)-l\right] \\ l=0,1,\cdots,L-1 \tag{7-5}$$

②计算一张图的灰度直方图累计分布函数，如公式（7-6）所示。

$$C(l)=\sum_{j=0}^{l}P(j),\quad l=0,1,\cdots,L-1 \tag{7-6}$$

③计算K副标准参考图像的直方图累计分布函数，如公式（7-7）所示（l为灰度级）。

$$C_0(l)=\frac{1}{K}\sum_{i=0}^{K=1}C_i(l),\quad l=0,1,\cdots,L-1 \tag{7-7}$$

④计算待评估图像与标准参考图像的直方图累计分布方差，如公式（7-8）所示。

$$\Delta C=\sqrt{\frac{1}{L}\sum_{k=0}^{L-1}\left[C(l)-C_0(l)\right]^2} \\ l=0,1,\cdots,L-1 \tag{7-8}$$

ΔC越小，待评估图像与标准参考图像的亮度差异越小，反之越大。

清晰度

平均梯度：能够反映图像对微小细节反差表达能力，如公式（7-9）所示。式中，$\nabla_x I(x,y)$和$\nabla_y I(x,y)$分别为(x,y)点像素灰度在其行、列方向上的梯度。平均梯度越大，表示图像层次越多，图像越清晰，反差越好，反之，图像越模糊。

$$G(x,y)=\frac{1}{MN}\sum_{x=0}^{M=1}\sum_{y=0}^{N=1}\sqrt{\frac{\nabla_x^2 I(x,y)+\nabla_y^2 I(x,y)}{2}} \tag{7-9}$$

图像熵：如公式（7-10）所示，信息熵是从信息论角度反映图像信息丰富程度的一种度量方式。

$$H(I) = -\sum_{i=1}^{L-1} P_i 1b\ P_i \tag{7-10}$$

图像清晰度用图像平均梯度与图像熵结合来衡量，如公式（7-11）所示，D_{clar}越大表示图像越清晰，细节越丰富。

$$D_{clar} = \sqrt{HG} \tag{7-11}$$

（3）指标范围建议（表7-3）。

表7-3　评价烟叶图像质量的指标范围建议

序号	指标	标准范围（单位）
1	颜色-R分量	0.527 0 ~ 0.570 0
2	颜色-G分量	0.333 3
3	颜色-B分量	0.097 2 ~ 0.130 8
4	亮度	93.907 4 ~ 112.875 2
5	清晰度	16.060 5 ~ 22.168 5

7.3.3　检验双相机成像质量的一致性

建议利用Matlab软件统计灰卡各像素RGB值，绘制各颜色灰度直方图，确定环境定量；计算烟叶图像亮度、色彩、清晰度指标。具体评价流程如下。

步骤1：同一片烟叶双相机成像效果一致性验证

选取10片涵盖各等级的较硬较厚的烟叶，烟叶正、反面朝上各采集1遍图像（要求上料时烟叶与运动方向保持垂直，采集到的图像中烟叶处于横向水平状态，夹角不超过10°）；计算上下相机采集的同一片烟叶正面图像的结构相似性（SSIM指标）计算；10张图像均满足SSIM＞0.8，认为合格。具体一致性评价参照表见表7-4。

表7-4 双相机成像SSIM的指标建议范围

指标值	数值范围	评价参考	烟叶数量
SSIM	>0.9	优秀	10
SSIM	>0.85	良好	10
SSIM	≥0.8	合格	10
SSIM	<0.8	不及格	10

步骤2：图像亮度、颜色、清晰度评价

100片烟叶，烟叶正、反面朝上各采集1遍图像；批量计算上相机正面图像颜色、亮度、清晰度的均值和标准差，确定阈值范围（$\mu \pm \sigma$）；计算下相机正面图像颜色、亮度、清晰度，若90%的图像指标在上述范围内，则认为合格（图7-11）。

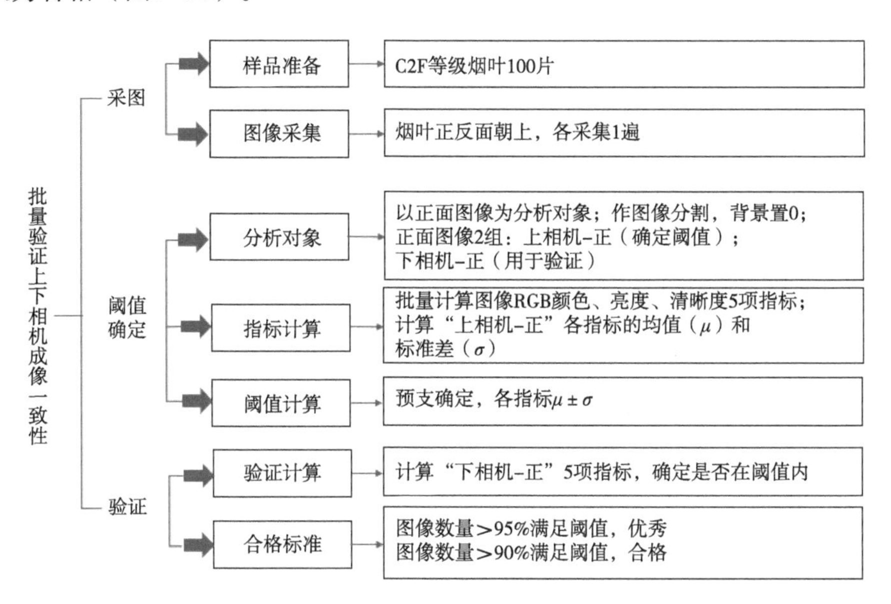

图7-11 双相机成像一致性评价流程

步骤3：复检

若新定制的光源需要拆卸、重新安装，则采图前重复步骤1、步骤2，重新确定成像效果。

7.4 烟叶自动分级算法模型

烟叶图像识别算法是智能烟叶分级的核心组成部分，承担着对获取的烟叶外观图像信息进行处理、加工、分析和决策的功能。算法的载体——模型，接收来自成像装置提供的图像，为分级设备的下料分拣系统提供等级信息的决策结果，它是连接成像装置和下料分拣系统的桥梁。传统的图像分类算法一般包括图像预处理、图像特征提取和特征分类3个步骤。目前，随着人工智能技术的科技发展和应用普及，以卷积神经网络（Convolutional Neural Networks，CNN）为代表的深度学习图像识别技术已广泛应用在图像分类、检测和分割等领域。在CNN模型训练过程中，特征提取和特征分类是一个整体，特征提取模块和分类模块的参数可以通过图像和其标签进行自动调整，而无须借助特征工程的方法去提取人工设计的特征。不同等级的烟叶具有较大的类内的差异和较小的类间差异，并且影响烟叶等级的因素繁多、复杂，一方面特征提取和特征整合的难度较大；另一方面，一些影响因素如烟叶成熟度、残伤等属于图像的高层语义信息，利用传统的图像处理算法难以描述这些特征。CNN无须定义和提取人工设计特征即可以实现端到端的模型训练，在许多任务中都刷新识别精度，可以为烟叶分级任务提供了新的视角和思路。此处不再详细介绍CNN的原理，主要介绍其在烟叶图像分类上的应用。

7.4.1 烟叶自动分级流程设计

烟叶的正面和反面的差异较为明显，不同等级的烟叶特征更多地体现在正面烟叶上，主要表现在不同等级的正面烟叶颜色、纹理、筋脉等特征差异较为明显，这是烟叶外观等级判定的可靠依据。因此，使用正面烟叶进行分类和分级具有了更严谨的科学性与更高的准确性。

由于烟叶分级设备通常是对烟叶正、反面分别进行图像采集，因此分级算法需优先识别出正面图像用于分级任务。烟叶正反面识别模型流程如

图7-12所示。

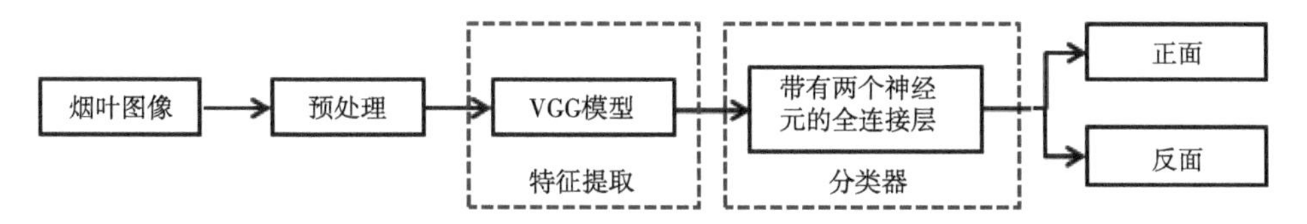

图7-12 烟叶正反面识别模型流程

如图7-12所示，将烟叶正面和反面图像作为迁移学习模型的输入（以VGG模型为例），将ImageNet在VGG上训练的网络参数迁移至烟叶图像数据，将VGG模型最后的全连接层的分类个数改为2，固定网络参数与结构，作为特征提取层，仅利用烟叶图像数据训练最后一层分类器输出最终结果。

在传统烟叶人工分级流程中，烟叶分级一般是按照先分组、再分级的步骤，将烟叶划分为正副组，再将正组烟根据烟叶部位、特征、颜色的差异，划分为不同等级。基于深度学习技术与图像处理技术实现烟叶自动分级，分级流程设计的好坏直接影响分级结果。本章提供了两种烟叶自动分级流程。

（1）先分组，再分级。正反面识别—正副组识别—部位识别—等级识别（图7-13）。

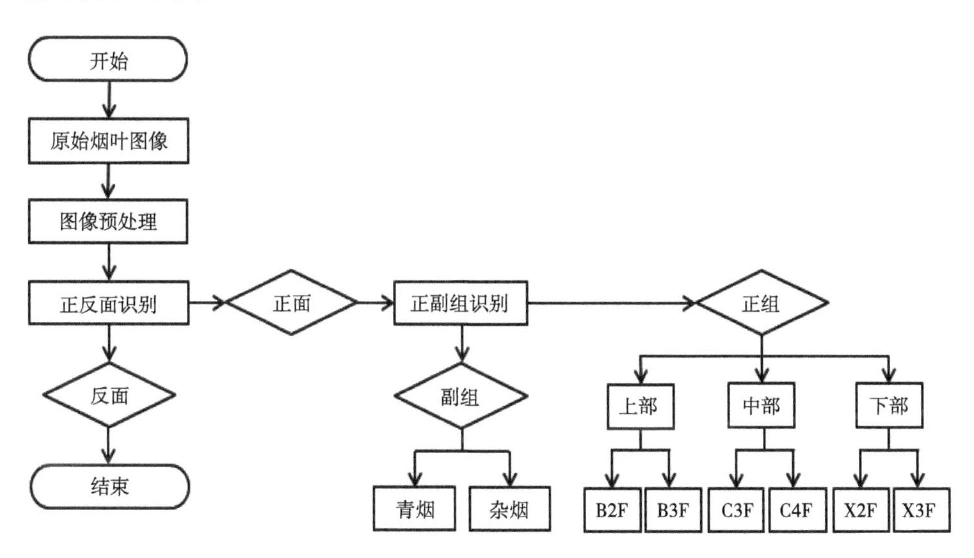

图7-13 “先分组，再分级”流程

需要首先构建烟叶分组模型，识别出烟叶的分组信息，分为正组、杂色烟和青黄烟，再进一步识别正组烟叶的具体等级，烟叶分组模型流程如图7-14所示，正组分级模型流程如图7-15所示。

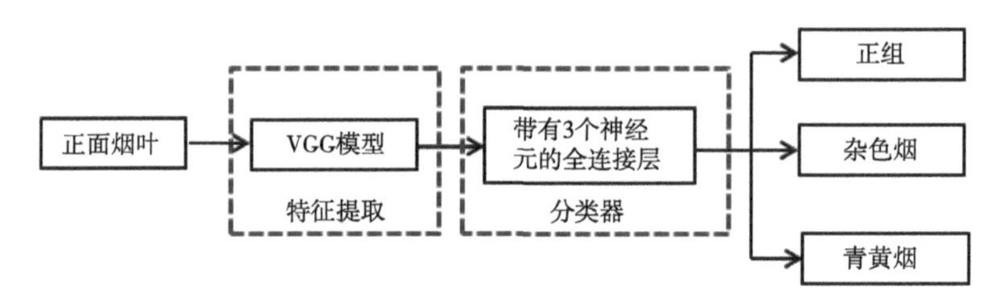

图7-14　烟叶分组识别模型流程

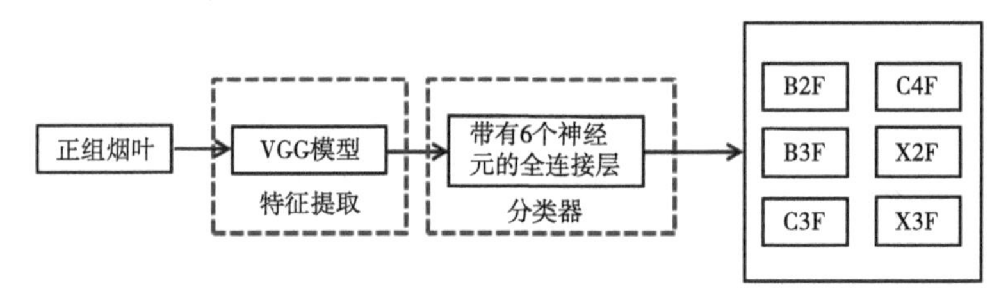

图7-15　烟叶正组分级识别模型流程

（2）直接分级。烟叶正反面识别—烟叶等级识别（图7-16）。

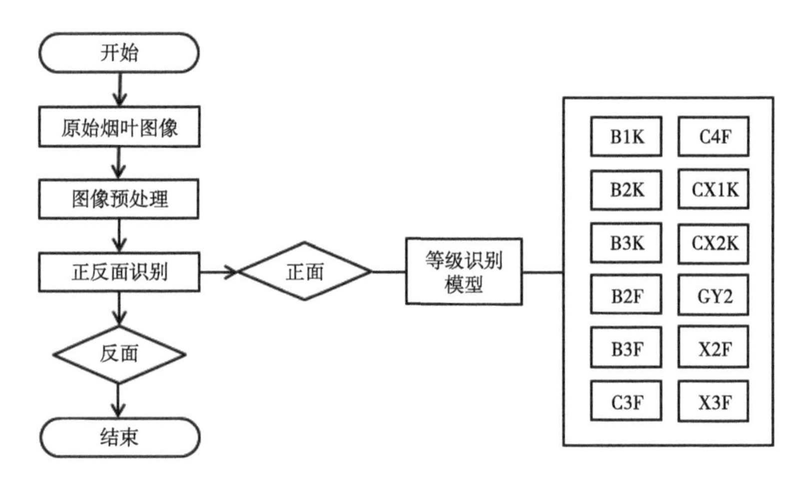

图7-16　“直接分级”流程

烟叶直接分级的模型流程如图7-17所示。

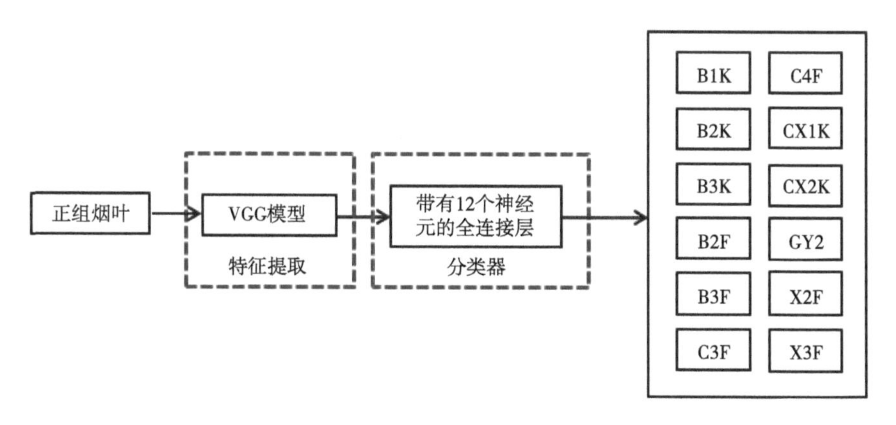

图7-17　直接分级识别模型流程

在实际应用和实验中，需综合考虑烟叶分级任务对分级正确率和效率的需求与图像处理、图示识别建模的难度的差异，从客观问题出发，结合实验分析和结果，对比两种分级流程的差异与优劣，选择出适合的烟叶识别流程。

7.4.2　烟叶图像预处理

对于采用深度学习的图像识别分类任务来说，需要大量高质量的图像作为训练数据，而在实际烟叶分级的工业环境中，各种环境和硬件因素都可能对采集的图像产生影响。为了能最大程度减少外界干扰对于后期烟叶等级判别和分类的影响，图像预处理就显得十分重要。采用烟叶前景分割、图像特征缩放、图像增广3个方面对图像进行预处理，以达到深度学习网络对图像处理的最佳条件。

（1）烟叶前景分割。通常情况下，CNN要求输入图像的尺寸是固定的，如ResNet、VGG等网络的输入尺寸224×224（正方形），一般采用的方法是将训练图像直接缩放到该尺寸。为避免直接缩放图像导致的烟叶形变和细节信息的丢失，可采用烟叶前景分割并填充黑色背景的方法，将烟叶图像处理成正方形图像，以保持烟叶的长宽比等信息。烟叶前景分割一般包括图像灰度化、Canny算子边缘检测、二值化、形态学运算、目标包围轮廓计算、裁剪等步骤，具体流程图如图7-18所示。最后，对烟叶前景进行背景填充。烟叶前景分割示例如图7-19所示。

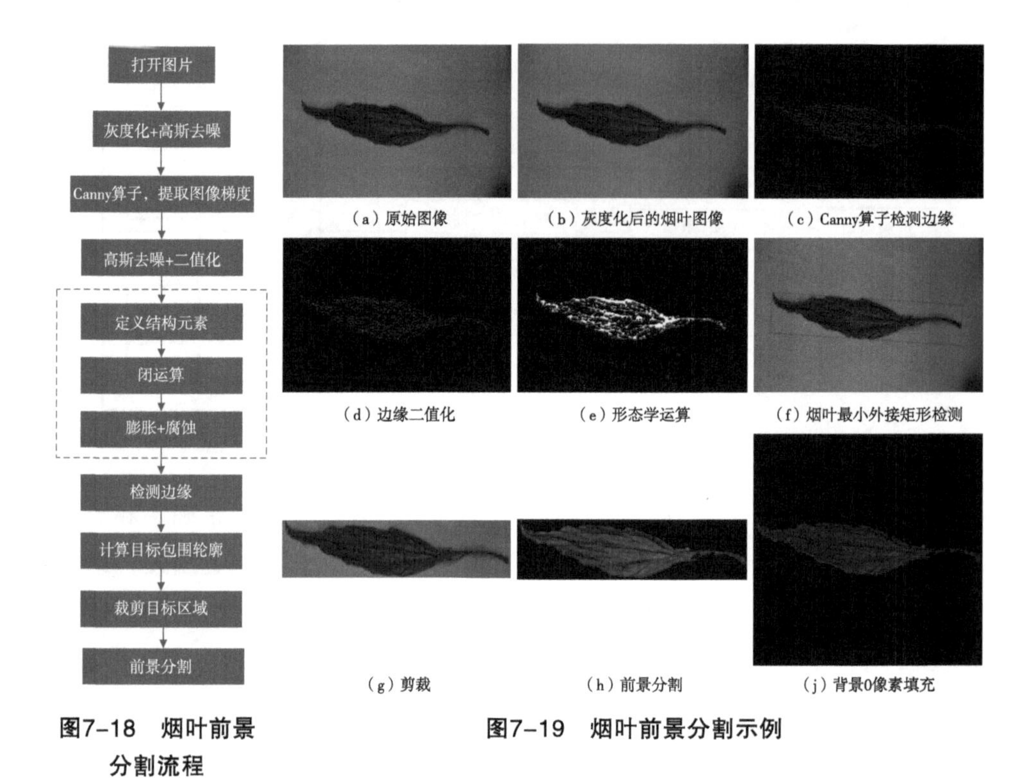

图7-18　烟叶前景分割流程

图7-19　烟叶前景分割示例

（2）图像特征缩放。特征缩放其实就是标准化数据特征的范围，对于深度学习网络的训练和梯度下降算法来说，将特征值缩放到相同区间可以获取性能更好的模型。通过非线性变化归一化，将图像像素压缩在[0，1]，有利于深度神经网络的收敛。

通过标准化，使训练数据服从标准正态分布（均值为0，方差为1），有利于网络学习过程中权值的更新。本研究采用这两种方法对数据进行缩放。

（3）图像增广。图像增广即通过平移、翻转、加噪声等方法从已有数据中创造出一批“新”的数据，以扩充模型训练集样本数量，增加模型对不同形态图像样本的鲁棒性。考虑烘烤后的烟叶实际状态以及拍摄的图像信息，建议从以下几个方面对烟叶图像进行增强：标准差中心化（变暗）、白化、随机角度旋转、水平位置平移、竖直位置平移、错切变换、放缩操作、填充模式、水平翻转、垂直翻转。

7.4.3 基于深度学习的烟叶自动分级算法

对于正组烟叶等级间特征差异较小、等级内特征差异较大的问题，在传统卷积神经网络模型的基础上，通过优化输入源、网络结构、特征提取方法、分类器等关键问题，提供了3种烟叶分级算法。旨在为烟叶分级收购工作中烟叶分级、青杂烟剔除提供一种新的手段。

（1）基于深度学习与双特征融合的烟叶分级算法。

首先，对烟叶图像预处理，通过前景分割、背景填充等操作，生成无形变的完整烟叶图像；同时，对剪裁后的烟叶前景部分进行碎片化处理，生成一批烟叶局部图像。

其次，在特征提取层，构建双支路模型，分别对完整烟叶图像和局部烟叶图像进行特征提取。此处，可以通过试验，对比不同网络结构和不同深度的CNN模型如VGG/ResNet/DenseNet/MobileNet的分类结果，选择合适的网络模型对完整图像和局部图像进行特征提取。对双支路提取的特征展开成特征向量并进行拼接，得到烟叶融合后的特征。

最后，对融合的烟叶特征进行稀疏处理并输入进分类器，即可实现端到端的烟叶分级。整个网络采用AMSoftMax作为损失函数以扩大类内差距。整体框架如图7-20所示。

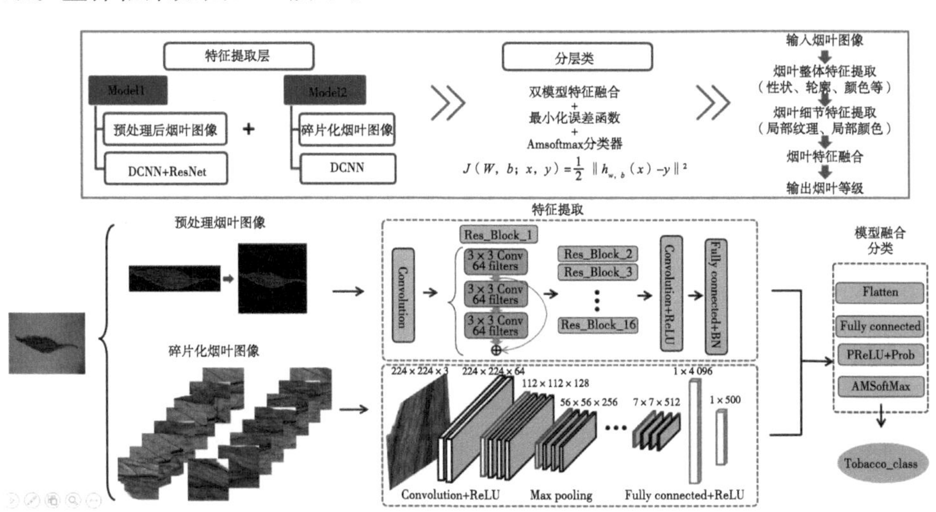

图7-20 基于深度学习与双特征融合的烟叶分级算法框架图

模型设计思路如下。

①分别提取了不同感受野（全局和局部）烟叶图像特征。

②对特征向量进行融合和降维。

③采用AMSoftMax损失函数以扩大类间特征差异。

（2）基于注意力机制与双特征融合的烟叶分级算法。烟叶分级属于一种典型的细粒度图像分类任务，针对烟叶类内差异大、类间差异小的问题，对上述双特征融合的烟叶分级算法进一步改进，设计一款具有注意力机制的烟叶分级模型。

引入基于压缩—多扩展模块（One-Squeeze Multi-Excitation，OSME）和多注意力多输出（Multi-Attention Multi-Class Constraint，MAMC）的注意力机制模块，使网络对更加聚焦于类别差异关键特征的提取，并在VGG16/ResNet50/SeNet上进行了对比测试。模型整体框架如图7-21所示，多注意力多输出的注意力机制模块如图7-22所示。

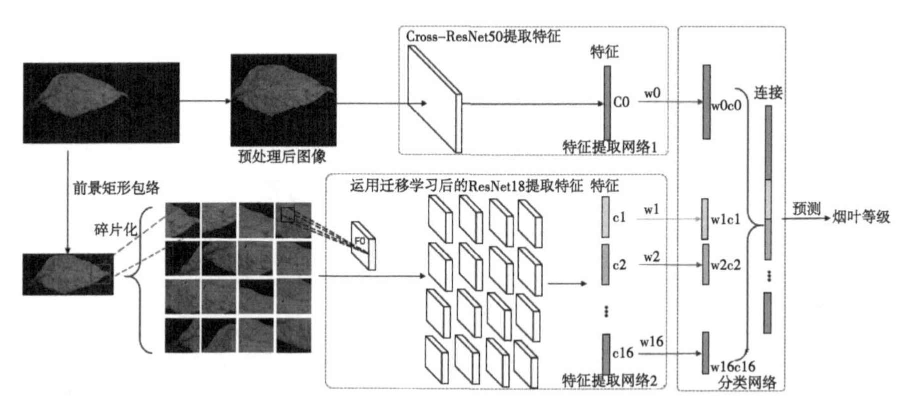

图7-21　基于注意力机制与双特征融合的烟叶分级算法

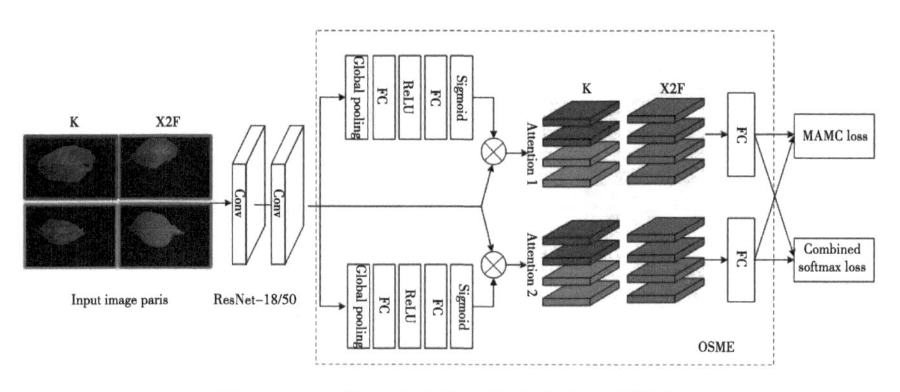

图7-22　多注意力多输出的注意力机制模块

模型设计思想如下。

①引入OSME模块，学习烟叶多个注意力区域的特征。

②引入MAMC模块，增强多个注意力之间的关系。

③聚焦高级抽象特征的提取。

（3）基于烟叶局部图像多注意力机制的分级算法。在双特征融合、注意力机制的基础上，引入ResNeSt网络的Split-Attention结构（图7-23）。进一步对烟叶局部特征进行研究，可以分析烟叶形状特征的深层特征提取后的各种表现，包括面积、周长、长度、宽度的效果对比；扭曲、拉伸、缩放的效果对比；烟叶局部不变整体扩展的效果对比；利用烟叶局部特征进行烟叶分级以及局部特征级联进行整体分级的效果等。

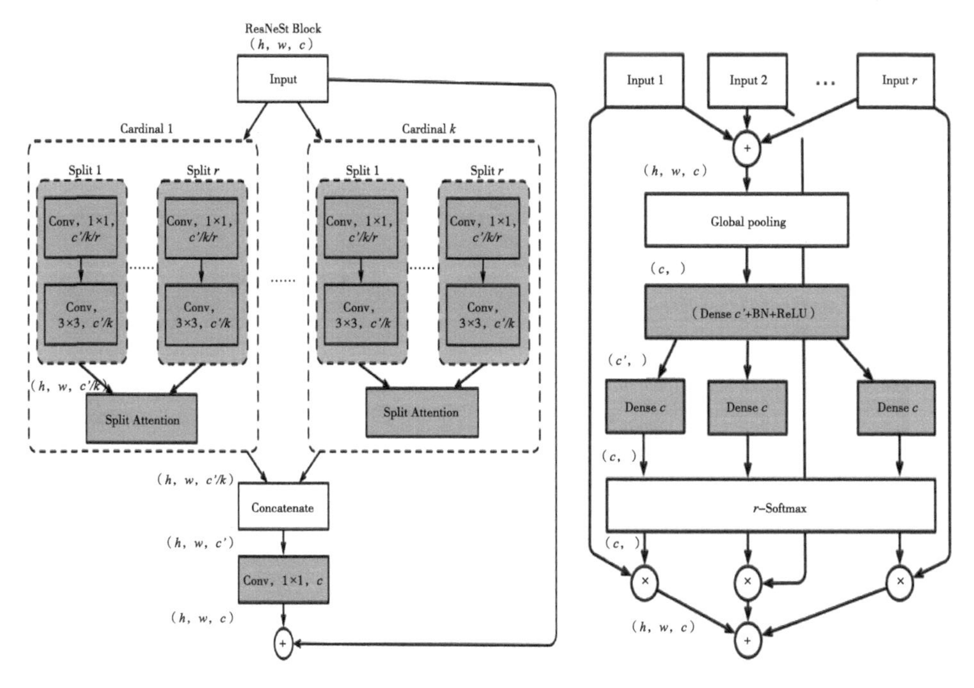

图7-23　Split-Attention结构

模型设计思想如下。

①进一步对烟叶局部特征进行研究。

②在注意力和双特征的基础上，引入Split-Attention结构。

③验证了局部特征级联进行整体分级的可行性。

7.5 烟叶自动分级软件

烟叶自动分级软件的系统功能主框架图如图7-24所示。

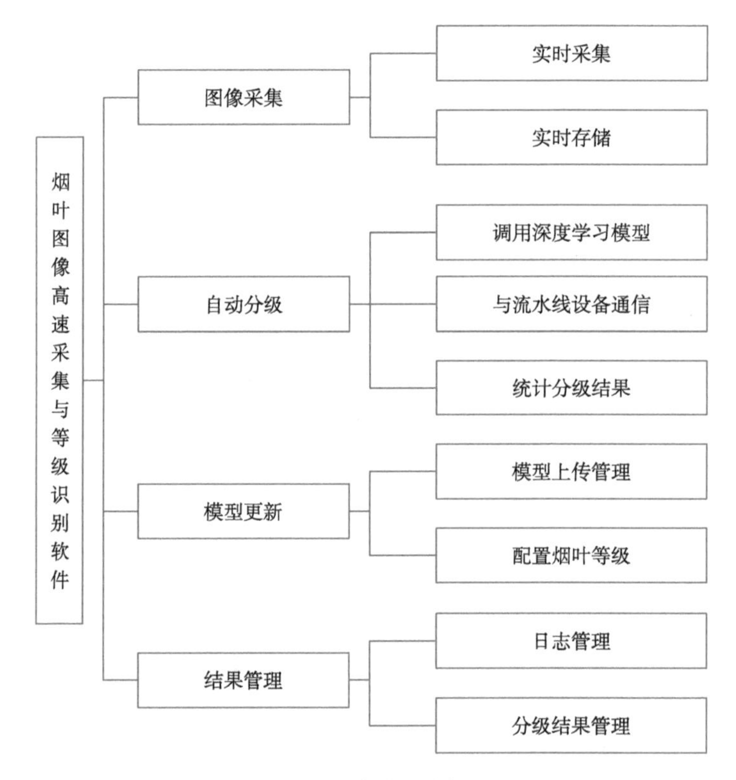

图7-24　系统功能主框架图

图像采集：使用线阵相机、采集卡进行实时图像采集与存储。

自动分级：烟叶自动分级功能主要实现调用基于深度学习的分级模型，得到分级结果，并将指令下达至IO通信卡，配合烟叶分级装备进行自动分级。将分级结果、分级日志、分级图像进行展示和存储，完成烟叶智能化分级流程。

模型更新：为了满足对模型不断调整、优化和更新的需求，此模块主要实现了模型上传、模型更新、配置烟叶等级的功能。用户可以根据模型配置各通道对应的烟叶等级，当更换模型后，重新启动软件后便使用新的模型，并显示对应的烟叶等级。

结果管理：实现对分级过程中的日志记录和对分级结果的记录（包括每片烟叶识别的等级、路径以及本轮分级的统计结果）。

自动分级主界面如图7-25所示，模型管理更新界面如图7-26所示。

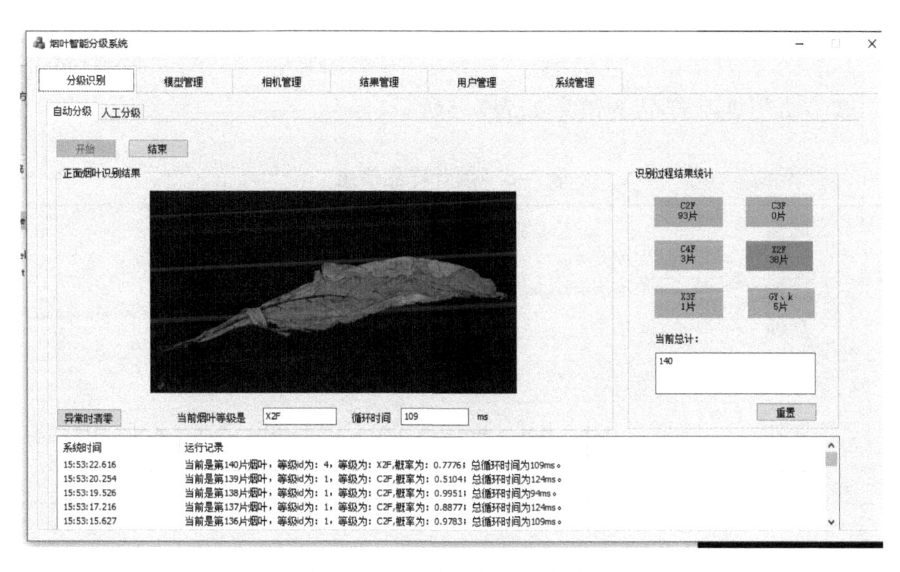

图7-25 烟叶自动分级主界面

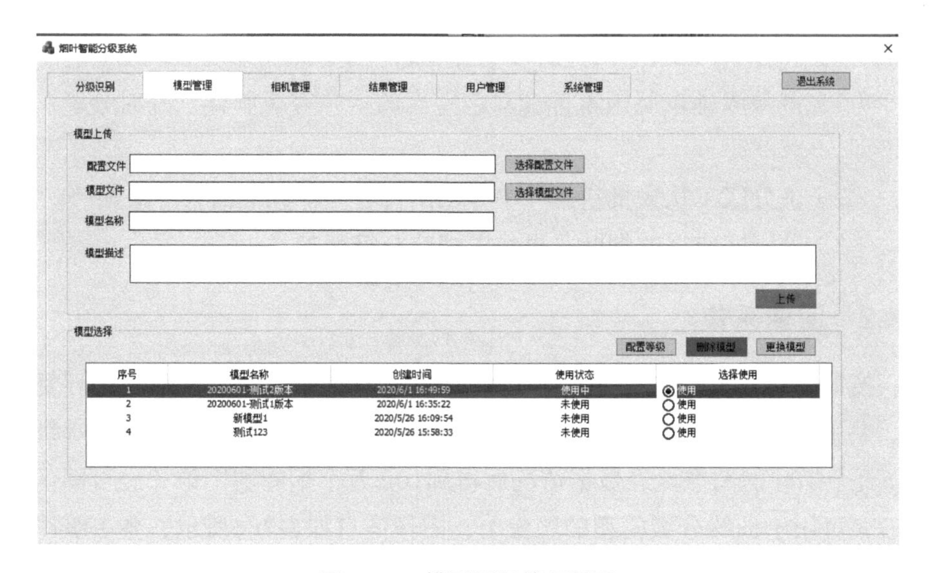

图7-26 模型更新管理界面

7.6 烟叶自动分级技术验证

7.6.1 烟叶样品

试验所用烟叶样品的信息如表7-5所示。

表7-5 烟叶样品信息

属性	值
产地	安徽省宣城市
品种	云烟87
年份	2018、2019、2020
等级	B2F、B3F、B4F、C2F、C3F、C4F、X2F、X3F、GY、K
数量	共采集10万余张烟叶图像

数据量和数据质量是决定模型好坏的关键因素。在烟叶图像分级中，需要一批带有精确等级标注信息的烟叶作为训练样本。依据42级烤烟国家标准中规定的烟叶分级准则，制订了智能烟叶分级的等级标注流程。

（1）由分级师按照国家标准对该年度的烟叶等级制样，并对分级工进行培训。

（2）由分级工从大批量烟叶中分选出符合制样标准的各等级烟叶。

（3）分级完成后的烟叶，再经过烟叶分级师复检。

7.6.2 图像采集

按照前述烟叶图像采集的标准，在皖南烟叶公司城区烟站和华环复烤厂，共采集了7次皖南烟叶，展开前、展开后的烟叶图像，共计11个等级、15.5万个烟叶的图像。经数据清洗后得到10.6万个烟叶的图像（经过图像清洗后，可用于训练分级模型的图像），图像信息如表7-6所示，各等级图像如图7-27所示。

表7-6 烟叶图像数量（数据清洗后）

数据集	烟叶等级										
	B2F	B3F	B4F	C2F	C3F	C4F	X2F	X3F	GY	K	GYK
WN_TBC 2	338	456	—	375	344	378	454	309	—	—	235
WN_TBC 3	521	461	—	499	419	462	456	224	—	—	385
WN_TBC 4	3 742	5 383	2 693	2 596	4 023	3 019	—	—	—	—	—
WN_TBC 5	—	—	—	10 682	6 674	—	—	—	—	—	—
WN_TBC 6	—	—	—	—	—	—	8 742	—	6 312	7 890	—
WN_TBC 7	3 209	3 149	2 705	2 797	3 447	2 972	3 488	3 878	1 786	1 524	—
WN_TBC 72	1 427	1 994	—	1 981	1 955	—	—	—	—	—	1 818
合计	9 237	11 443	5 398	18 930	16 831	6 831	13 140	4 411	8 098	9 414	2 438
	106 171										

图7-27 不同等级烟叶图像示例

（从左到右，第一行为B2F、B3F、B4F；第二行为C2F、C3F、C4F；第三行为X2F、X3F、K）

7.6.3 模型训练

（1）训练环境。模型训练与测试在Linux操作系统Ubuntu 16.04的GPU服务器上完成。深度学习框架为Caffe，训练和测试代码编写语言为python 3.6或C++。硬件环境：Intel Xeon Silver 4110 CPU处理器，NVIDIA Geforce GTX1080Ti GPU显存11G。

（2）训练策略。分别运用经典的深度学习模型和本项目设计的烟叶分级算法，对采集的烟叶图像进行模型训练，模型训练的一般优化策略如表7-7所示，通过对图像预处理方式、骨干网络、图像数据划分、算法、训练标签、局部特征与整体特征差异、形变特征差异、网络超参数、不同批次数据混合等多种影响模型结果的训练条件进行了大量的试验。主要开展的试验如下。

①采用经典CNN模型直接训练烟叶分级模型。

②网络超参数对分级模型结果的影响。

③模型的骨干网络对分级模型结果的影响。

④算法结构对分级模型结果的影响。

⑤烟叶全局、局部图像特征差异对分级结果的影响。

⑥混合不同批次的图像，训练模型的结果。

模型训练策略如表7-7所示。

表7-7　模型训练策略

训练项目	训练方法
权值初始化	Xavier初始化
抗过拟合方式	卷积层L2正则+BN层+ReLU激活函数；全连接层采用Dropout
学习率	可变的学习率，通过Lr_decay，改变步长动态调整
优化器	随机梯度下降SGD
损失函数	交叉熵 / A-Softmax/AM-Softmax/Focal Loss
分类器	SoftMax
最优模型	自动保存验证集精度最高3个模型

（3）训练过程。模型训练过程中，主要是通过观察实时打印的损失函

数曲线和分类精度曲线，来调节超参数，确定模型拟合程度，并最终确定模型，如图7-28和图7-29所示。

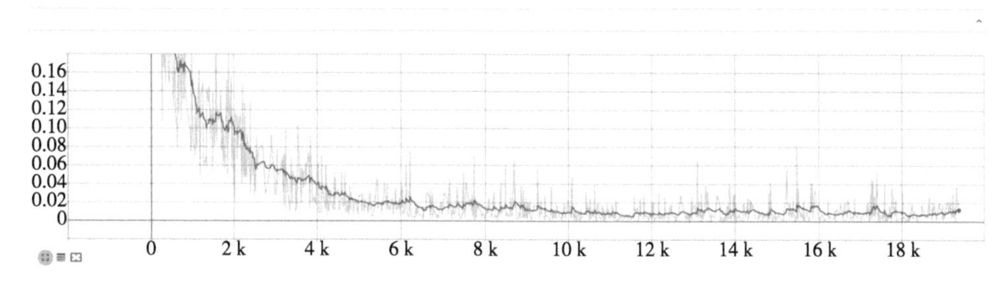

图7-28　训练集的损失函数下降曲线示例

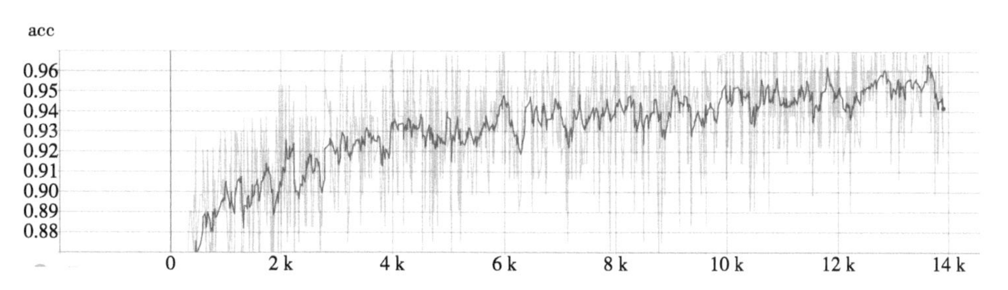

图7-29　验证集的分类精度曲线示例

7.6.4　试验结果与分析

（1）评价标准。本试验在模型训练与测试过程中采用原级分类正确率（即烟叶等级合格率）衡量模型精度，分类正确率即为分类正确的样本数占所有样本数的比例，如公式（7-12）所示。

$$Accuracy = \frac{TP_0 + TP_1 + TP_2 + \cdots + TP_N}{total_{\mathrm{num}}} \tag{7-12}$$

式中，TP_N为真实类别N中被分类正确的图像个数，$total_{\mathrm{num}}$为所有图像的总数。

除此之外，为了更客观地评价烟叶分级的结果，本试验还引入相邻等级分类正确率（即烟叶纯度）评价模型结果，烟叶纯度是原料烟叶收购中衡量烟叶等级质量的主要指标，指在烟叶等级合格率的基础上允许混入相同部位相邻上、下一等级的烟叶。

（2）试验结果。经过大量的模型训练和参数调试，选择出最优的模型配置如表7-8所示。该正反面分类模型在训练集、验证集和测试集上的精度均为100.00%。分级模型在训练集、验证集和测试集上的精度分别为100.00%、87.55%、86.02%。

表7-8　最优模型配置描述

模型	主题	描述
正反面分类模型	训练方式	迁移学习+微调网络参数
	骨干网络	VGG 16
分级模型	算法	基于深度学习与双特征融合的烟叶分级算法
	特征提取支路A的网络	ResNet 50
	特征提取支路B的网络	VGG 16
	特征结果融合	加权平均
	分类器	Softmax
	损失函数	ArcFace Loss

为验证上述模型的性能，单独搜集了一批皖南2019年烟叶，每个等级100片，采集烟叶正面、背面图像用于模型验证。模型验证时，将同一片烟叶的正面、背面图像输入烟叶正面识别模型，将识别得到正面图像输入烟叶分级模型，得到烟叶等级。最终，烟叶正面图像的识别率为100%，烟叶青杂识别率为82.18%，亚组烟叶原级识别率50.31%（表7-9、表7-10）。

表7-9　青杂识别精度

	青杂	正组	合计
识别准确率	82.18%	94.25%	91.82%

表7-10　正组烟叶识别精度

	B2F	B3F	C2F	C3F	正组合计
原级正确率	48.45%	53.61%	45.70%	48.89%	50.31%
相邻等级正确率	89.70%	60.83%	84.48%	84.44%	80.01%

7.7 本章小结

本章对烟叶自动化分级所涉及的软硬件、图像采集标准、算法模型等核心技术进行了系统的介绍，并以皖南烟叶分级成果为例介绍了本章所述技术方案的应用情况。尽管烟叶自动化分级当前已有比较完整的解决方案，但在实际应用中仍然存在很多问题和挑战，如上料机构的自动上料速率、烟叶分离程度、烟叶抓取效果等难以完全符合实际需求，采集的烟叶图像质量良莠不齐，分级模型在不同批次烟叶图像上泛化能力不佳，同部位内相邻等级的烟叶易混淆等。想要加快烟叶分级智慧化发展，必须正视以下3个问题。

一是烟叶分级智慧化发展的相关标准缺失。目前，随着计算机视觉和智能识别技术的逐步成熟，应用于烟叶自动分级的技术手段也逐渐丰富，但在图像获取、特征提取、模式识别等方面还未形成统一的数据标准，不利于开展基于烟叶图像的大数据分析和挖掘。

二是全国范围内的烟叶图像数据库有待构建。作为烟叶识别模型的“学习库”和“评价库”，烟叶图像数据已初步构建，但是仅局限于片区化、小规模的烟叶图像数据库，且现有数据库的深度和广度不足以支撑烟叶自动分级模型的优化提升。

三是现有的智能烟叶分级设备的工作效率有待提升。目前，科技人员主要将提升烟叶识别的准确率作为技术攻关目标，然而现有的智能烟叶分级机工作效率低下，从设备商业化落地应用的角度来考虑，还远远达不到烟叶收购站的工作效率要求。

基于以上问题，未来烟叶分级智慧化发展的技术创新需求可从以下3个方面开展研究工作。

一是建设烟叶智能烘烤标准体系。加快烟叶图像采集、特征提取、模式识别等基础通用技术的数据获取、接入、共享标准研制。在烟叶品种、烟叶栽培农艺、烟叶初加工等个性化发展的需求上，衍生出符合各个烟叶主产区的烟叶智能烘烤标准体系。

二是构建全国烟叶智能烘烤算法模型。联合不同地区的烟叶分级设备数据，积累形成全国范围内的烟叶识别模型的“学习库”和“评价库”，加快提升烟叶识别模型的环境自适应能力。研究面向烟叶分级设备的数据处理与智能控制算法加速器，研究烟叶识别智能算法的专用IP，开发相对应的FPGA验证系统，提升烟叶分级系统平台集成的灵活性，大幅提高图像数据的处理速度，加速智能烟叶分级机的工作效率，促进设备的商业化落地应用。

三是探索烟叶自动分级生产线技术装备与模式。研制烟叶自动定位、高通量柔性输送、高速精准分级、自动化编号等成套生产线装备，推动初烤烟叶分级的自动化和智能化升级，探索少人化烟叶自动分级流水线作业模式，减轻基层烟站烟叶收购负担。

智能储运

8.1 烟叶智慧仓储调拨

8.1.1 场景概述

烟叶智慧仓储调拨（图8-1）是利用机器视觉系统、环境智能调控系统、自动垛取系统、RFID智能识别系统、人工智能技术、移动互联网技术、智能仓储技术、车辆GPS定位技术、电子标签技术以及温湿度传感器与气体传感器等技术装备，通过人、机、料、法、环结合，创新烟叶包装形式，研发自动化作业流水线，实时监测烟叶打包收购、仓储环境温度、湿度、特征气体浓度、烟叶霉变，以及出入库、仓库调拨等工作状态和工作进程，有效提升作业效率，有效监控烟叶仓库温度、湿度和空气品质，保证工作效能，保证烟叶发酵醇化质量。该场景需要实现从烟叶收购管理、入库管理，到包装堆码、在库管理，再到仓库烟叶醇化品控、调拨出库管理的全生命周期监测和管理，需要实现烟叶收购自动化、仓储少人化、

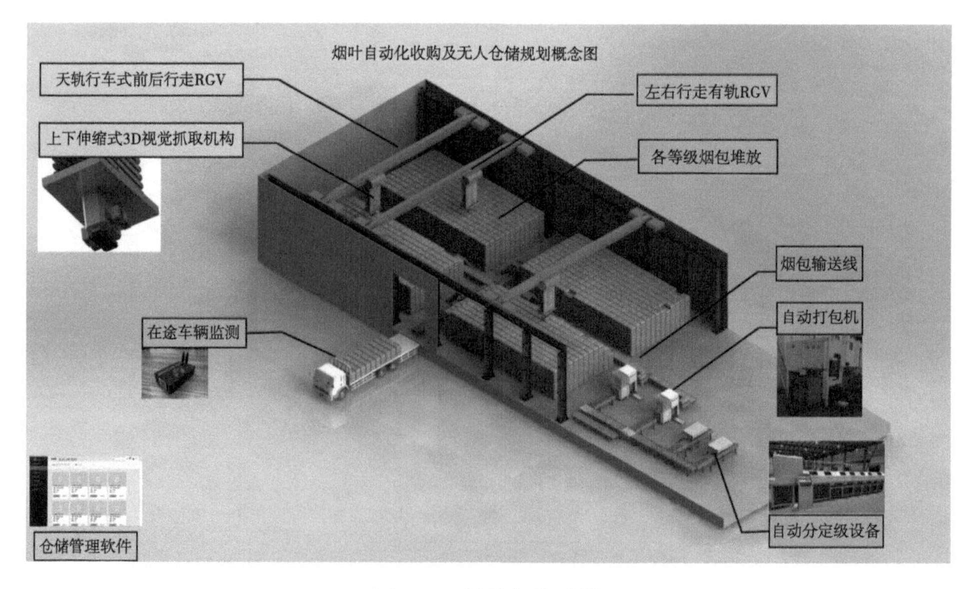

图8-1 烟叶智慧仓储

调拨智能化，以及车辆智能调度及在途监测，从而有效降低烟叶仓储期间的质量问题风险，提升卷烟原料的品质，并提高工作效率。

8.1.2 场景特点

烟叶智慧仓储调拨的主要目标是实现烟叶收购、打包作业、仓储过程等作业流程的专业化、智能化操作及烟叶出入库智能化，有利于实现烟叶分收储调全程数字化和烟叶优质醇化，其特点主要有：①作业少人化。围绕烟叶分收储调环节该场景实现了物联网、人工智能以及自动包装机、自动垛取机、环境智能调控系统之间高效协同，减轻人工仓库管理工作，保障烟叶生产安全。②决策智能化。烟叶智慧仓储场景基于烟叶人工醇化模型及烟叶仓储流通最优库存成本算法等指令，指导各种设备自动完成烟叶打包、仓储和出入库调拨等作业，能够实现烟叶醇化和仓储成本的最优。

8.1.3 适宜性分析

烟叶智慧仓储主要适用于烟草行业基层单位（拥有仓储车间）或物流节点（集散中心）等，具体可应用于以下两个方面。

（1）规范标准体系的建立。烟叶仓储的智慧化发展需求中（已有描述）指出，烟叶智慧仓储的行业级基础工作是管理流程体系、作业标准体系、数据标准体系的建立，在此之上才能实现数据的互通与大数据价值的挖掘，之后才能实现智能化价值效用发挥。

（2）烟叶打包自动化。烟叶打包作业环节作业量大、请工难，且现有打包设备作业效率低、自动化水平低。因此在不改变烟叶包装物的条件下，可以围绕提升烟叶打包机自动化和智能化的目标，开展烟叶数字化打包作业设备需求调研、打包机整体设计研究、可视化移动称重技术研究、自动缝包技术探索研究、打包机远程监测技术研究、打包机数字化提升研究、打包机集成应用技术研究等工作，集成研发可移动称重、自动打包、赋码打印、远程控制为一体的烟叶打包机（图8-2），提高烟叶打包环节的生产效率和作业质量，并且与行业相关数字化工作相衔接。

图8-2　分布式数字打包机

在可以改变烟叶包装物的条件下，尝试联动工业企业、复烤企业、产区企业，协调成本投入，使用框栏等载体，减少散叶堆码、取料称重环节的冗余作业，且为包装后的堆码自动化、烟叶在库便捷管理、出库装车效率提升、质量追溯载体加装提供有利条件。

8.2 烟叶智慧物流

烟包按等级区分打包完成后，所有烟包将经历内部验收、复验整改、烟包入库、烟包移库、调拨出库等流程，其中烟包移库用于本单位库位不足时将烟叶转移到其他就近单位仓库或中转库中；调拨出库对已通过验收及确认整改完成后的烟包，根据复烤需求调拨到复烤厂，并对烟包信息进行记录及维护操作。烟包移库、调拨出库均涉及对烟包的物流运输，因此科学的运力分配，全面的过程监管对提高烟叶物流效率、成本等具有重要意义。本节重点围绕烟叶物流调度环节，从数据可靠采集、智能分析决策、全程监管服务等角度对数字技术如何提升烟叶物流调度效率，降低物流成本进行阐述，为烟叶智慧物流体系建设提供参考。

8.2.1 数据可靠采集

在烟叶物流过程中，管理人员需要实时、准确、全面地了解烟叶运输车辆位置、行驶状态以及车辆厢体的环境信息，这是实现烟叶物流过程监管、调度的基础，随着物联网技术、移动通信技术的不断成熟，通过GPS/北斗设备，无线传感器节点，车载摄像头等设备完成相关数据的采集，从而为烟叶物流环节的科学调度提供基础支撑。

8.2.1.1 车辆行驶状态采集

车辆行驶状态包括实时位置、行驶速度、方向等信息，利用车载GPS或北斗模块完成相关数据采集，通过无线4G/5G通信网络将信息实时回传至监控中心，可实现对所有在途车辆的全面监控，结合智能分析模型，能够对异常状态车辆进行快速跟踪定位。

8.2.1.2 厢体状态及环境信息采集

厢体状态主要指厢体密闭状态，通过传感器监控运输车辆厢门开启、关闭动作，有效保障烟叶运输过程安全；厢体环境信息指运输过程中厢体温湿度状态，通过传感器对厢体环境进行实时监测，结合不同等级烟叶的运输环境要求对厢体环境进行准确调控，保障烟叶运输过程质量。

8.2.1.3 驾驶员状态信息采集

长距离配送对驾驶员驾驶状态具有较高要求，为保障行驶安全，通过具备边缘计算能力的车载摄像头，对驾驶员状态进行实时采集，当驾驶员出现疲惫状态时进行及时提醒及在线预警，有效防止由于疲劳驾驶产生的安全隐患。

8.2.2 智能决策分析

结合实时采集各项参数，从节本增效、安全保障等方面出发，建立智能分析模型，为烟叶物流过程提供最优运力调度、智能疲劳分析、特殊车辆导航等服务，有效提升车辆利用效率，降低行驶总里程，同时保障驾驶安全。

8.2.2.1　智能排线

传统的车辆排线由人工完成，根据经验完成车辆任务分配，在综合满载率、总行驶里程等方面很难达到最优解，造成一定程度运力资源浪费。根据烟包单位体积、重量，车辆运力，烟包总运量时空分布需求等参数条件，建立车辆运力与烟包最优智能排线模型，通过智能算法优化多配送任务位置，配送烟包量与车辆运力之间的关系，直接降低企业的总出车次数与物流车辆行驶总里程，可有效降低物流成本。

8.2.2.2　状态识别

驾驶员的疲劳状态直接影响烟包物流过程中驾驶安全，通过人脸识别技术，对驾驶员嘴部、眼部、体态等细节特征进行智能分析，帮助准确识别是否存在疲劳驾驶，同时可结合车速、连续驾驶时长、驾驶时间段等维度，定义出疲劳监测等级报警策略，如轻度疲劳、中度疲劳、高度疲劳，便于在不同的物流场景下应用。

8.2.2.3　货车导航

烟叶运输车辆属于货运类车辆，在城市交通路网行驶过程中需要遵守货车行驶管理办法，普通导航模式无法满足驾驶员实际需求，而经验驾驶又往往无法为驾驶员提供最优的驾驶路线。通过对接全国实时交通路网地图，建立基于货车的路网拓扑结构，为驾驶员提供货车模式导航服务，可有效提升驾驶员的实际配送效率。

8.2.3　全程监管服务

基于可视化路网电子地图，建立烟叶配送监控调度中心，综合运用物联网实时感知数据与智慧分析决策模型，为烟叶物流过程提供实时跟踪、异常预警、配送回放等综合监管服务。

8.2.3.1　实时跟踪

结合车载物联网设备实时回传信息，对所有处于配送状态下的在途车辆进行可视化监控，实现烟叶实时物流信息一张图，为管理部门全面掌握烟包移库、调拨出库状态、运输过程提供可视化的管理窗口。

8.2.3.2 异常预警

结合智能分析模型，对烟叶配送过程中出现的车辆异常停车、线路偏移、厢体状态异常、驾驶员状态异常等情况进行及时报警，迅速定位到相关车辆及驾驶人员，为烟叶高质量运输提供保障。

8.2.3.3 配送回放

以订单为单位，将配送过程的行驶状态、厢体状态及环境、驾驶员状态、车辆轨迹等信息进行融合，形成烟叶配送过程档案，根据管理部门追溯需求，可随时提供配送全程在线服务，为内部管理，外部监管、审查提供客观、真实的烟叶配送过程信息。

8.3 本章小结

烟叶智慧仓储调拨与智慧物流是原料烟叶工商交接的具体执行过程。近年来，行业对烟叶原料物流数字化的研究较为重视，在烟叶仓储和物流方面的数字化基础设施、智能作业装备和数字化监管服务系统等多方面开展了研究与试点应用，对于保障烟叶仓储过程中的质量、降低仓储调拨的用工强度，以及提高作业效率发挥了积极的作用。

本章主要从烟叶智慧仓储调拨场景的数字化重构及其适宜性分析研究，重点提出了一种原料烟叶智能化仓储调拨的系统化思路，其中针对作者团队近年来研发的分布式智能烟叶打包机进行了介绍。同时，本章围绕烟叶智慧物流涉及的数据可靠采集技术、多目标优化分析算法和全程监管服务的应用可行性开展了讨论，目的是探索一种大幅度提高烟叶调拨全局效率、降低全局成本、提升管理服务能力的途径，实现工商物流的高效率、高效能交接。

一站式烟农服务平台

2020年4月23日，国家烟草专卖局印发《关于推动烟农专业合作社发展质量提升的指导意见》，提出了在持续加强合作社扶持的基础上，创新打造一站式烟农服务平台，开创合作社专业化服务新方式、产业化发展新模式、烟农增收新业态。作者团队与红河烟草合作开发运营“一站式烟农服务”移动互联服务平台，作为“一部手机种好烟”云南烟叶数字化转型的核心工作内容，在行业开展了大数据驱动的烟叶生产组织方式优化的探索。

9.1 平台建设思路

平台坚持以服务烟农为宗旨，运用互联网经济新业态、新模式，整合烟农、合作社、第三方机构，探索类似“滴滴打车”的烟叶生产专业化服务撮合系统，畅通供需对接渠道，引入需求与服务的一键式智能匹配模式，依托补贴、金融资金链，探索建设“智能财务+一站式烟农服务”平台，促进服务“三农”更加高效、基层治理更加规范，实现专业服务产品化、线上交易透明化、服务评价市场化、技术指导在线化，增值服务多元化，推动专业化服务向新方式、产业化发展向新模式、烟农增收向新业态的有效转变，见图9-1。

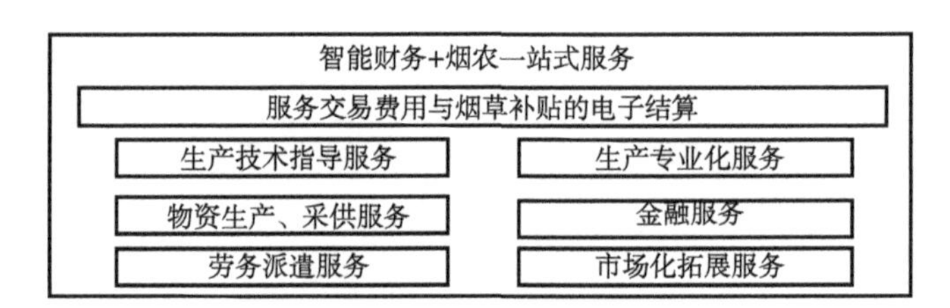

图9-1　研究思路图

9.2 平台技术架构

一站式烟农服务平台遵循烟草行业应用集成相关标准，采用多层分布式体系结构，以分层的、组件化的设计理念，在保证系统的健壮性、可扩展性、可维护性的同时又保证了系统的互联性和开放性。此外，采用开放式标准接口，实现与App端信息流动连接，也为对接其他烟草类系统提供接口。系统采用的多层应用结构将服务划分成多个层面：表现逻辑层、业务逻辑层、数据逻辑层和数据存储层。通过表现逻辑层实现用户交互和数据表示，获取核心用户数据后向第二层的业务逻辑请示调用核心服务处理，并显示处理结果。最后在业务逻辑层和数据逻辑层中实现基础服务和应用系统的业务逻辑，通过数据存储层实现数据的集中存储。在此基础上，平台在完成某种功能后也可向外提供若干个使用这种功能的接口的可重用代码集，供外界调用。

平台移动应用载体包含手机主流终端设备，以android终端为主要载体进行，采用HTML5+原生混合开发模式实现，兼容IOS系统。使用统一发布、统一接入和统一管理的模式，实现日常工作的移动化操作。

平台开发技术架构图如图9-2所示。

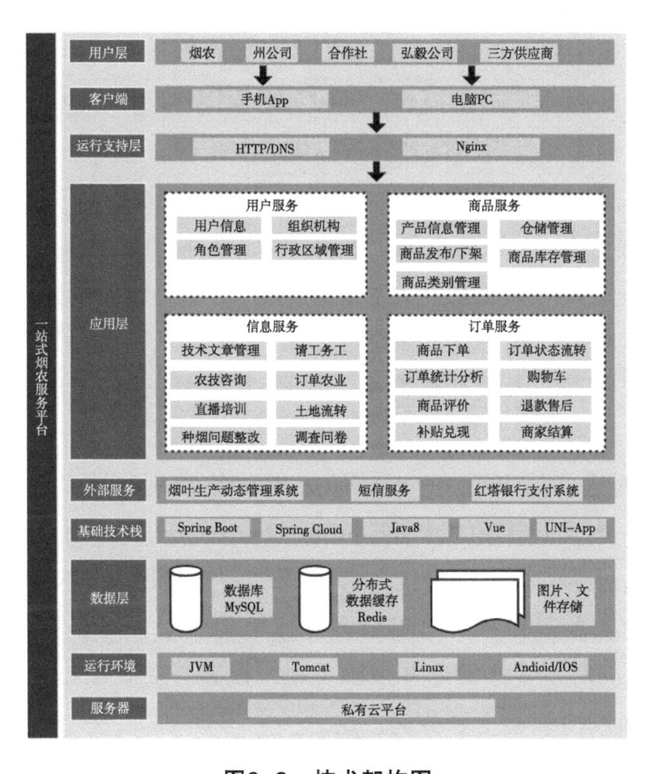

图9-2　技术架构图

9.3 平台技术选型

（1）Vue前端技术栈。为了更好的用户体验，移动端整体使用基于Vue的技术体系，采用了Javascript渐进式框架，可以控制一个页面的一个标签，也可以控制一系列标签，甚至可以控制整个前台的项目；同时Vue在配合其他库方面提供了非常强大的支撑，如项目中使用前端路由和Ajax，则可直接采用Vue提供的官方库Vue-router及第三方插件Vue-resource，同时也可导入其他第三方的库或插件，使前端项目更加灵活。通过声明式渲染，让页面按需加载，极大地提高了页面加载速度，而且Vue能够批处理虚拟DOM的刷新，在一个事件循环（EventLoop）内的两次数据变化会被合并，从而达到提高性能的目的。

（2）高并发业务处理。使用缓存集成方案将一些平时变动不大的数据都放在缓存里，当用户大量查询某个数据的时候直接从缓存中获取。对于缓存集群，使用Redis数据库进行搭建。同时考虑为用户操作埋点，使用异步队列保存数据到数据库，为用户行为分析提供先决条件。业务系统集群从缓存集群里读取数据，在数据库集群里写入数据，解决了突发的高并发和成本问题。

除了有缓存集群方式之外，同时添加技术预防。如通过流式计算（flink）来进行实时数据访问次数的统计。如果在短时间内，某条数据的访问次数突然暴增，超过指定的阈值，那么就可以判定为是热点数据，然后把这条热点数据加入缓存集群中，如果该数据的访问继续暴增，用户自动转为访问缓存集群的数据。

（3）即时通信的应用。Netty作为一个网络应用的异步NIO框架，其所有IO操作都是异步非阻塞的，通过Future-Listener机制，用户可以方便地主动获取或者通过通知机制获得IO操作结果。平台使用基于Netty的即时通信框架，不仅使业务逻辑从网络基础设施应用程序中分离，将业务程序和底层技术解耦，同时也更注重业务逻辑实现，提高开发质量和效率。

Netty逻辑结构框架主要分为三层。

第一层：Reactor通信调度层。该层的主要职责就是监听网络的读写和连接操作，负责将网络层的数据读取到内存缓冲区中，然后触发各种网络事件，例如连接创建、连接激活、读事件、写事件等，将这些事件触发到PipeLine中，由PipeLine充当的职责链来进行后续的处理。

第二层：职责链PipeLine。它负责事件在职责链中的有序传播，同时负责动态的编排职责链，职责链可以选择监听和处理自己关心的事件，它可以拦截处理和向后/向前传播事件。

第三层：业务逻辑处理层，可以分为两类：第一类为纯粹的业务逻辑处理，如订单处理；第二类为应用层协议管理，如HTTP协议。

（4）熔断保护机制。针对高并发，系统增加熔断限流保护机制。在烟农/合作社/第三方供应商在使用平台的过程中，多次发现平台的某个接口或者某处逻辑频繁出现超时或者其他异常情况时，超过了某一个既定阈值，就阻断这个接口或者服务的调用。

平台系统上线前，通过压力测试和负载均衡测试，提前了解整个系统的性能折点。假设通过压力测试发现集群部署模式下，系统最多承受5万个请求，总共有20台服务器进行部署，均摊下来每个服务器最多能接受的请求不超过2 500次，如果有第2 501个用户访问时，就直接返回报错信息，让用户进行重视。这种方式虽然用户体验不是特别友好，但是系统却不会出错，也保障了前面2 500个用户的使用体验。

这样保证了在微服务系统中的一次涉及若干个服务的调用就不会因为其中的这一点问题导致请求阻塞，平台系统就不会因为某一个局部的调用出现问题而导致系统整体性能变慢甚至崩溃。当下的淘宝、天猫、京东等电商网站大部分采取的便是此类的熔断限流机制。

9.4 平台功能

一站式烟农服务平台通过整合烟农的市场消费资源、合作社农业农村组织服务体系资源、第三方市场销售服务资源、烟草扶持政策资源的方式，建立“四方”利益联结机制，提升服务烟农的能力、水平、效率。平台建设主要面向烟草公司、合作社、烟农三类用户，系统建设内容如下。

（1）烟农端。一站式为烟农提供专业化、技术指导等服务，满足烟农专业化服务、技术学习、技能培训、农资采买、补贴确认、金融保险、生活服务等需求。同时，将烟农从被动接受服务转换成主动提供服务，解决乡村农业从业人口灵活就业问题，培育产业工人，促进烟农增收。其功能模块及展示如图9-3所示。

图9-3　功能模块及展示图

①注册登录。烟农在安装完毕后，点击桌面图标即可进入App登录页，界面如图9-4所示。

图9-4　注册界面图

烟农第一次访问的时候，可通过以下步骤进行用户注册：点击桌面图标→文本框右下角“注册”→注册界面→输入手机号→点击获取验证码→输入验证码→下一步。

进入登录界面，输入账号、密码，点击“登录”，登录系统，如图9-5所示。

图9-5　账号密码登录界面图

点击“短信验证码登录”，切换登录方式。输入手机号，点击“获取验证码”，等待接收验证码短信。收到验证码后，输入验证码，点击“登录”，登录系统，见图9-6。

图9-6　短信验证码登录界面图

②专业化服务模块。一站式烟农服务平台“专业化服务”模块包含专业化育苗、机耕、起垄、打塘、覆膜、中耕、植保、烘烤八大环节，为烟农及合作社提供一个线上专业化服务交易平台，有效保证交易业务客观真实、补贴兑现规范及时。并且通过服务结果一键确认，有效减轻烟农大量签字办手续的负担。平台通过引入合作社间的竞争机制、打破区域限制，定价公开透明，实现服务质量提升、烟农成本降低，以及基层烟站廉洁风险可控的目的。

后续，平台将与农机作业智能装备融合，将智能装备上传的作业位置、面积、视频等数据作为补贴兑现的依据，与智能财务对接，高效、规范地兑付补贴资金。

操作流程：

烟农在App端查看专业化服务商品详情，点击“立即购买”下单，输入购买数量，点击“确认下单”，订单进入“待核验”状态，如图9-7所示。

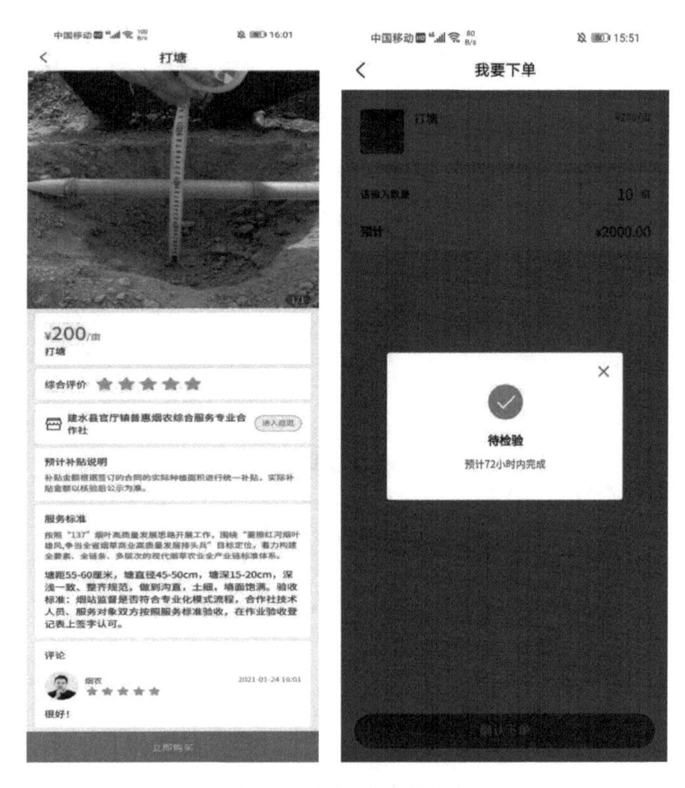

图9-7　商品下单界面图

等待合作社核验后，烟农订单自动变更成“待付款”状态，烟农点击“付款”，选择支付方式，为该订单进行付款，如图9-8所示。

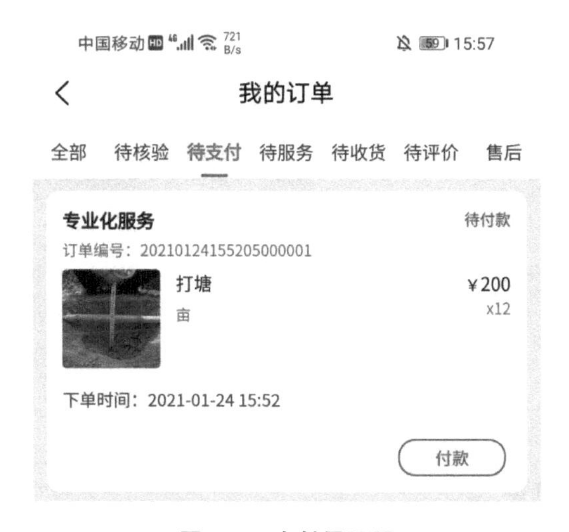

图9-8　支付界面图

烟农支付完成后订单变更为“待服务”状态。等待合作社服务完成后，烟农可以对已完成的服务进行质量评价，如图9-9所示，在“我的订单”中选择该订单“质量确认”，进行质量评价。若对服务满意，选择通过即可；若对服务不满意，需要返工，输入返工原因，点击“确认”提交返工申请。

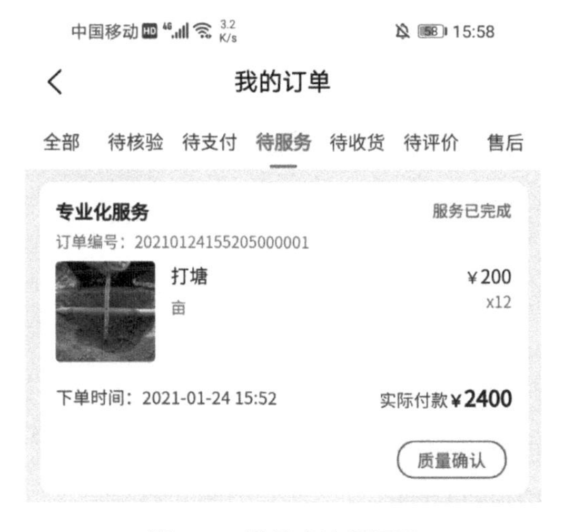

图9-9　质量确认界面图

③政策公示模块。“公示栏目”用于发布种植合同、收购价格以及政策文件等公示信息，实现烟农相互监督，以及对烟站、合作社的广泛深入监督，并及时发布政策文件，拓展烟农政策信息获取渠道，提升烟站及合作社规范管理水平，具体内容如图9-10所示。

图9-10　政策公示界面图

④技术服务模块。技术服务整合了学习资料多类信息查阅功能，为烟农提供交互式线上技术咨询指导服务，包括农技学习、技术视频、扶持推广技术、烟农智慧、农技咨询、直播培训、烟农百宝箱等版块。

图9-11　技术学习界面图

“农技学习”“技术视频”“扶持推广技术”“烟农智慧”方面，以种烟主题小游戏、短视频、图文等多种形式，转变传统说教培训，让烟农寓教于乐学习种烟技术，如图9-11所示。

“农技咨询”为烟农提供一对一技术咨询服务，实现烟农线上查、实时问，及时解决烟农种烟困惑，如图9-12所示。

图9-12 农技咨询界面图

“直播培训”为公司、烟站或合作社组织烟农召开线上培训或会议提供平台，如图9-13所示。

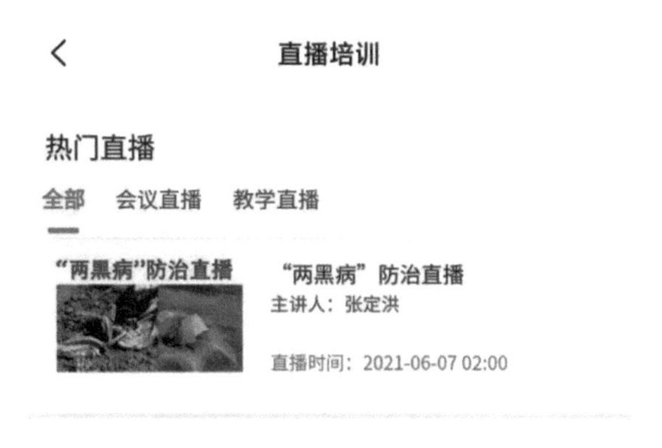

图9-13 直播培训界面图

“烟农百宝箱”集成了智能识别、看烟识熟、识神小程序功能，烟农可通过烟农百宝箱，实现智能识别虫害、拍照智能识别烟叶成熟度以及烟叶分级情况，如图9-14所示。

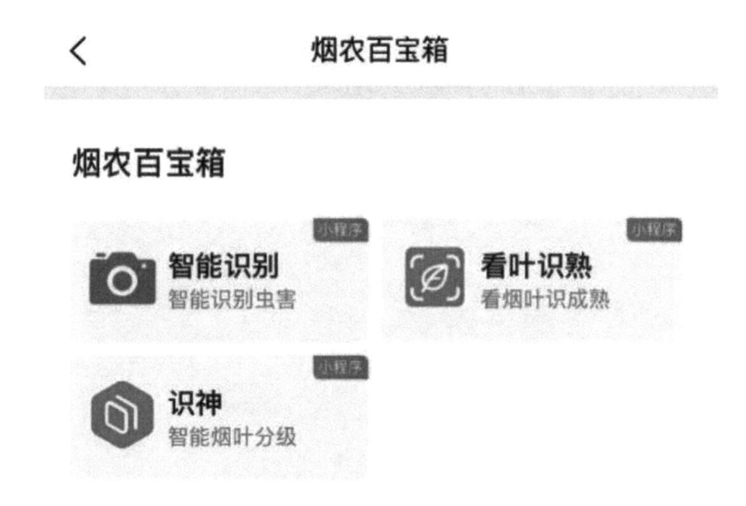

图9-14　烟农百宝箱界面图

⑤惠农服务。惠农服务中的模块主要分为两方面应用。第一类是“烟用物资”“金融服务”等为烟农提供农资、金融购买服务的模块，第二类是“请工务工”“订单农业”“土地流转”3个为烟农多元化增收搭建桥梁的模块（图9-15）。

图9-15　请工务工、订单农业、土地流转界面图

首先，“烟用物资”为烟农提供农药、化肥、地膜等各类农资购买服务，包括带烟草补贴的农资，“金融服务”融合互联网助贷模式为烟农提供涉烟贷款申请办理信息，界面如图9-16所示。

图9-16 烟用物资、金融服务界面图

其次，“请工务工”可为培育产业工人、烟农应聘专业队、输出劳务提供平台。“订单农业”是一个整合农村零散农业资源的平台，合作社、运营公司等在此发布农产品订单，烟农接单，拓展烟农创收途径，其流程见图9-17。

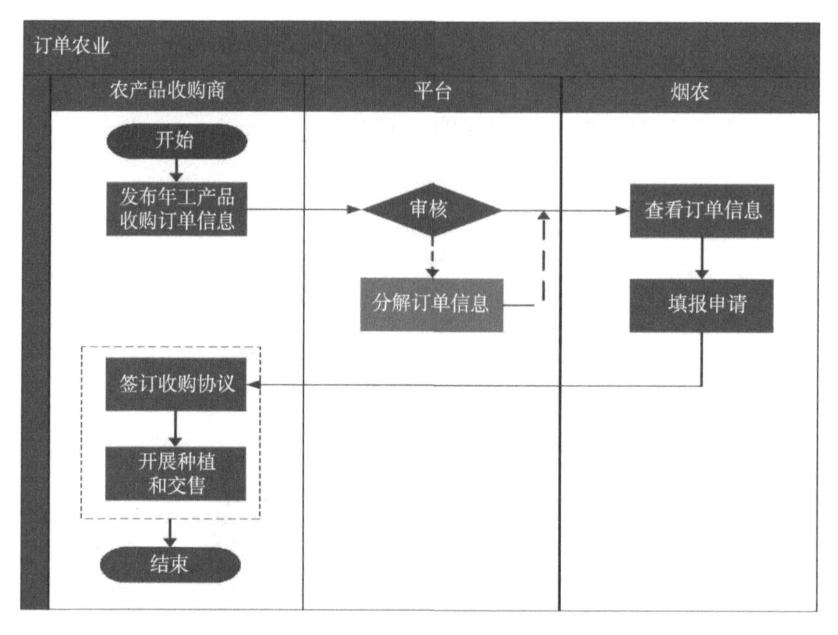

图9-17　订单农业流程图

“土地流转”是土地资源的流转信息平台，解决了烟农和土地资源信息不对称的问题，盘活了土地资源，界面如图9-18所示。

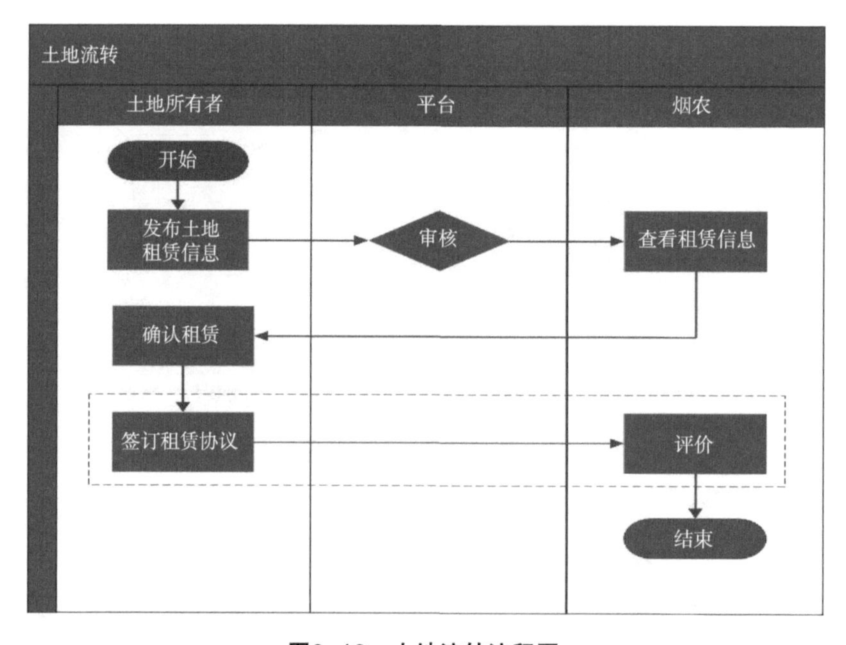

图9-18　土地流转流程图

（2）合作社端。集成数据采集、技术服务、产品管理等功能，提高合作社管理、服务效率。充分发挥、盘活合作社现有资产（农机、烤房等）作用，扩展合作社专业化辐射范围，培养合作社专业化、社会化服务能力，借助合作社平台力量，切实有效地推进烟叶机械化、标准化种植。其功能模块如图9-19所示。

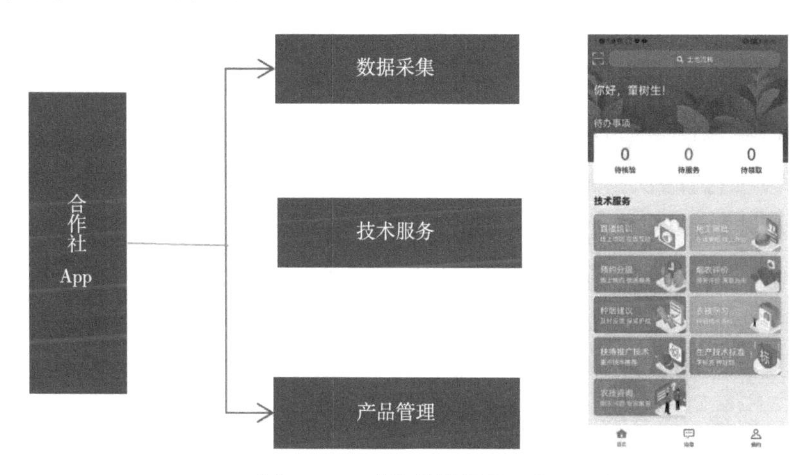

图9-19　功能模块及展示图

（3）公司端。集成了专业化服务订单管理、技术服务、培训管理、技术问答等功能，可查询、分析技术推广培训、技术人员工作、专业化服务组织等情况。实现接单线上化、咨询及时化。其功能模块及展示如图9-20所示。

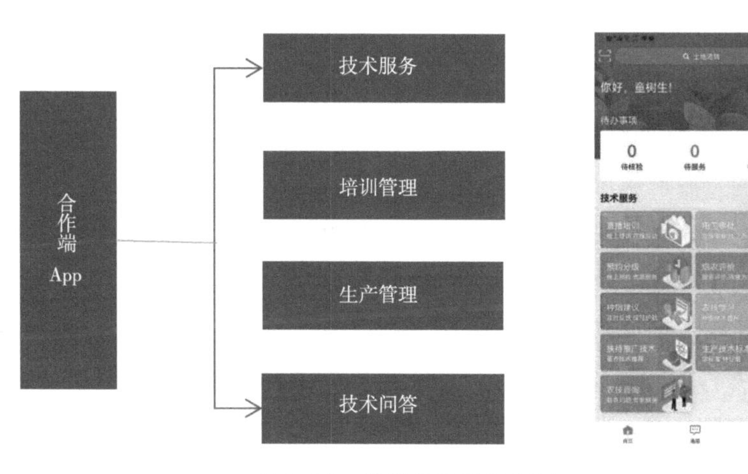

图9-20　功能模块及展示图

9.5 平台运营

（1）运营方针。

第一阶段：招兵买马、整合资源、连点成线、稳中有进。

招兵买马：搭建核心运营团队，建立客服、美工、BD等人才，在平台推广初步搭建起运营团队框架，制定运营规则，建立风控机制。同时平台推广有赖于合作社、基层员工的配合，只有将基层员工的推动才能带动平台推广与深耕。

整合资源：整合金融机构，可先以助贷模式进行试运行，平台不直接参与发放贷款或金融产品销售，而是为烟农撮合匹配资金方以实现烟农资金融通。对接银行等金融机构，共同制定平台风控机制，明确双方责任与边界。

连点成线：在云南省红河哈尼族彝族自治州率先进行一站式烟农服务平台试点推广，在推广中逐步完善熟化现有产品，完善产品链，为第二阶段构建标准打下基础。

稳中有进：不建议在现有基础上再添加更多功能模块，在把握平台需求的基础上，在纵向上把现有功能做通、做精。前期投放以稳为主，以免产品不成熟影响平台口碑，导致后期推广乏力。

第二阶段：建立标准、扩大影响、以线结网、积极进取。

建立标准：产品与项目之间存在巨大差别，一站式烟农服务平台需要在不断完善的过程中梳理出能够支撑起“重组种烟资源，再造服务流程，助推烟叶高质量发展，引领生产组织方式变革”目标的新型烟叶种植模式，建立烟农服务标准，形成烟叶生产变革思路，构建行业准入门槛。

扩大影响：加大宣传力度，深度绑定烟农需求，将烟农一站式服务平台打造成烟农群体中喜闻乐见的产品。

以线结网：加快平台落地进度，继续优化、精简、完善App各大功能模块，保留核心功能与烟农刚需，去除冗余功能，做到平台简单易上手，一部手机种好烟。培养烟农依赖性与品牌认可度，为大面推广奠定基础。

积极进取：第一阶段平台为稳中有进阶段，第二阶段平台不断在市场上有所突破，争取覆盖更大的市场范围，更好的贴合业务场景。在技术上采用大中台+微服务架构，为用户创造更友好、更方便的使用体验。统筹考虑平台安全性问题，保护烟农、平台、烟草公司信息安全。

第三阶段：利益联结、形成体系、全省推广、不断完善。

利益联结：合理的利益共享机制是平台生命力来源之一，在此阶段需着重满足烟草公司政治诉求（平台建立基础）、烟农服务需求（平台推广基础）、商家盈利要求（平台运营基础），深度捆绑第三方，建立利益共同体，为平台持续性运营提供基础。

形成体系：健全平台运营体系，形成稳定的盈利机制，在不断熟化产品与运营模式的同时吸取新思路，探索更多平台盈利点。

全省推广：在把握住核心烟区的前提下，向全省各烟区进行平台的投放与推广。研究全省各区域烟农，生成烟农画像，提取烟农消费偏好，提升产品投放精度，提高流量转化。

不断完善：第三阶段是产品趋于成熟的阶段，然而互联网思维不断更迭，烟农服务需求也会产生变化，此阶段需要不断地维持产品更新迭代，不断适应市场需求变化。

（2）运营策略。平台角色及受众见图9-21。

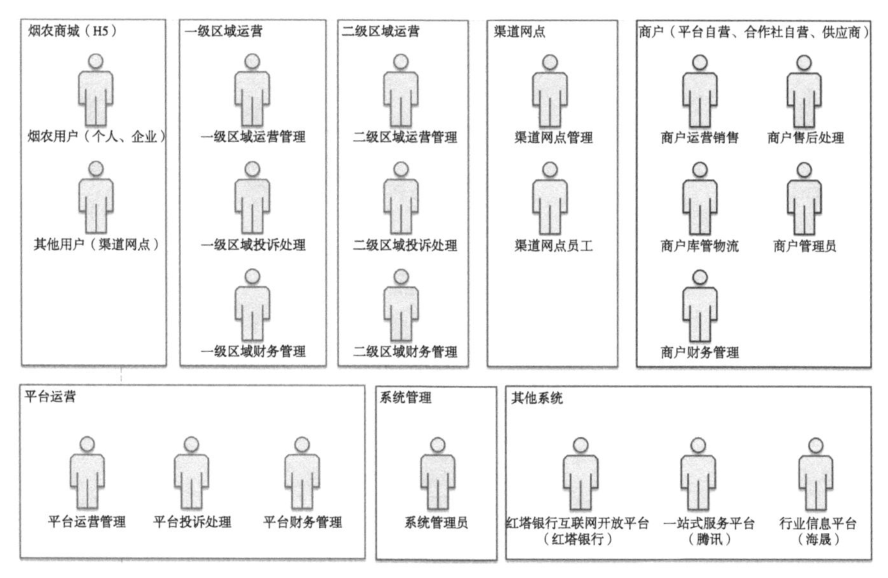

图9-21　平台角色及受众图

平台运营以减少烟农与商家沟通成本、时间成本、物流成本，平台营造公开、公平、透明的市场竞争环境为目标，应用灵活有效的运营规则及诚信评价体系，采取具有较强吸引力的推广政策和行动，逐渐使生产商和销售商放弃不合理、不合规的营销手段，使生产商进一步聚焦产品品质、服务、价格的竞争，从而快速重塑和扩展烟叶生产供应链结构，提升烟叶生产供应链和生态质量，降低交易成本。

上线品类：上线四大品类，分别为烟用地膜、商品有机肥、中微量元素肥、农药。

运营模式：以M2C模式为主，B2C为辅。地膜、有机肥品类仅允许优质合格生产厂商入驻，减少中间商家环节；中微肥和农药暂不做强制要求。

物资供应模式：根据平台运营规则和标准，对现有各类物资整体评分较高、通用性较强的商品由平台向烟农推荐购买。进入推荐商品名单须是在商城发布的商品，由平台发布推广活动后，商家根据公告目录和要求报名参与推广活动，平台根据商家提供的价格和服务结合品质和供货能力进行综合评比排名，根据需求量和各家实际产能选取前几名进入推广目录，后续平台将向烟农推广购买目录内商品。

物资供应链以合作社作为渠道方进行，渠道服务商（合作社）管理流程如图9-22所示。

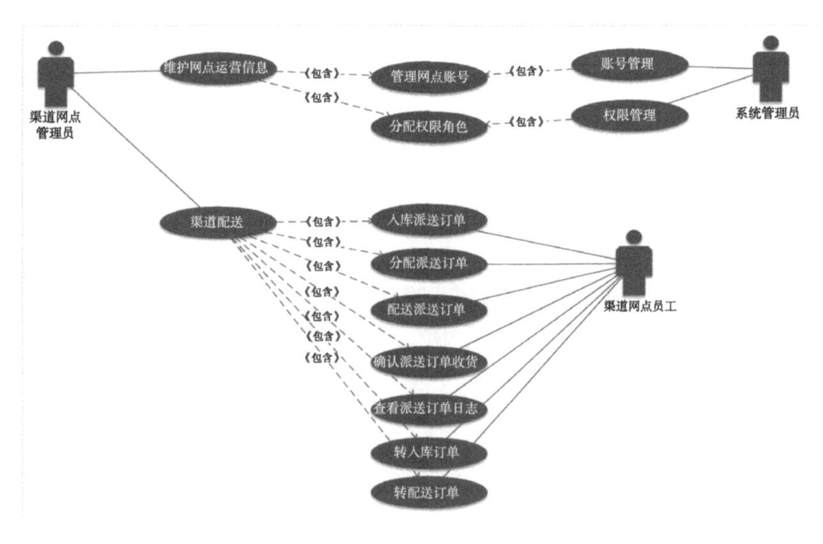

图9-22 渠道服务商（合作社）管理流程图

推广组织：平台在充分分析烟农、种烟区域、现有合作社人员情况，通过邀请、招募、委托等方式在各种烟区域挑选一批业务合作伙伴，采取有效组织、激励措施，按照约定的职责目标、服务质量保障平台推广工作任务有效落地。为方便烟农购买物资，减少操作步骤，根据烟农需求调查结果，平台制定套餐方案，烟农可根据合同面积一键匹配相对应品类、数量的全套烟用物资。

（3）运营管理。商家来源：平台面向全国开放商家入驻申请通道，符合要求的商家均可进行入驻申请。资质审核通过后与平台方签署入驻协议，方可登录发布线上产品，如图9-23所示。

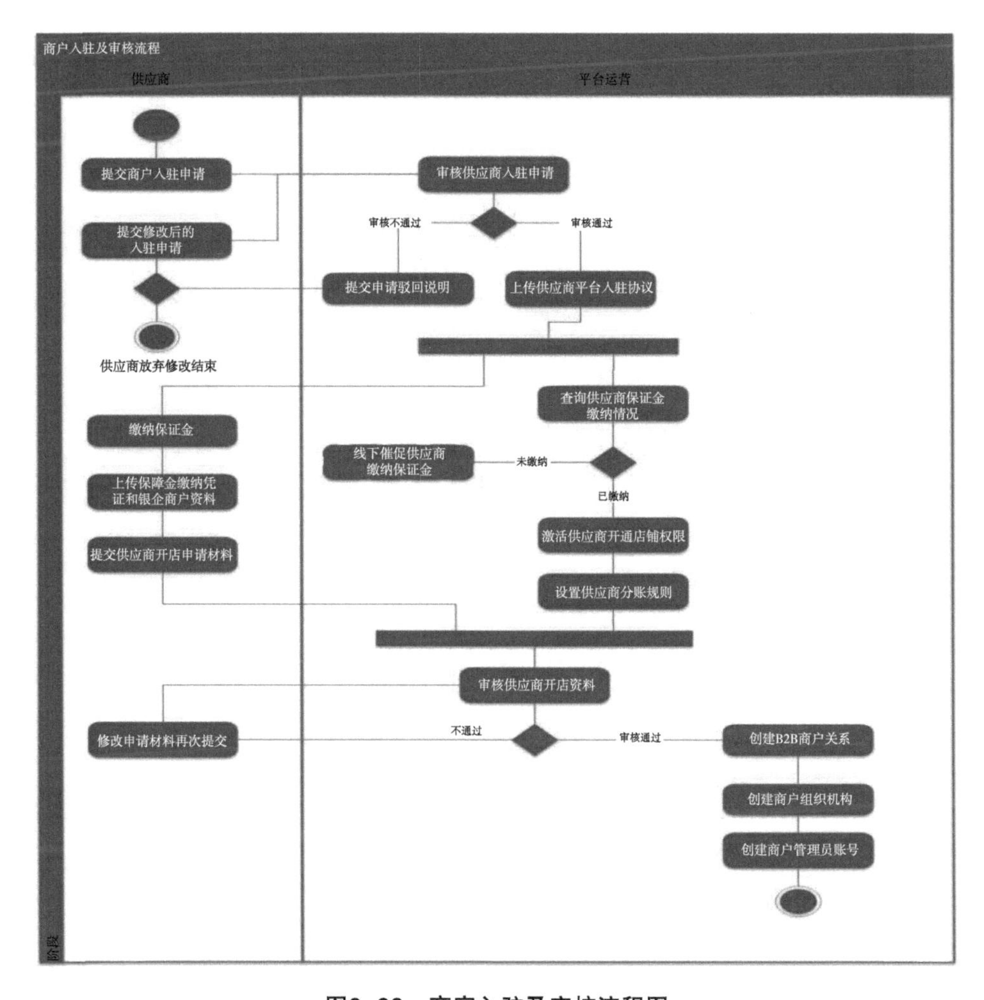

图9-23 商家入驻及审核流程图

商家审核标准：平台将从商家信用、基础资质、经营资质、品牌资质等角度对意向入驻商家进行审核，确保入驻商家资质齐全，经营规范。

产品审核标准：品质方面有以下要求，有烟叶生产相关销售记录、符合商品质量管理体系、产品认证及检测报告、厂家原材料抽检、售后抽检。

售后服务标准：平台客服的职责如下，建立完整的售后服务体系，及时解决烟农、商家、合作社各角色在平台使用、规则流程中遇到的问题。

入驻商家按照平台相关规定提供产品售后服务方案，向平台缴纳入驻诚信保证金、质量保证金，及时解决农户的各类问题，确保烟农利益不受损（图9-24）。

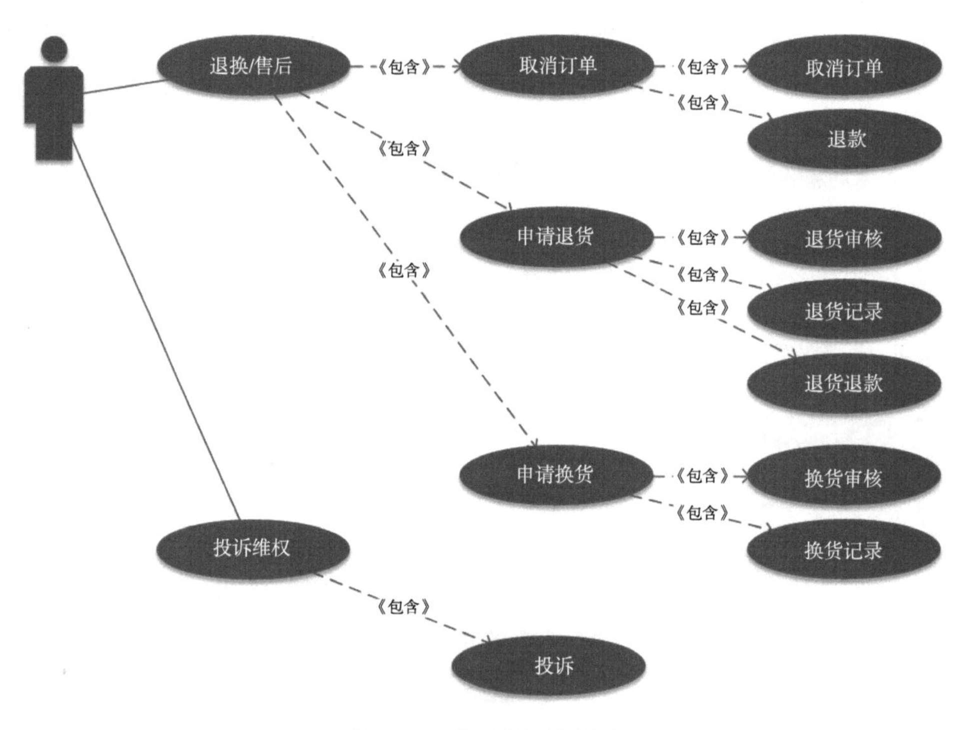

图9-24　售后服务流程图

产品质量抽检：所有送至平台方仓储中的产品，均须按照产品质量抽检管理办法进行抽查送检，对不合格批次产品进行清退。

商家评价考核：平台将从商家资质、产品质量、服务过程、信用、社会责任等维度对入驻商家进行评价考核，对不合格商家进行处罚或清退。

（4）运营内容。

①供应商管理。

建立供应商准入机制：考虑供应商各项资质、报价等条件后，框定平台引入供应商，录入供应商信息登记表内容，帮助供应商完成平台入驻。

建立后台结算管理机制：烟用物资平台会在订单完成后且订单过了约定的退款退货期后的T+1 d将货款自动打款至企业账户，结算后商家可申请开具平台服务费发票。

订单完成：一般当消费者或系统“确认收货”后开始结算。确认收货有两种方式，一种是消费者在商城中点击确认收货，还有一种是消费者未点击确认收货系统默认下单后10 d确认收货；退货期根据合同约定执行。

建立供应商评价机制：为了平台与专业化服务与物资服务供应商的共同发展，营造平台健康的环境，让优秀的供应商脱颖而出，建议一站式烟农服务平台后期建立供应商评价体系，即根据商户销售记录等信息，结合平台数据分析，从不同维度对供应商实现综合评价，进一步提升烟农平台体验，倒逼供应商提升产品质量与服务水平，让优质供应商得到更多的平台资源奖励。供应商评价主要通过价格、品质、交货期、服务水平、产品评价这5个指标进行考核。

②仓储物流。

仓库租赁：运营公司线下调配仓库资源，为烟用物资分发提供基础。

库存管理：物资入库——运营公司线下采集烟农需求后，按照各地烟农需求形成物资套餐并预估供应数量后，统筹安排供应商将物资运输到运营公司租赁的各县（市）物资仓库（即各烟叶站点仓库）存放。由仓库管理员线下核验物资数量无误后录入系统，完成物资入库操作。如遇烟农退货操作，并经平台审核通过后，由烟农将所需退货的烟用物资送往仓库，经由仓管员核验物资是否符合平台退还要求，如符合则为烟农办理退款程序并妥善保管退货物资，同时该物资自动入库。物资出库——烟农下单后赴各仓储点自提烟用物资，由仓库员督导烟农确认收货后，仓库自动出库。库存明细——仓库入库、出库实时更新后台库存数据，以日志形式同步记录物资出入库负责人，为库存安全提供保障（图9-25）。

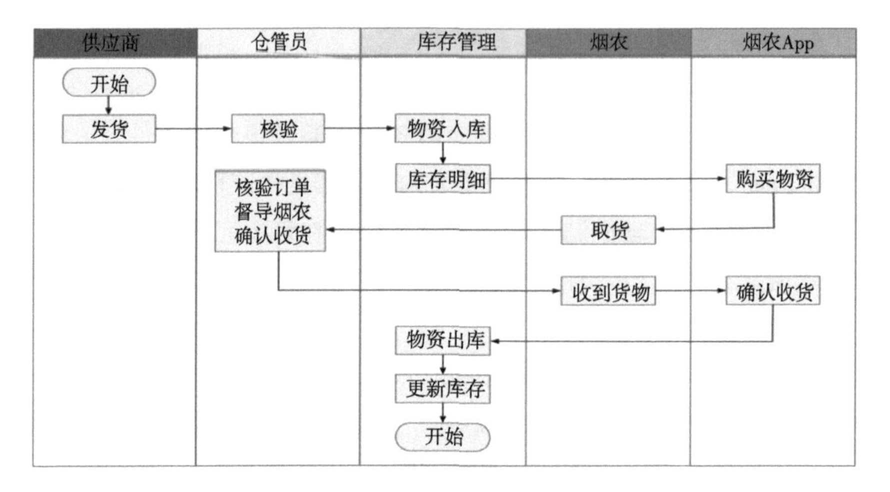

图9-25　库存管理流程示意图

物资分发：通过运营公司平台发布信息通知烟农到自提点仓库提货，由运营公司指导合作社将从平台下单订购的物资分发给烟农。

③专业化服务。

物资销售方式："一站式烟农服务平台"将建立属于自己的一套从选品到供应的上下游严选模式。以烟农需求为中心，进行供应链优化升级、严格把控，进而回归到以烟农需求为中心，为其提供优质价低的商品。从根本上去除中间商利润，去除合作社不恰当权益，改变产品单一的现状。

专业化服务发布流程如图9-26所示。

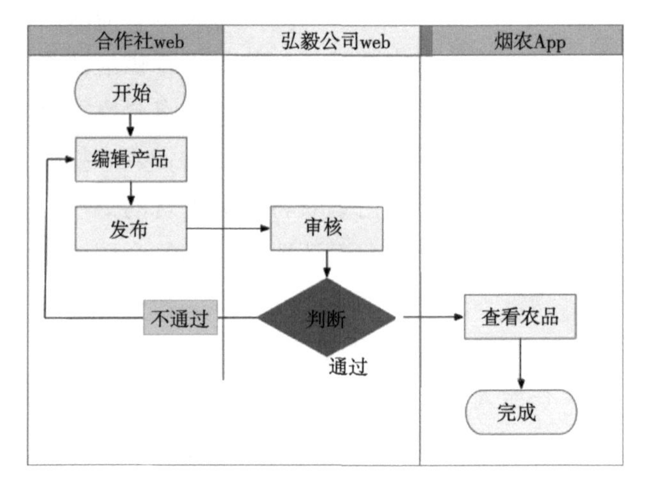

图9-26　专业化服务发布流程

育苗发布流程：通过运营公司与合作社引入标准和方案，确定入驻平台销售育苗（供苗）的合作社，并与合作社签订平台入驻合作协议。合作社完成协议签订并进行线上商家入驻后，平台框定线上经营范围后授权实现商品发布功能。所发布产品须经由平台运营方依照平台规则审核后方能上架。

机耕、起垄、打塘、覆膜、中耕、植保发布流程：通过运营公司与合作社引入标准和方案，确定入驻平台销售机耕、起垄、打塘、覆膜、中耕的合作社，并与合作社签订平台入驻合作协议。合作社完成协议签订并进行线上商家入驻后，平台框定线上经营范围后授权实现商品发布功能。所发布产品须经由平台运营方依照平台规则审核后方能上架。

烘烤发布流程：烟叶烘烤分为单次烘烤和全季烘烤。单次烘烤是由烟农经合作社提交烘烤申请，经平台审核和烟农确定烘烤条件，并与合作社确定烘烤价格后支付，由合作社进行组织服务。烘烤结束，烟农可对烘烤服务进行评价。全季烘烤是由合作社发布烘烤服务信息，由平台审核后烟农对发布信息进行查看，并明确烘烤价格支付定金后再进行烘烤，此过程中由合作社记录每次的烘烤数量，全部烘烤完毕后烟农可根据具体金额支付尾款并对烘烤服务进行评价。

购买与支付流程：育苗（供苗）支付流程——烟农登录App根据平台推荐的专业化服务套餐和产品，可选择直接购买或加入购物车直接购买的方式提交订单，提交订单时系统会自动对接每户烟农的种植合同面积并生成产品订单，支付苗款。烟农线下领苗用纸质版（供苗台账）记录烟农每次领苗的数量，并签字确认产品（购苗）。放苗工作由合作社线下组织领苗，烟农可直接去育苗点领苗（图9-27）。

服务评价：产品（购苗）订单完成后，按照自愿原则，烟农在手机App端进行服务质量评价。

结算：产品（购苗）订单工作完成后，在6月20日前由烟站组织合作社、育苗业主等，根据每户烟农的合同面积和实际领苗数量变化情况，以及最终烟苗定价和烟农已交苗款情况等，进行最终结算，开展苗款多退少补工作，结束系统运行工作。

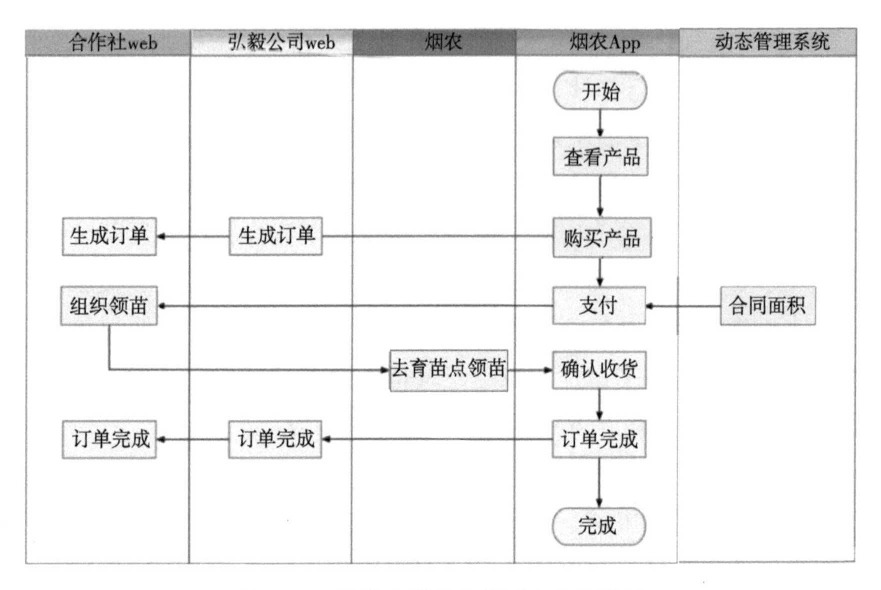

图9-27　育苗（供苗）购买与支付流程

育苗、机耕、起垄、打塘、覆膜、中耕、植保购买与支付流程见图9-28。

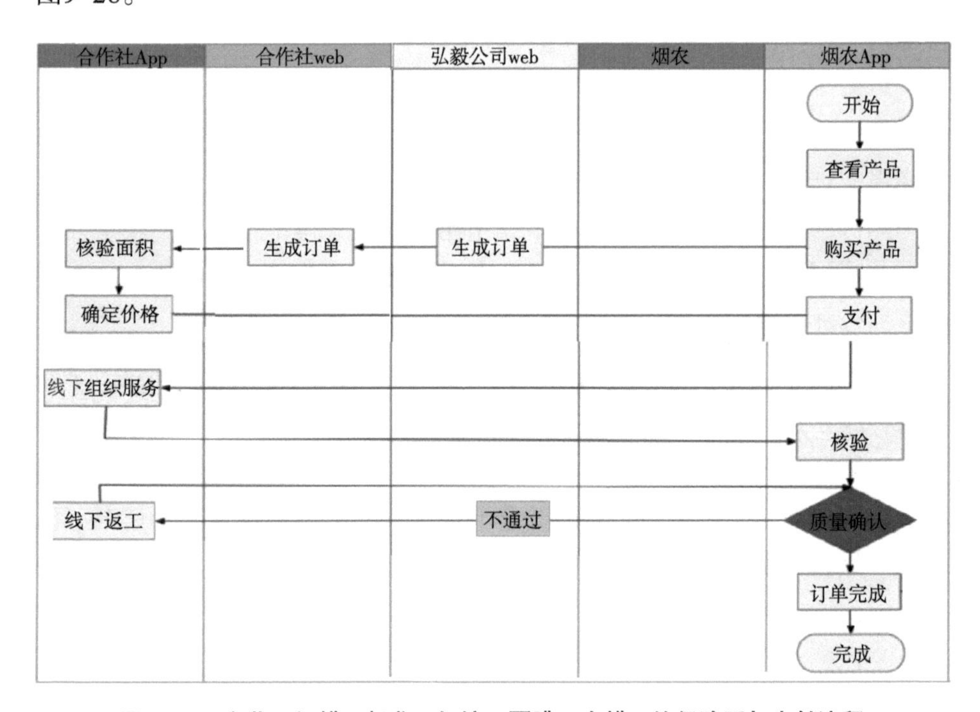

图9-28　育苗、机耕、起垄、打塘、覆膜、中耕、植保购买与支付流程

烘烤购买与支付流程见图9-29。

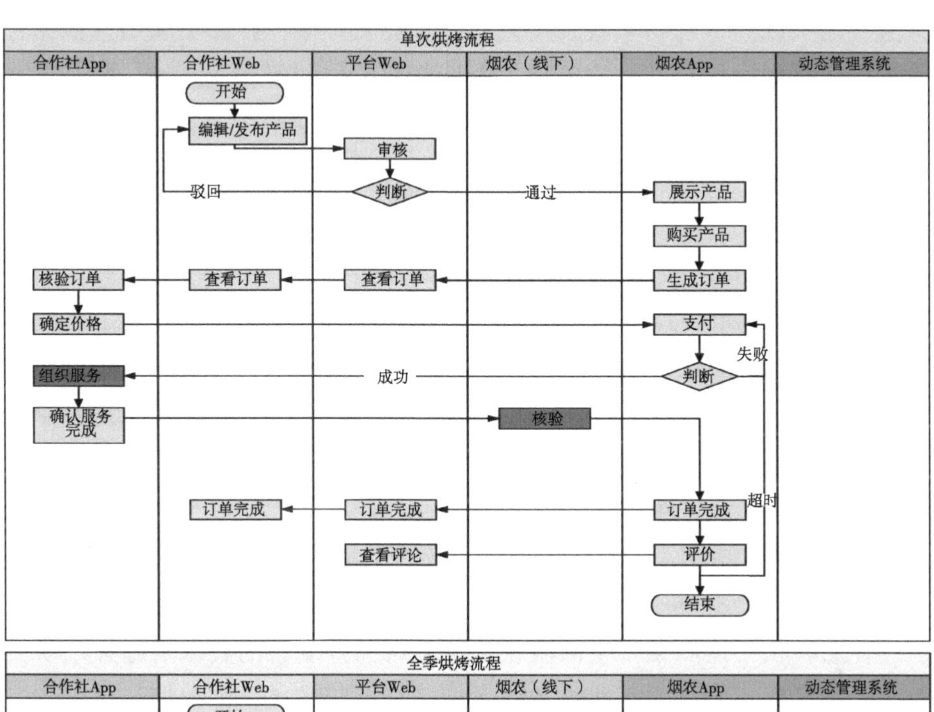

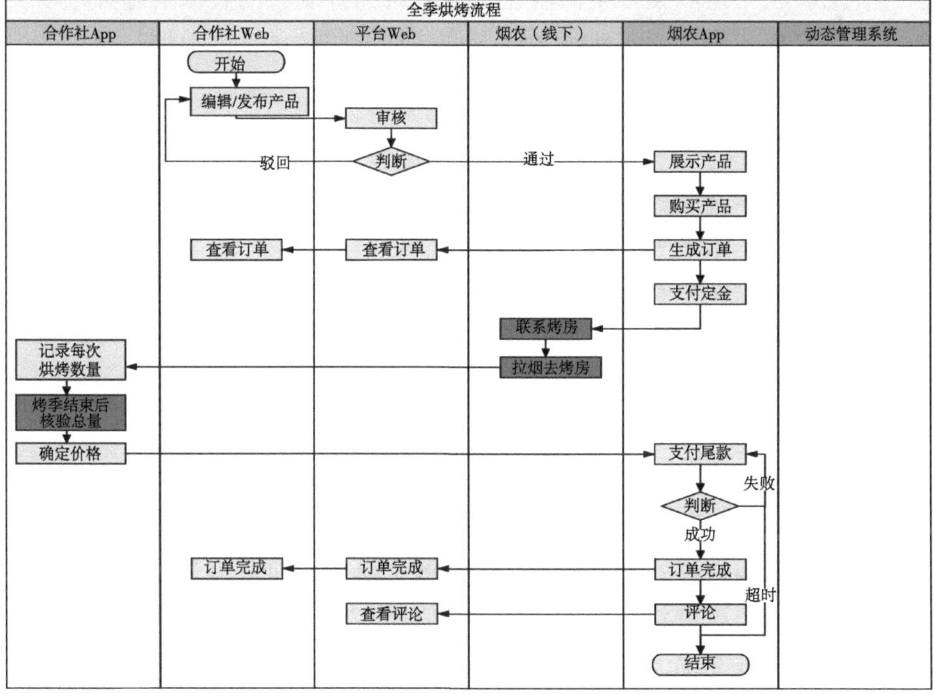

图9-29 烘烤购买与支付流程

综上所述，烟农登录App根据平台推荐的专业化服务套餐和产品，可选择直接购买或加入购物车直接购买的方式提交订单，产品上架后，根据合作社组织机械操作员、烟农等相关人员前期所规划的作业区域、服务产品（项目）、服务面积、服务价格等情况，由烟农在App上选择服务项目、服务面积，提交后即生成订单（注：烟农所购买的服务面积可大于签订的合同种植面积，但兑现产前投入补贴时补贴面积不得大于合同面积）。烟农提交订单后，由合作社烟技员负责审核服务面积并确认订单，烟农根据核验后的订单面积进行付款。

质量确认：所购买的产品（项目）服务作业完成后，由烟农自行实地查验所购买产品（项目）的服务质量，若符合质量要求则在App上进行服务质量确认，不符合质量要求则反馈相关信息给服务方重新返工，直至符合质量要求后再确认，即完成产品订单。

物资评价：所购买的产品（项目）服务作业完成后，由烟农在App上完成服务评价。

补贴验收：按照烟站全面验收、分公司抽查复验的要求实施补贴项目验收。补贴项目验收实行线上和线下相结合运行模式，即根据订单服务产品信息，由烟站组织合作社、烟农等相关人员实行逐块、逐户全面验收（注：补贴验收兑现面积不得大于合同面积），并造册登记、建立电子文档并公示，公示无异议后报送分公司，由分公司组织相关部门和人员开展抽查复验工作，完成补贴验收工作。

补贴兑现：补贴验收工作结束并经分公司审核后，由分公司相关部门根据公司《烟叶产前投入补贴实施方案》规定的补贴标准、补贴方式等要求，采用电子结算方式直接补贴烟农。

④烟用物资。

物资销售方式：平台经营方式主要有商家入驻平台销售模式和平台套餐销售模式两种。

平台商家销售模式：商家入驻平台销售模式，即由运营公司制定平台商家准入标准，引进符合标准的物资供应商入驻平台，通过发布烟用物资产品信息，直接面向烟农销售烟用物资。平台运营前期以此类销售模式为主。

平台套餐销售模式：运营公司有权限组合商家发布农资单品生成农资套餐，依照平台“银行降息，平台贴息”的运营方针，运营通过各类补贴方式降低烟农物资采购成本，降本增效，普惠烟农。

烟用物资发布流程：通过运营公司供应商引入标准和方案，确定入驻平台销售烟用物资的供应商，并与供应商签订平台入驻合作协议。供应商完成协议签订并进行线上商家入驻后，平台框定商家线上经营范围后授权商家实现商品发布功能。所发布产品须经由平台运营方依照平台规则审核后方能上架（图9-30）。

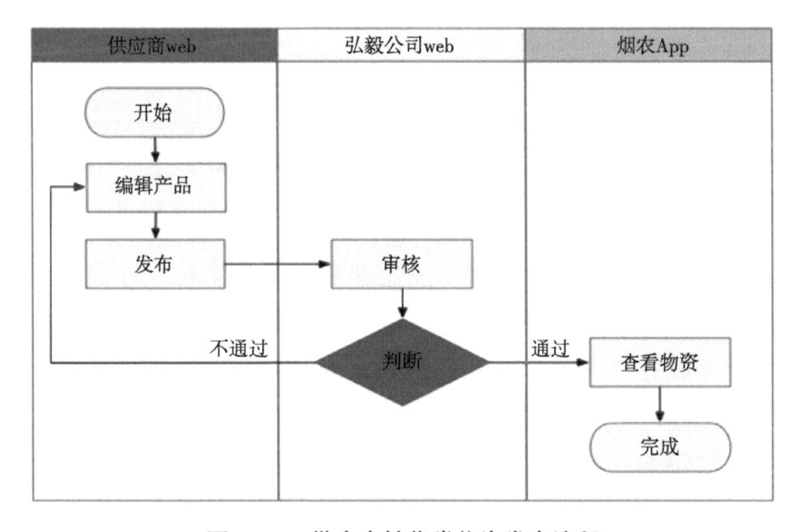

图9-30 供应商销售类物资发布流程

购买与支付流程：烟农登录App根据平台推荐的物资套餐和产品，可选择直接购买或加入购物车直接购买的方式提交订单，提交订单时根据烟农与烟站仓储点的关联关系提示烟农取货地点，烟农可直接在烟站仓库取货。当烟用物资为第三方发布单品时，根据供应商发布的取货方式进行取货。

收货确认：所购买的烟用物资发放完成后，由烟农在物资发放现场与烟农合作社确认所购买产品的数量，并在手机App端上点击收货确认，即完成产品订购。烟农点击确认收货后，触发资金清分，红塔银行依照供应商与平台约定清分规则实现货款结算。

物资评价：所购买的烟用物资完成收货确认后，由烟农在App上完成服务评价（图9-31）。

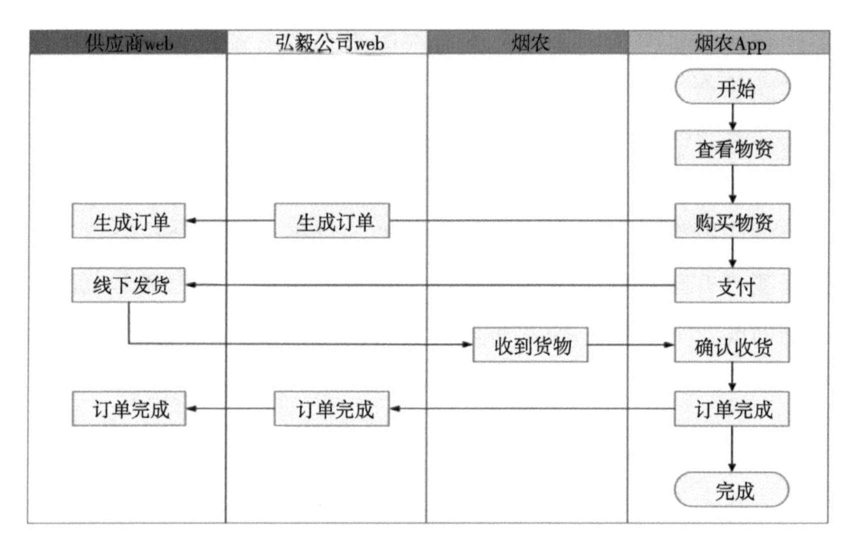

图9-31　烟用物资购买与支付流程

⑤市场营销。

人群定位：在平台运行初期，一定要明确人群定位，才能开展后续工作，取得预期效果。目前平台设计了为烟农提供烟叶生产各环节的专业化服务、物资等服务，主要针对的是烟农，通过对烟农的特征分析。在平台运行期间，可以对烟农通过问卷调查、电话访谈等手段进行信息采集；平台运行中，收集烟农下单位置、消费能力、消费偏好、下单习惯、用户生命周期、评价关键词等信息。根据所整理的信息，再进行分类，按照属性、用户实际情况，进行备注标签，针对烟农的标签进行精准推送营销。

平台推广：对平台进行推广，需要经过拉新、留存、促活、营收4个环节。

⑥客服。

售前—线上引导：向用户推送物资信息、政策文件、培训知识等，引导用户了解产品功能，发现产品的优势，从而增加用户的黏度。

售前：客服是销售的第一线人员，担任重要角色，需了解用户需求，解答用户疑问，促进用户下单。平台客服必须熟悉平台的基本框架，商品信息。只有客服人员对平台及销售商品有足够的了解，才能在用户咨询时，给予用户最专业、最适合的答复。

售后：平台客服在售后服务中主要承担调节剂仲裁的角色，一方面需要客服积极跟进用户采购流程，另一方面需要根据平台纠纷解决机制，扮演平台客户与供应商之间纠纷仲裁的角色，避免平台法律与政策风险。由于平台处于起步阶段，尚缺乏完整的售后管理流程，所以建议在后期平台推广应用中，逐步建立完善纠纷处理机制（图9-32）。

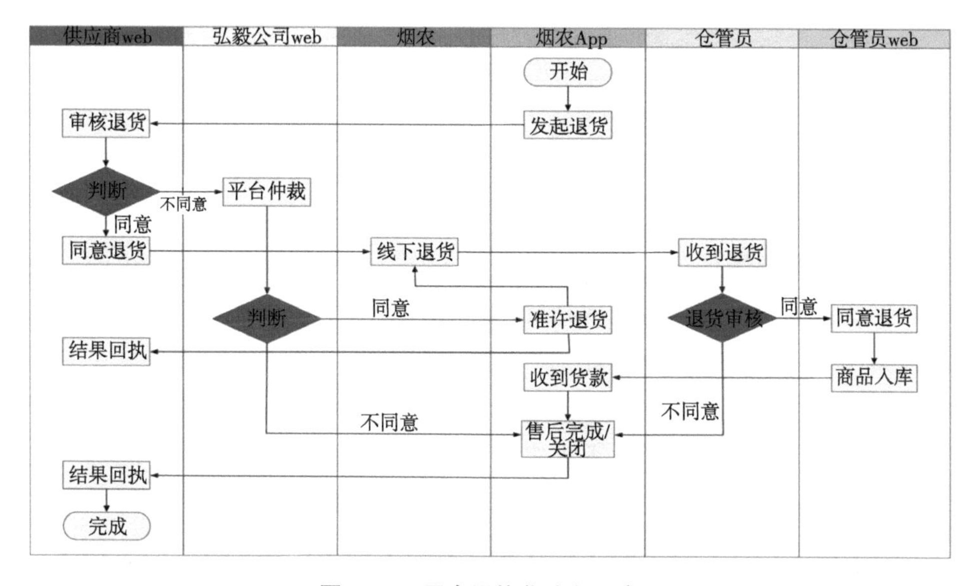

图9-32 平台退换货流程示意图

在构建纠纷在线解决平台机制层面，须重点从以下3个方面进行应用。

一是明确一站式烟农服务平台在线调解机制的适用范围。现有调解机制应重点处理交易权益部分纠纷，对因交易产生的人身权益纠纷应加以区分。后一部分在完善相关权益规则及解决流程后再评估是否适用。针对人身权益部分，可联合市场监管、消费者协会等部门共同监管，降低人身权益可能带来的负面影响。

二是明确平台在线调解员的选任及技能标准。建立起明确的电商平台在线调解员的选用、准入、准出制度，在职业培训、技能培训上加以明确区分。同时，建议结合现有政府机关、特殊行业的兼职机制，引入基层烟技员。技术员加入网络在线纠纷调解中，推动整体平台调解队伍的专业化、素质化的提升。

三是完善平台线上、线下调解融合机制。对平台内部的调解功能须加大对规则的应用，一定程度上可应用部分服务功能，对消费者可给予一定倾斜。在平台线下的调解功能需要明确多样性的特征，大体规则与内部执行保持一致，但针对风险用户、特殊用户可制定不同差异策略，在自愿的原则下，公正、公平地解决双方的争议问题。

9.6 本章小结

在整个智慧烟草农业技术体系中，多数技术创新都是服务生产力提升的目标，只有大数据驱动的烟农服务是着眼于利用智能技术变革生产关系，实现烟叶生产组织方式优化，进而提升烟叶生产水平。如果立足“三农”和行业发展大局看烟农服务平台的价值，它首先探索解决了分散生产现实和规模化、均质化工业需求之间的矛盾，是引领帮助小农户融入现代农业产业链的重要途径；同时对行业普遍存在的烟农流失的突出问题提供了切实的解决路径，利用数字科技驱动烟叶生产关系的变革再造，是从农户种烟到法人种烟的过渡平台和演化推动力量。依托一站式烟农服务平台培育和发展以生产托管为代表的烟叶生产性服务业的重要平台，根本性重构了烟叶生产组织方式，同时也催生了烟叶全产业链的生产性服务业。一站式烟农服务平台也是实现城乡互联网服务均等化、实现共同富裕的重要助推力量。

本章介绍了一站式烟农服务平台的建设思路、技术架构、建设内容和运营模式。平台坚持以服务烟农为宗旨，运用互联网经济新业态、新模式，基于大数据的生产性服务的建设思路，通过整合烟农、合作社、第三方机构，探索“滴滴农服”服务撮合系统，畅通供需对接渠道，引入了需求与服务的一键式智能匹配模式，并依托补贴、金融资金链，探索建设“智能财务+一站式烟农服务”融合模式的落地，促进了服务“三农”更加高效、基层治理更加规范，实现专业服务产品化、线上交易透明化、服务评价市场化、技术指导在线化、增值服务多元化，推动专业化服务向新方式、产业化发展向新模式、烟农增收向新业态的有效转变。

智慧烟草农业技术标准

技术标准在现代化进程中发挥着战略基础性作用。作为技术规范和知识产权的载体，标准不仅能促进产业资源的整合，更能加速产业的技术升级，是一个国家或地区实现自主创新发展的重要基础。标准不仅是一些国家经济社会发展的重要技术支撑，还是其实施新贸易保护主义的重要手段。当前，我国目前正处在重要的历史发展机遇期，国际形势和国内发展对标准化工作提出了越来越多的挑战和要求。中共中央、国务院高度重视我国的标准化工作，将标准化战略提升至国家意志的高度，明确要求把实施技术标准战略作为我国科技发展的重要战略之一。由此，充分认识标准化在我国现代化进程中的重要地位和作用，深入贯彻实施标准化战略，对于推动我国产业和经济的跨越式发展、加快实现现代化具有重要意义。

本章主要介绍智慧烟草农业技术标准体系和智慧烟草农业技术标准。

10.1 智慧烟草农业技术标准体系

信息技术的广泛应用不断提高农业生产经营的组织化、规模化、标准化水平，加速推进农业现代化进程。全球以信息技术和装备技术为代表的智慧农业呈现较快发展态势，烟草农业作为烟草行业的“第一车间”，智慧烟草农业技术同样备受关注。当前，烟叶生产经营管理一体化平台试点建设正在加快推进，全国多个烟区先后制定了烟草农业数字化发展规划，积极谋划部署本地区智慧烟草农业技术发展工作，通过数字化、信息化支撑烟叶生产转型升级、可持续发展已成为全行业共识。但是，随着智慧烟草农业技术发展的深入，也暴露出因技术标准缺失、滞后、适用对象不明确、标准体系不健全等短板而导致的数据格式不统一、所采数据千差万别、数据共享困难、应用平台落地性差等诸多问题，还额外延伸出信息系统平台复建、重建等更深层次的问题，严重阻碍了智慧烟草技术的发展进程和建设质量。

标准是经济活动和社会发展的技术支撑，是国家基础性制度的重要方面。在智慧农业高速发展的大时代背景下，适时制定和完善符合各细分行业领域数字化标准体系显得十分迫切。开展智慧烟草农业技术标准研究，对智慧烟草农业技术的发展和应用来说意义重大。一是筑牢智慧烟草农业技术发展基础。加大智慧烟草农业技术基础通用标准的研制应用力度，有助于构建产业通用的烟草农业信息资源库，促进跨环节领域的烟叶数据交互及融合共享。二是助力智慧烟草农业技术平台优化升级。基于智慧烟草农业技术标准体系，部分烟叶数字转型关键领域可实现分层级的优化升级，亦可以支撑后发力领域持续健康跟进，保障智慧烟草农业技术领域实现先后有序衔接。三是提升烟草农业产业综合竞争力。重点研制一批急用先行的智慧烟草农业技术标准，发挥关键技术标准在环节及产业链协同的纽带和驱动作用，加快关键环节、关键领域、关键产品的技术攻关，提升烟草农业的产业综合竞争力。

标准体系是一定范围内的标准按其内在联系形成的科学的有机整体。目前我国已发布了《烟草行业信息化标准体系》（YC/Z 204—2012）和《烟草行业农业标准体系》（YC/Z 290—2015）等行业标准，其中，《烟草行业信息化标准体系》（YC/Z 204—2012）规定了烟草行业信息化标准体系的层次结构和标准明细，适用于指导烟草行业信息化规划、建设、运行以及烟草行业信息化标准的制定、修订与管理；《烟草行业农业标准体系》（YC/Z 290—2015）规定了烟草行业农业标准体系的组成、结构图和标准明细，适用于烟草行业农业标准制定、修订和管理工作。这些行业标准的颁布对智慧烟草技术标准体系的建立具有重要参考意义。

现阶段迫切需要秉持“创新、协调、绿色、开放、共享”的发展理念，围绕智慧烟草农业技术标准发展现状和实际需求，按照“问题发现—现状摸底—总体设计—分步实施”的研究路线，通过实地调研、资料查阅、会议座谈等多种途径，主要围绕烟叶数字化相关标准现状研究、智慧烟草农业技术标准体系研究、智慧烟草农业技术数据标准研制这三方面开展相关研究工作，填补智慧烟草农业技术标准研究空白，建立健全智慧烟草农业技术标准体系（图10-1），发挥标准化在智慧烟草农业技术中的基础支撑和引领作用，切实助力烟叶生产、经营、管理、服务等领域的信息技术与智能装备技术的高效集成应用与示范推广，推动智慧烟草农业技术高质量发展。

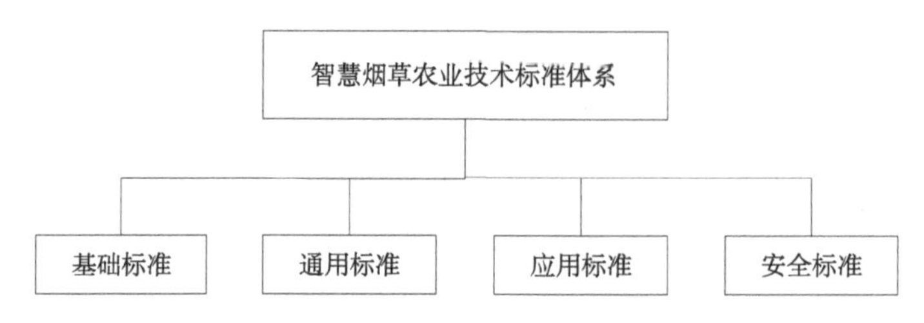

图10-1　智慧烟草农业技术标准体系框架

智慧烟草农业技术标准体系的层次结构由基础标准、通用标准、应用标准、安全标准4个子体系组成。这4个子体系相互作用、相互依赖和相互补充，每个子体系又可再划分为若干个二级类目。其中，基础标准在整个标准体系中作为其他标准的基础并普遍使用，具有广泛指导意义；通用标准适用于智慧烟草农业全部应用；应用标准适用于智慧烟草农业具体应用；安全标准贯穿整个标准体系，为构建稳定、可信的运行机制提供保障。

10.2 智慧烟草农业技术标准

早在2004年，中国烟草标准化研究中心就指出，标准化是建立烟草农业信息化基础的系统工程，烟草农业信息化系统的实施和成功运转必须在大量基础技术标准的支持下才能实现。随着烟草农业信息化建设的逐步开展，发布了一系列相关标准。

10.2.1　烟草农业信息化建设相关标准

（1）在数据中心建设方面。2009年12月，国家烟草专卖局发布了行业标准《烟草行业数据中心交换服务体系Web业务服务》（YC/T 324—2009），规定了我国烟草行业企业间信息系统进行信息交换的业务参考架构、技术架构和安全架构，规定了国家局、总公司，省级局（公司）、工业公司，地市级公司、卷烟工业企业3个应用层面在生产经营、管理决策的各项活动中，在跨企业间、实时性和小数据量信息交换时的服务标准，统筹规划企业间的信息交换的一种方式，并作为标准指导信息系统建设、信息资源的开发与利用。2012年8月，国家烟草专卖局发布了行业标准《烟草行业数据中心人力资源数据元　第1部分：数据元目录》（YC/T 451.1—2012），规定了我国烟草行业人力资源中涉及的基础性、通用性数据元的标记、名称、说明、表示、计量单位等有关内容。同期，国家烟草专卖局还发布了行业标准《烟草行业数据中心人力资源数据元　第2部分：代码集》（YC/T 451.2—2012），规定了我国烟草行业人力资源工作中使用的代码型数据元的分类与代码，适用于我国烟草行业生产经营管理中的各项业务活动和信息系统建设、信息资源的开发利用等过程。2015年1月，国家烟草专卖局发布了行业标准《烟草行业数据元　第1部分：结构与原则》（YC/T 534.1—2015）规定了数据元的属性及其编码规则和管理机制，适用于我国烟草行业信息化系统的建设和信息资源的开发利用。2019年5月，国家烟草专卖局发布了行业标准《烟草行业数据中心数据建模规范》（YC/T 581—2019），适用于烟草行业数据中心数据模型设计，工商企业信息化建设可参照本标准进行数据中心数据模型设计。

（2）在信息管理系统建设方面。2013年2月，国家烟草专卖局发布了行业标准《烟叶管理信息系统外围设备接口　第1部分：烟叶收购》（YC/T 329.1—2013），规定了烟叶管理信息系统收购过程中电子秤、显示屏、IC卡读写器、磁条读写器、RFID卡读写器、定级设备、传送带控制器、GPS设备、手持录入设备和指纹机设备的接口规范，适用于指导烟叶收购过程中电子秤、显示屏、IC卡读写器、磁条读写器、RFID卡读写器、定级设备、传送带控制器、GPS设备、手持录入设备和指纹机设备产品的接口设计。2015年1月，国家烟草专卖局发布了行业标准《烟草行业信息化统一平台传输环境使用规范》（YC/T 532—2015），规定了烟草行业用户使用行业信息化统一平台传输环境完成数据传输的方法，适用于行业性应用系统及省级单位数据中心数据传输的设计、开发及实施。2014年3月，国家烟草专卖局发布了行业标准《烟草行业企业应用集成技术规范　第1部分：门户集成》（YC/T 493.1—2014），规定了烟草行业企业门户系统建设相关的功能组件、技术组件、非功能性要求和部署要求，适用于烟草行业企业门户新建及改造。同期，国家烟草专卖局还发布了行业标准《烟草行业企业应用集成技术规范　第2部分：服务总线》（YC/T 493.2—2014），规定了烟草行业企业服务总线的体系架构、功能性要求、非功能性要求及服务总线开发要求，适用于烟草行业企业服务总线建设及改造。

（3）在信息系统安全建设方面。2011年3月，国家烟草专卖局发布了行业标准《烟草行业信息系统安全等级保护与信息安全事件的定级准则》（YC/T 389—2011），规定了烟草行业信息系统安全等级保护（以下简称为安全等级保护）的等级划分和定级方法，烟草行业信息安全事件（以下简称为信息安全事件、事件）的分级、分类和定级，并给出了信息系统安全等级保护和信息安全事件的定级结果报告的格式，适用于烟草行业信息系统安全等级保护与信息安全事件的定级。2019年5月，国家烟草专卖局发布了行业标准《烟草行业信息系统容灾备份建设指南》（YC/Z 583—2019），规定了烟草行业信息系统容灾备份建设应遵循的分析、规划、实施和运行管理要求，适用于烟草行业各单位开展信息系统容灾备份工作。

（4）在地理信息系统建设方面。2013年2月，国家烟草专卖局发布了行业标准《烟草行业地理信息共享服务基本规范　第1部分：地理信息数据元》（YC/T 474.1—2013），规定了我国烟草行业信息系统建设过程中涉及的地理信息数据元的标记、名称、说明、表示、计量单位等有关内容，适用于我国烟草行业生产、经营、管理等业务活动的信息系统建设过程中地理信息的开发利用。同期，国家烟草专卖局发布了行业标准《烟草行业地理信息共享服务基本规范　第2部分：地理信息分类代码》（YC/T 474.2—2013），规定了我国烟草行业信息系统建设过程中涉及的地理信息数据的分类原则和方法，并给出了烟草地理信息分类代码的详细列表说明，适用于我国烟草行业生产、经营、管理等业务活动的信息系统建设过程中的地理信息数据的建设。2013年2月，国家烟草专卖局发布了行业标准《烟草行业地理信息共享服务基本规范　第3部分：地理信息图式》（YC/T 474.3—2013），规定了我国烟草行业信息系统建设过程中涉及的各种地理信息的符号和注记规格、颜色标准，以及使用这些符号的方法和基本要求，并规定了地理信息的坐标系，适用于我国烟草行业生产、经营、管理等业务活动的信息系统建设过程中的地理信息数据的图形化表达。同期，国家烟草专卖局还发布了行业标准《烟草行业地理信息共享服务基本规范 第4部分：地理信息数据交换与Web服务》（YC/T 474.4—2013），规定了我国烟草行业的信息系统建设过程中涉及的地理信息数据交换与Web服务要求，适用于我国烟草行业生产、经营、管理等业务活动的信息系统建设过程中的地理信息交换。2014年12月，国家烟草专卖局发布了行业标准《烟草行业地理信息系统基础数据的标注与交换规范》（YC/T 513—2014），规定了卷烟和烟叶在生产、存储、调度、分拣、零售等物流位移环节的地理信息采集范围、内容和数据交换频率，适用于烟草行业物流地理信息系统中物流地理信息的采集、标注，并与行业其他物流相关信息系统进行信息的共享与交换。

10.2.2 烟草农业技术数据标准

这些标准对指导智慧烟草农业实际应用具有参考意义，但仍缺乏围绕智慧烟草农业技术所涉及的基础设施数据采集、环境数据采集、生产数据采集、生长数据采集、质量数据采集、生产元数据、主数据编码、数据资源分类及编码规范、对象标识等关键的数据标准。建议按照急用先行的原则制定相关标准。

（1）烟田地块及烟叶生产基础设施数据采集技术要求。针对烟田地块及烟叶生产苗棚、烤房、分级点和烟水烟路等不同类型对象的基础地理信息数据采集内容和方式方法，规范烟田地块及烟叶生产基础设施基础地理信息数据采集技术要求，兼顾地理信息数据采集技术的特殊性与通用性，破除空间数据融合应用壁垒。主要研究基础地理信息数据采集方式方法和通用技术要求；规范烟田遥感影像和矢量数据的存储格式、坐标体系、投影方式、数据精度和尺度等基础地理信息属性要求；明确烟田地块及烟叶生产基础设施地理信息数据格式、提供方、数据指标、采集频度、采集时间等信息；形成烟田地块及烟叶生产基础设施采集数据元，规范其数据元标识、定义、关系、表示和管理等基础属性。

（2）环境数据采集技术要求。通过调研和验证，并征求广大烟区意见，制定烟叶生产过程中气象、土壤、水质等环境数据的采集方法、采集工具、采集时期、采集指标和采集组织分工等技术规程。规范采集数据格式、数据单位、数据类型等要求，并在代表性烟区开展示范和验证。

（3）生产数据采集技术要求。通过调研和验证，并征求广大烟区意见，明确烟叶生产过程中耕地准备、种子供应、育苗管理、移栽技术、田间动态管理技术、收购等环节需要采集的数据范围，制定数据的采集方法、采集工具、采集时期、采集指标和采集组织分工等技术规程。规范采集数据格式、数据单位、数据类型等要求，并在代表性烟区开展示范和验证。

（4）烟叶生长数据采集技术要求。通过调研和验证，并征求广大烟区意见，制定烟叶生长发育过程中农艺性状的采集标准，包括苗期数据采集方法和数据格式、大田期数据采集方法和数据格式、烤后烟叶数据采集方法和数据格式，并在代表性烟区开展示范和验证。

（5）烟叶质量数据采集技术要求。通过调研和验证，并征求广大烟区意见，制定初烤烟叶化学质量指标、物理指标、外观指标、感观指标等品质数据的采集方法、采集工具、采集时期、采集指标和采集组织分工等技术规程。规范采集数据格式、数据单位、数据类型等要求，并在代表性烟区开展示范和验证。

（6）烟叶生产元数据。烟叶生产元数据是智慧烟草农业生产过程中数据流转、应用和挖掘所必需的数据描述，是烟叶资源分类及目录存储和使用的基础形式，是各类智慧烟草农业应用系统、数据中心和技术创新实现的基础依据，因此针对烟叶育苗、大田种植、烘烤、分级交售等烟叶生产环节过程，研究制定烟叶生产元数据，主要包括烟叶生产元数据模型研究；烟叶生产元数据结构设计；烟叶生产核心元数据和扩展元数据定义规范、烟叶生产元数据标识符、名称、缩略语、关键字、数据开放、数据提供者等基础属性的描述，形成烟叶生产元数据及属性说明。

（7）主数据编码规范。烟叶主数据是跨烟叶业务应用核心的具有高业务价值、重复使用、需要共享的数据，是支撑智慧烟草农业业务流程再造和创新的关键基础，能有效规避智慧烟草农业发展过程中出现的信息孤岛和数据处理危机等问题，因此基于烟草行业编码管理的指导和规定，研究和优化烟叶主数据信息编码的编制，主要包括统一规范烟叶生产、经营和服务的主数据管理原则，建立烟叶主数据编码管理体系，优化编码体系的设计原则和维护流程；研究烟叶主数据模型设计，定义烟叶主数据属性构成、约束条件和参考数据等内容；研究烟叶主数据的分类和编码规则，对烟叶主数据分类及编码标准化，解决自然语言描述下不规则和理解二义性问题。

（8）数据资源分类及编码规范。烟叶数据资源的开放共享和价值驱动是智慧烟草农业技术应用的基础，因此研究规范适用于智慧烟草农业的烟叶数据资源分类及编码，是挖掘烟叶数据内在价值、加速智慧烟草农业发展的关键研究内容。主要研究包括烟叶数据资源分类原则和方法的设计；烟叶数据资源领域模型及分类结构设计研究；烟叶数据资源分类编码方法、代码结构及规则设计；规范烟叶数据资源分类及编码编制管理基本要求；按领域分类型成烟叶数据资源目录及编码体系，并根据主题深度进一步划分烟叶专题资源目录体系。

（9）对象标识要求。梳理智慧烟草农业所涉及的对象信息交互及管控等标识需求，结合标识体系现有的标准架构，研究智慧烟草农业对象标识要求。通过规定智慧烟草农业对象标识要求，对于针对智慧烟草农业所涉及的相关对象的标识相关属性进行详细阐述，并且提出智慧烟草农业对象标识解析体系建设规程，具体描述智慧烟草行业中制造对象的标识分配、解析系统部署以及建立标识管理机构及其运营规程的建议。

10.3 本章小结

在分析智慧烟草农业标准化需求和现有标准体系及相关标准的基础上，凝练出智慧烟草农业技术标准体系框架，并给出部分数据相关的标准制定建议。

智慧烟草农业发展展望

11.1 智慧烟草农业发展趋势研判

当前，数据要素已成为最具时代特征的生产新要素，并通过其突显的乘数效应驱动着生产力大幅提升、生产关系变革、资源要素配置优化、经营模式迭代升级，为经济社会发展赋予新动能。目前我国农业正处于从传统农业向现代农业发展转型的关键阶段。烟草农业作为行业的“第一车间”，智慧烟草农业作为支撑烟草农业现代化发展的重要科技支撑，同样备受关注，以数字技术与先进装备支撑烟草生产高质量、可持续发展已经成为全行业共识。

将数字技术与烟草产业链融合创新，研究烟叶各类生产场景的智能化关键技术，实现关键生产环节的减工降本、提质增效；构建烟叶原料智慧供应链，实现供应链投入产出全局最优化；完善烟草产业的数字化生态，实现产业价值链增量重塑，将成为未来智慧烟草农业发展的重要方向。

11.2 智慧烟草农业发展方向

11.2.1 烟叶智能育种

品种是烟草生产的基础，烟叶是烟草工业的原料。培育优质的烟叶品种是保障卷烟产品高质量发展的前提。目前，烟草育种已经进入现代分子技术与常规育种技术紧密结合的发展阶段。相对传统育种手段，分子育种可以实现基因的直接选择和有效聚合，可大幅提高育种效率、缩短育种年限，实现对目标性状的精确改良，更容易在烟叶品质风格特色上取得根本性突破，能更好地适应中式卷烟发展的需要。近年来，烟草科研人员逐步将抗病毒病品种选育作为分子育种研究的主攻方向，育成的新K326新品种在优质兼抗病毒病方面取得重大突破；针对烟草核心种质资源开展了全基因组种测序和全基因组关联分析等研究，烟草全基因组序列图谱——绒毛状烟草和林烟草全基因组序列图谱已绘制完成，是目前已知植物基因组序列图谱中基因组最大、组装精度最高、组装结果最好的2个图谱。据2021年中国农业科学院烟草研究所公布的数据显示，我国已拥有烟草种质资源6 059份，创制突变体库27万份，烟草种质资源保存数量位居世界第一。

随着我国烟草育种技术的快速发展，国内自育品种和推广面积逐年增加，烟叶成熟度、香气量显著提高，部分烟叶品质逐步接近国际先进水平。但是，与烟叶生产先进发达的国家相比，我国烟叶生产仍面临着诸多挑战，卷烟品牌高质量发展与优质烟叶原料不足的矛盾依然存在。加之当前全球烟草控制持续深化，卷烟全球消费规模持续下滑，因此，如何打破卷烟原料种植区域、品种和结构壁垒，破解原料同质化困境，实现烟叶高质量、安全性、多抗性、特色化等方面的提升，依然是烟草育种创新发展的主攻方向。

种业之争本质上是科技之争。充分利用大数据、5G、云计算、人工智能、基因工程等新技术，推进现代烟草生物育种技术体系换挡升级，加速烟草优良品种的高效产出和推广应用，智能育种将成为下一步烟草科技创新发展的重点之一。

智能育种技术的发展离不开信息技术和智能装备设施的强有力支撑。随着基因测序技术的发展，基因组学体系不断成熟完善，带动了表型组学快速发展，组学已成为育种科学研究的制高点，组学大数据设施和设备已成为农业科研和国际育种亟须的新一代基础设施。欧、美、日等发达国家都高度重视表型组学的研究工作，国际种业巨头拜耳、先锋等也高度重视作物表型组学的发展及其在产业中的应用，纷纷引进部署作物表型高通量获取平台和设施，并纳入商业化育种和发展数字种业的工作业务流程中，成为提高企业核心科技竞争力的重要抓手。作物表型组高通量、多维度、大数据、智能化、自动化测量—解析—利用体系的构建提供基础环境和设施保障；为“基因组—表型组—环境”大数据系统整合研究及应用，从组学高度上系统深入地挖掘“基因型—表型—环境型”内在关系，全面揭示特定生物性状的形成机制提供了亟须的设施、数据和技术支撑，将极大地促进功能基因组学、作物分子育种研究和应用进程。

现代烟草育种技术体系庞大复杂，迫切需要跨领域、多技术的协作。现阶段，我国烟草智能育种发展面临的主要挑战与研究热点主要有以下几个方面。

（1）目前烟叶品种的表型数据主要依靠手工测量，鉴于试验样本和性状类别数据采集量少且效率低，烟叶品种表型数据的获取严重依赖于技术人员的经验，易造成主观误差，所采数据难以满足系统研究烟草全部基因功能的需要。由此，迫切需要基于无人机、GPS、多光谱、三维激光雷达等多源信息获取传感技术，通过构建烟田无人机群高通量表型平台和田间轨道式高通量表型平台，对烟田地表环境、烟叶植株形态、生理功能和生化组分、植物群体整个生育期连续动态的多模态数据等表型信息进行实时监测和连续获取，将为智能育种提供必要的表型数据支撑。

（2）目前，烟草育种领域尚未建立基于烟草品种表型农艺性状、化学成分、生理指标及代谢物之间的数据关联模型。其中，烟叶品种的化学成分主要由第三方检测单位和本单位实验室检测获取，不利于烟叶新品种的快速选育。由此，迫切需要基于计算机视觉技术、图形图像技术、人工智能、基因测序等技术，解析烟草基因组—表型组—环境大数据，从基因组学角度系统深入地挖掘“基因型—表型—环境型”内在关联、全面揭示特定生物性状形成机制，将极大地促进功能基因组学和烟草分子育种的进程。

（3）随着物联网传感器、DNA测序、快速成像等技术在育种领域的逐步应用，育种科学研究中的数据无论是在数量、种类上还是复杂性上都呈爆炸式增长。当前烟草育种领域缺少一款专门针对烟草育种全流程业务的数字化管理软件，烟草育种过程的数据采集、存储、模型解析及育种试验设计、育种决策管理等业务的数字化建设内容有待探索。由此，迫切需要集成应用物联网、大数据、云计算、移动互联网等技术，针对烟草育种业务，研发种质资源鉴定管理、组合预测、亲本组配、品种评比鉴定、田间性状采集、系谱档案管理、试验数据分析、研发进度统计等功能模块，实现育种全程信息化，大幅提升育种效率。

11.2.2 垂直育苗工厂

从传统漂浮式育苗到温室集约化育苗再到垂直工厂育苗，育苗行业正在发生一场全新的产业革命。为进一步提高烟草育苗智能化水平，进一步减少育苗过程对人为业务操作的依赖程度，减少育苗对土地资源的占用，并实现更加精细化的光、温、水、肥、气等育苗环境的智能调控，垂直育苗工厂应运而生。

作为一种创新的植物工厂技术，垂直育苗工厂是现代生物技术、建筑工程、环境控制、机械传动、材料科学、设施园艺和计算机科学等多学科集成创新的、知识和技术高度密集的农业生产方式。利用垂直种植系统在有限空间内进行高效的植物育苗，可以大大提高烟苗生产效率和产量，同时减少土地使用和水资源浪费。工厂集成多层立体栽培育苗模组，整合植物照明、营养液调控、潮汐式灌溉、育苗栽培管理、智能环控等技术，多层立体栽培育苗模组使用多层平台设置，可以最大程度地利用垂直空间，灌溉与营养液管控系统通过精确控制灌溉时间、频率、流速、水位等，用水量少，灌溉和肥料供给均匀，管理便捷，确保幼苗快速生长，整齐健壮。照明控制系统提供了必要的光照条件，以红光和蓝光为主的光按照一定比例配比制成光谱，通过定制人工光源取代太阳光。特殊的“光配方”不仅能够让植物的生长速度更快，也能提升产量和品质。环境控制系统利用计算流体力学（CFD）进行专业的通风空调设计、精细的气流组织。结合监控大数据分析，建立宏观调控与微环境调节整体环控方案，实现整厂温度、湿度、CO_2浓度的均匀分布。全新的育苗技术突破了大规模、高密度生产的环境参数均匀性问题，保证幼苗在舒适环境下生长。能源管理系统实现整个育苗工厂的能源利用最优化调节控制。

垂直育苗工厂创新是一项持续优化迭代的工作，一方面通过持续攻关烤烟育苗单粒吸种与吸嘴防堵、气压密封和换气等关键技术及装备，研制适应性优良的集基质搅拌、基质装填、播种及计数、育苗盘自动叠盘、覆土浇水、苗盘转运上架的高效智能全自动作业的一体机。实现自动播种、周转搬运等工作，进一步提高生产效率，实现少人化的全程智能化育苗。

另一方面构建优化育苗过程温、光、水、肥、苗生长监测体系，构建壮苗培育生长状态判别与环境调控模型，进一步提升并优化集加温、通风、水肥自动控制于一体的智能设施环境控制系统。

11.2.3 无人化烟叶生产技术

无人化生产技术是智慧农业的一种表现形式，也是实现农业现代化的重要探索。无人化生产技术以数据、知识和智能装备为核心要素，将现代信息技术与农业深度融合，实现农业全过程生产所需的无人化感知决策与智能控制。2017年，英国Harper Adams大学进行了小麦全程无人生产的实践，成为世界第一个无人农场的应用范例，该无人农场通过应用无人驾驶拖拉机、无人打药机、无人收割机等智能化农机装备，完成了小麦耕、种、管、收全程无人化生产。中国在近几年也开展了小麦、玉米、水稻等大田无人农场以及蔬菜、果园、畜牧等领域无人农场的技术探索及实践，积累了一定的经验。如北京市农林科学院智能装备技术研究中心围绕小麦、玉米、水稻等主粮作物的无人化生产开展了长期研究与产品研发，突破了农机自动导航、精准作业、农机作业监测等关键技术，创制了无人化耕整地、播种、施肥、施药、收获等智能农机装备，并在上海、吉林、内蒙古等地建设了多个无人农场，实现了农机耕种管收全程无人化农机作业。

虽然烟叶的无人化生产还受限于若干生产环节的机械化水平和普及率，但是随着劳动力资源紧缺、农业生产成本逐年提高等问题的不断加剧，烟叶生产无人化技术也逐渐受到关注。

烟叶无人化生产技术通常包括感知决策、精准作业、自动驾驶和多机协同4种核心关键支撑技术，涉及烟叶大田生产全程作业的无人化农机装备，以及支撑无人农场智能决策、任务分配与调度、作业监管与作业分析评价的信息化平台，其核心是智慧大脑。作为构建烟叶无人化生产体系的关键支撑技术，信息感知与决策重点是通过获取农田土壤、烟叶、病虫草害等信息，并对信息进行融合分析，确定土壤和作物缺墒、缺肥、缺营养元素，以及病虫草害严重程度等情况，进而决策出施肥处方和施药处方；精准作业技术围绕农业耕、种、管、收各个环节，根据农艺要求以及决策处方，利用相关智能农机装备等将苗、肥、药、水按质按量施用到地里，在作物田间管理和收获阶段能够根据作物属性和收获质量等信息对设备作业工况进行智能调控，实现低损高效收获作业；自动驾驶技术主要解决农机装备在田间自动行走的问题，包括农机作业路径规划、路径跟踪、避障、地头转弯掉头等；多机协同主要解决无人场景下多台农机同步或协同作业的问题，如目前比较典型的作业场景有多台农机同时开展同类型作业时协同分配任务并规划作业路径、无人作业装备与补给车辆之间协同。无人化农机装备将信息感知、精准作业、自动驾驶与多机协同控制相关技术集成到农机装备上，使其具备在无人参与情况下自主完成烟叶耕、种、管、收全程作业的能力，是构建无人作业系统较为关键的物质基础。无人作业信息管控平台是体系运转的总指挥，其将气象、农田环境、作物、农机等各类信息进行汇总，决策出农机最佳作业时间、最合理任务分配、最优作业路径以及种肥药作业处方等，无人化农机装备基于管控平台的决策信息与指令开展农业生产，并将作业信息反馈到平台，平台根据农机作业数据进行作业质量的分析与评价，并结合异常情况对农机作业任务进行优化和调整。

11.2.4 雪茄烟透明供应

雪茄烟是指用雪茄烟叶卷制而成的烟制品，具有香气浓郁、吸味丰满、劲头大、烟气为碱性等特点。中国雪茄烟叶长期依赖进口，部分高档手卷雪茄原料进口依赖度甚至高达100%。近年由于疫情和国际形势的变化，很多知名雪茄烟产地国都深受影响，一些国家采取了封锁措施，导致这些国家的雪茄烟长期无法正常生产和运输，外面的雪茄烟“进不来”；与之相对，近年来国产雪茄发展势头强劲，市场占有率迅速上升，相应的国内雪茄烟区抓住机遇，稳固并扩大生产，提升栽培管理技术，保障原料市场供应，初步实现了国产雪茄在原料上的显著提升。

但是，在高增长率的背后，我们有必要结合雪茄特点仔细审视国产雪茄的营销现状，以便创造更有利于国产雪茄烟产业发展的空间和条件。雪茄在严格意义上来讲，属于奢侈品，不是一般的卷烟。它针对高端消费人群，消费需求以心理满足为主，而不是纯生理需求。因此，能否尽快构建产品影响力和美誉度，稳定消费群体对国产雪茄的信任和认可，决定了国产雪茄能否可持续地保持高增长性。雪茄有“七分原料，三分工艺”之说，谁掌握了优质的原料，谁就掌握了话语权，就是抓住了雪茄市场和品牌生命。疫情后，优质雪茄要实现可持续国产替代，关键还是在国产雪茄烟叶原料能不能经受市场的考验，其品质被消费群体所接受和认可。因此，智慧雪茄烟叶生产相对于普通烤烟，除了生产的提质降本外，其价值还更多地体现在通过生产的数字化改造提升，形成雪茄烟叶生产加工全过程的数据链，并面向消费者构建信息透明互动的渠道，通过参与式体验、透明供应实现信任消费，进而实现品牌提升和消费溢价。

区块链技术是数字化技术中较高级、安全、精准的互联网技术，采用了分布式数据库技术、去中心化系统，区块链的每一个节点都是一个完整的账本并且都是可追溯的，任何人都可以参与到区块链网络，且数据是公开透明的、去中心化的，能够更好地解决企业在发展中遇到的中心化和信任问题。想要提升消费者体验度，就要建立好信任基础，而区块链就是搭建信任的桥梁，越是能得到消费者的信任，就越容易增加销量和收益。

想要得到消费者的信任，需要提供更多的产品生产过程等信息，给消费者透明化的信息越多，消费者就越容易判断产品的真假好坏，越能增加消费者对产品的关注，加深消费者对商家品牌的印象，就越能促成消费。优质的雪茄烟叶需要经过遮阴种植、欠熟采收、调制晾制、发酵醇化等生产过程，且雪茄烟叶生产调制涉及产地生态环境、生产资料投入、栽培与调制作业的方式方法、工艺设施设备等，加之生产加工全程参与主体众多，在此背景下，使用数字技术可驱动的雪茄烟透明供应围绕消费者感兴趣的加工调制信息进行在线获取和再加工，通过区块链技术对雪茄生产调制过程的数据进行上链认证，并通过互联网渠道面向消费群体透明化，同时利用虚拟现实等远程互动体验技术，为雪茄爱好者提供在线深度体验，强化品牌认知和产品消费倾向。

11.2.5 烟叶生产作业智能管控平台

构建数据驱动的烟叶生产技术体系，需要系统全面获取烟叶生产和烟叶生长两个维度的信息，聚焦烟叶生产的产量和质量目标，结合各生产作业环节开展信息融合分析、定量决策和精准作业，在多尺度烟叶生产要素动态变化约束下实现预期生产目标。烟叶生产作业智能管控平台是数据驱动烟叶生产技术体系的核心枢纽，用于结合重点烟叶生产场景完成数据汇聚处理与融合分析、自主决策下发及自动化作业控制等。通过该平台，实现数据、算法、软件与农田、农艺、农机装备的深度融合，形成新一代的烟叶数字生产基础设施与操作系统。

目前来看，烟叶生产/生长数据动态精准获取难、生产管控算法模型缺失、关键作业装备自主研发不足、技术体系集成不够等对烟叶生产作业智能管控平台的建设造成困难。

精准获取烟叶生产/生长数据动态、实时掌握农情，是实现烟叶生产智能管控的前提，利用卫星遥感、无人机遥感、无人机植保、物联网等技术与地面观测数据相结合，形成从卫星到地面、从宏观到微观的全方位、实时烟草农情监测系统，为田间管理提供定制化数据监测服务。就需要突破烟叶生产数据动态精准感知、可靠传输与融合分析等关键技术，创制高适用性、高可用性及低成本的设施生产数据获取技术，构建“天—空—地”一体化多尺度烟田农情信息感知技术体系，通过数据获取技术和手段的创新，实现烟田水土气环境、作物个体/群体、生产管控、设施设备工况等多源异构数据精准感知与传输。同时，针对数据存在异常缺失等问题，突破多源异构数据的智能诊断和精准融合分析关键技术。其中针对空气环境（包括温湿度、光照强度、光有效辐射等）、土壤数据（包括温湿度、水分、EC等），利用卡尔曼滤波、最小二乘法等构建烟田环境数据诊断模型，研发环境数据智能检测与诊断系统，实现异常数据实时监测和缺失数据的精准填补。针对光谱、图像、视频等数据，综合机器学习、深度学习等人工智能技术，开展茎秆、烟片、病虫害等表型参数计算研究，构建数据集及表型信息智能诊断算法，实现对植株生理生态参数的精准获取。针对不同设备感知数据类型多样、异构的现实情况，研究数据级和特征级的数据融合算法，构建多传感器数据融合模型，结合植物生长规律和数据特点进行数据校准，实现了多源异构数据智能融合处理与分析决策，为烟叶生产决策提供稳定、精准的数据支撑。

烟叶生产管控算法与模型是生产决策乃至自主生产作业的核心技术。立足于烟叶生长对光照、环境、肥量等变化的响应和需求，探明烟叶生长发育规律及温光水气肥调控机理，获得生产中水肥等因子调控策略，为烟叶生长智能调控提供规律和机理支撑。此外，聚焦烟田生产环境、产质量等关键参数，综合利用ARIMAX等统计学模型、长短期记忆神经网络等深度学习算法，以及粒子群、遗传等群体算法，建立烟田空气温湿度、光照强度、土壤温湿度等关键环境因子动态预测模型，构建精准生产预测预警模型。针对烟叶生长全过程水肥调控依赖种植者经验等，依托机理规律、领域专家和生产者经验，以及长期积累的生产和实验数据，研究构建海量数据驱动的烟叶生长调控模型。

在育苗、整地理墒、打塘覆膜、中耕培土、烟叶采摘等各环节农机作业装备基础上，烟叶生产作业智能管控平台应基于软硬件深度融合协同的理念，通过烟叶生产感知、分析、执行技术持续迭代演进，形成下一代烟叶生产管理操作系统，实现管理流程深度再造和生产场景深度重塑，以及数字技术与管理融合、农机农艺融合。通过持续优化基于“烟田土壤数据—烟株本体数据—气象数据”的烟叶生长模型，研究兼容适应不同地形和生产规模条件的多类型烟叶智能移栽、变量施肥、自动采收等智能装备，根据烟叶产量和烟田养分分布情况自动生产作业处方图并自动作业，提高施肥的科学性、准确性，大幅提高生产效率和烟叶质量，降低劳动强度。针对规模化烟田精准喷药的需求，重点研发高穿透性喷雾技术、超高地隙自走式底盘技术、作业过程机电液中央控制技术等核心技术。基于远程自动控制、智能化自动识别等技术，研究烟田无人驾驶、自动配药、自动规划、自动补药、自动换电的航空喷洒自动值守系统，提升无人机作业效率和精度。

11.3 本章小结

未来智慧烟草农业技术创新的重点，仍然是围绕烟叶生产全过程的数据可靠感知—智能分析应用—自主无人测控与作业来展开。首先是持续突破烟叶生产过程数据获取关键技术，系统研究突破植烟土壤、烟田微环境、烟叶本体的多要素、多尺度传感技术与系统，突破育苗及采烤分收等环节数据获取瓶颈技术。制定智慧烟草农业数据与技术标准体系，研制烟叶生产与烟叶生长双维度数据采集、处理与交互技术标准规范。研究多源异构烟叶大数据融合分析技术，重点突破农情监测关键算法模型瓶颈，研究基于可量化目标产质量的烟区多尺度养分配方区划；采用计算机视觉和深度学习技术，提升基于田间图像采集及专家知识的烟叶病虫害识别模型，研究基于卫星/无人机/车载高光谱技术的烟叶定量遥感反演模型，突破育苗、烘烤、分级、仓储物流等环节大数据智能算法，突破烟叶生产动态管理模型、烟农服务、调度决策核心模型。研究烟叶生产机械化、智能化关键技术及装备，研究熟化烟叶机械化作业质量测控关键技术及产品，研发适用于山地烟田的轻简化动力平台。开展数据驱动农机农艺融合的烟叶育苗、小苗移栽、精准施肥、对靶施药、烟叶采收、智能烘烤、智能仓储等新型作业机具及其智能化提升关键技术研究。开展智慧烟草农业数字技术集成创新与示范，聚焦烤烟重点生产环节提质增效，开展智慧烟草农业技术集成应用示范，围绕雪茄烟智慧生产开展数字技术与智能装备集成示范，实现科技创新引领支撑烟叶数字化转型。

发展智慧烟草农业，就是要让数据作为生产新要素，成为烟草农业生产场景数字重塑的关键变量，驱动生产力大幅提升、生产组织方式变革、资源要素配置优化、经营模式迭代升级。通过数字技术与烟叶产业链融合创新，研究烟叶各生产环节的智能化关键技术与装备，实现关键生产环节的减工降本、提质增效，乃至自主无人作业。

构建烟叶原料智慧供应链，实现数字创新链和产业价值链的相互支撑，实现烟叶供应链投入产出全局最优化，将成为未来智慧烟草农业发展的重要方向。

参考文献

卜清，2007. 基于P87C552单片机的温室大棚环境与滴灌控制系统设计与研究[D]. 南京：南京农业大学.

陈晨，牛莉莉，程玉渊，等，2021. 烟草种植移栽自动化应用研究[J]. 种子科技（22）：135-136.

陈栋，吴保国，刘建成，等，2017. 基于框架表示法的森林经营知识服务系统设计与实现[J]. 浙江农林大学学报，34（3）：491-500.

陈怀亮，王建国，2014. 现代农业气象业务服务实践[M]. 北京：气象出版社.

陈鹏，蒋志清，赵东，等，2010. 不同晾盘及剪叶水平对烤烟漂浮育苗的影响[J]. 现代农业科技（5）：31-32.

陈为，2015. 大数据可视化与可视分析[J]. 金融电子化（11）：62-65.

陈为，罗亚辉，胡文武，等，2014. 智能烟苗剪叶机控制系统的设计[J]. 湖南农业大学学报（自然科学版），40（5）：541-547.

陈文婷，2012. 现代烟草农业发展的SWOT分析和政策选择[D]. 成都：四川省社会科学院.

崔永杰，王明辉，张鑫宇，等，2021. 基于支持向量机回归的营养液调控模型研究[J]. 农业机械学报，52（1）：312-323.

冯景飞，王嘉，李光雷，等，2013. 我国现代烟草农业发展的问题与对策[J]. 湖南农业大学学报（自然科学版），39（S1）：37-41.

顾金梅，吴雪梅，龙曾宇，等，2016. 基于BP神经网络的烟叶颜色自动分级研究[J]. 中国农机化学报，37（4）：110-114.

郭东锋，张福建，张继光，等，2020. 基于云模型的皖南植烟土壤养分适宜性评价[J]. 烟草科技，53（9）：18-24.

郭海华，邹文安，2016. 移动墒情自动测报系统设计的思考[J]. 水利发展研究，16（4）：63-65，72. DOI：10. 13928/j. cnki. wrdr. 2016. 04. 017.

郭平，王可，罗阿理，等，2015. 大数据分析中的计算智能研究现状与展望[J]. 软件学报，26（11）：3010-3025.

韩力群，何为，苏维均，等，2006. 光机电一体化烤烟烟叶图像采集系统的研发[J]. 微计算机信息（7）：228-229，200.

贺智涛，李富欣，姬江涛，等，2016-08-17. 一种基于机器视觉的烟叶分拣机：CN103752531B[P].

胡厚利，2014. 图像处理技术与支持向量机在烟叶分级中的应用研究[D]. 昆明：昆明理工大学.

胡雪琼，2021-07-15. 烤烟气象服务中心“政府+企业+气象”擦亮服务品牌[N]. 中国气象报（2）. DOI：10. 28122/n. cnki. ncqxb. 2021. 000919.

黄浩，李思杭，2019-06-07. 一种烤烟漂浮育苗自动晾盘装置：CN208940489U[P].

黄凯奇，陈晓棠，康运锋，等，2015. 智能视频监控技术综述[J]. 计算机学报，38（6）：1093-1118.

姬江涛，王东洋，刘卫想，等，2015-10-28. 一种可实现间歇匀速输送的烟叶输送装置：CN105000318A[P].

姬少龙，朱二丽，秦伟桦，等，2014. 磁吸滚筒式烟草穴盘播种机的设计[J]. 河南农业大学学报，48（3）：326-329.

贾瑞昌，王志敏，王行，等，2021. 手持式烟苗剪叶机设计与试验[J]. 农机化研究，43（4）：95-98.

姜超英，潘文杰，2001. 烤烟漂浮育苗技术应用效果初探[J]. 耕作与栽培（2）：34-36.

晋春，毛罕平，马国鑫，等，2022. 基于改进遗传算法的温室环境动态优化控制[J]. 江苏大学学报（自然科学版），43（2）：169-177.

荆玲玲，2021. 近代早期美洲烟草文化的欧洲化[J]. 世界历史（2）：72-88，150.

李道亮，2012. 物联网与智慧农业[J]. 农业工程，2（1）：1-7.

李佛琳，2006. 基于光谱的烟草生长与品质监测研究[D]. 南京：南京农业大学. https：//wiki. mbalib. com/wiki/烟叶质量.

李宏彬，王桂铝，谭国治，等，2022-07-15. 一种烟叶自动分级系统：

CN114747793A[P].
李宏光，李勇军，刘春明，等，2011. 烟草漂浮育苗中漂池营养液pH值对根系腐变的影响[J]. 西南农业学报，24（6）：2225-2229.
李建平，冯吉，陈振国，等，2019. 智慧烟叶气象服务平台的设计[J]. 中国农业信息，31（5）：90-97.
李萍萍，夏志军，胡永光，等，2004. 温室黄瓜环境管理智能决策支持系统初探[J]. 江苏大学学报（自然科学版），25（1）：5-8.
李士静，潘羲，陈熙卓，等，2021. 基于高光谱信息的烟叶分级方法比较[J]. 烟草科技，54（10）：82-91.
李婷，王兴，卫玲芝，等，2022. 烟叶自动分离及智能定级分拣系统的研究[J]. 计算机测量与控制，30（6）：157-162.
李伟，金梁，杜丽，2022. 基于灰熵关联分析的温室智能调控系统研究[J]. 灌溉排水学报，41（1）：57-61，71.
李向阳，于建军，刘国顺，2008. 利用光谱反射率预测烤烟叶片烟碱含量[J]. 农业工程学报（8）：169-173.
李小兰，孙建生，梁伟，2008. 构建卷烟工业烟叶原料质量保障体系的思考[J]. 广东农业科学（11）：142-144.
李彰，马京民，王行，等，2003. 烤烟大棚漂浮育苗[J]. 烟草科技（12）：39-42.
梁凤国，高香凯，牟保全，2002. 辽宁省土壤墒情测报与抗旱决策支持系统初步设计[J]. 东北水利水电（12）：3-4，55.
梁罗希，2016. 基于大数据的实时决策支持系统研究[D]. 西安：西北大学.
林霖，2010. 现代烟叶农业内涵和体系构建的理论探讨[J]. 农业经济（9）：46-47.
林涛，于海燕，应义斌，2008. 可见/近红外光谱技术在液态食品检测中的应用研究进展[J]. 光谱学与光谱分析（2）：285-290.
刘国顺，李朋彦，丁松爽，等，2018. 物联网概述及其在烟草农业中的应用展望[J]. 中国烟草学报，24（4）：107-114.
刘建廷，2016. 智能烟苗剪叶机的优化设计[D]. 长沙：湖南农业大学.
刘峤，李杨，段宏，等，2016. 知识图谱构建技术综述[J]. 计算机研究与发展，53（3）：582-600.
刘双印，徐龙琴，李道亮，等，2012. 基于蚁群优化最小二乘支持向量回归机的河蟹养殖溶解氧预测模型[J]. 农业工程学报，28（23）：167-175.
刘思宇，2021. 基于ARM的烟叶分级系统的研究与设计[D]. 郑州：华北水利水电大学.
罗玲，罗淳，乔召旗，等，2015. 云南现代烟草农业发展分析[J]. 生态经济，31（1）：130-134.
罗昕，胡斌，黄力栎，等，2010. 气吸式穴盘育苗精量播种机的设计与试验[J]. 农机化研究，32（11）：130-132，140.
马光近，徐敏，尧芳，等，2018. 我国现代烟草农业关键技术研究进展[J]. 现代农业科技（18）：12-15.
毛国君，胡殿军，谢松燕，2017. 基于分布式数据流的大数据分类模型和算法[J]. 计算机学报（1）：161-175.
宁旺云，冯柱安，庄宝玉，等，2012. 2B-P-10漂浮育苗装盘播种机的设计[J]. 农机化研究，34（6）：89-92.
牛文娟，2010. 基于图像处理的烟叶分级研究[D]. 郑州：郑州大学.
潘冉冉，骆一凡，王昌，等，2017. 高光谱成像的油菜和杂草分类方法[J]. 光谱学与光谱分析，37（11）：3567-3572.
蒲勇霖，于炯，王跃飞，等，2017. 大数据流式计算环境下的阈值调控节能策略[J]. 计算机应用，37（6）：1580-1586.
秦贵，封俊，曾爱军，2000. 国内外烟草田间生产机械化[C] //中国农业机械学会种植机械学术研讨会论文集. 北京：中国农业机械学会：1-5.
瞿晓东，张鹏，张柳，等，2016. 不同移栽时间对烤烟发育和生理代谢的影响[J]. 云南农业大学学报（自然科学），31（3）：478-488.
申振宇，申金媛，刘剑君，等，2012. 基于神经网络的特征分析在烟叶分级中的应用[J]. 计算机与数字工程，40（7）：122-124.
时向东，孙军伟，谢晓波，等，2008. 烟草漂浮育苗基质研究进展[J]. 中国烟草科学（5）：64-68.
宋东方，姬虹，李保谦，等，2020. 烟草精量穴盘播种机的设计与试验[J]. 农机化研究，42（12）：107-111.

宋炜，张志秀，钱昊，等，2020. 江苏省墒情自动监测系统的设计与应用[J]. 中国防汛抗旱，30（3）：27-31. DOI：10. 16867/j. issn. 1673-9264. 2019007.

宋裕民，胡敦俊，2002. 工厂化育苗精量播种装置的试验研究[J]. 山东工程学院学报，16（3）：48-52.

孙大为，张广艳，郑纬民，2014. 大数据流式计算：关键技术及系统实例[J]. 软件学报，25（4）：839-862.

孙想，冯臣，吴华瑞，2008. 基于语义Web的农业生产知识集成技术[J]. 农业工程学报（s2）：186-190.

孙延国，梁晓芳，许倩，等，2016. 移栽期对NC55叶片发生进程模拟模型建立[J]. 中国烟草科学，37（2）：47-53.

孙忠富，仝乘风，夏满强，等，2001. 温室番茄生产实时在线辅助决策支持系统的研制[J]. 农业工程学报，17（4）：75-78.

汪清泽，杨兴有，靳冬梅，2012. 烟草漂浮育苗不同光环境下炼苗效果比较[J]. 安徽农业科学，40（16）：8858-8859，8862.

汪庆平，黎其万，董宝生，等，2009. 近红外光谱法快速测定山核桃品质性状的研究[J]. 西南农业学报，22（3）：873-875.

王成，李民赞，王丽丽，等，2008. 基于数据仓库和数据挖掘技术的温室决策支持系统[J]. 农业工程学报（11）：169-171.

王多加，周向阳，金同铭，等，2004. 近红外光谱检测技术在农业和食品分析上的应用[J]. 光谱学与光谱分析（4）：447-450.

王戈，丁冉，徐玮杰，等，2019. 计算机视觉和智能识别技术在烤烟烟叶分级中的应用[J]. 计算机与应用化学，36（5）：548-553. DOI：10. 16866/j. com. app. chem201905023.

王金玲，2011. 农业设施中湿度、二氧化碳及温度的调控[J]. 养殖技术顾问（6）：267.

王龙飞，2014. 气力滚筒式烟草穴盘播种机的设计研究[D]. 郑州：河南农业大学.

王明辉，2021. 设施栽培营养液自动调控系统设计与研究[D]. 杨凌：西北农林科技大学.

王世沛，温圣贤，2012. 烟叶主要化学成分与品质关系概述[J]. 作物研究，26（B11）：3.
王晓磊，2019. 现代烟草农业机械化技术体系构建策略分析[J]. 现代农业研究（7）：31-32.
王艺焜，祖庆学，聂忠扬，等，2022. 一种烤烟漂浮育苗抽水式晾盘装置的研发与应用[J]. 农业开发与装备（1）：142-144.
魏铁建，张绍卿，2015. 2YCB气吸式烟草装盘播种机的设计[J]. 中国农机化学报，36（5）：5-8.
魏兴，祝诗平，黄华，等，2016. 基于ZigBee的烟草育苗大棚群环境参数无线监测系统设计[J]. 江苏农业科学，44（2）：414-417.
吴华瑞，张凤霞，赵春江，2008. 一种多重最小支持度关联规则挖掘算法[J]. 哈尔滨工业大学学报，40（9）：1447-1451.
伍德林，毛罕平，李萍萍，2007. 基于经济最优目标的温室环境控制策略[J]. 农业机械学报（2）：115-119.
肖凤春，2009. 龙岩市现代烟草农业发展研究[D]. 福州：福建农林科技大学.
肖翔太，2017. 光照调控对烟草漂浮育苗效果影响的研究[D]. 泰安：山东农业大学.
谢友柏，2017. 基于互联网的设计知识服务研究——分析中国工程科技知识中心（CKCEST）的功能[J]. 中国机械工程，28（6）：631-641.
杨宝祝，赵春江，李爱平，等，2002. 网络化、构件化农业专家系统开发平台（PAID）的研究与应用[J]. 高技术通讯，12（3）：5-9.
杨茹芬，2020. 烟叶膜下小苗移栽技术研究[J]. 南方农机，51（12）：59，95.
杨绍辉，杨卫中，王一鸣，2010. 土壤墒情信息采集与远程监测系统[J]. 农业机械学报，41（9）：173-177.
姚学练，贺福强，平安，等，2018. 基于PCA-GA-SVM的烟叶分级方法[J]. 烟草科技，51（12）：98-105.
云南省烟草科学研究所，2007. 云南烟草栽培学[M]. 北京：科学出版社.
张弛，张晓东，王登位，等，2016. 基于组件库的生鲜农产品冷链物流云服务系统设计与实现[J]. 农业工程学报，32（12）：273-279.

张传斌，吴亚萍，2012. 烟草装盘播种机用精量穴播排种器的试验研究[J]. 农机化研究，34（10）：161-164，168.
张锦中，朱学杰，赵虎，等，2016. 烟叶育苗大数据综合管理系统的开发与应用[J]. 科技创新与应用（28）：95.
张亮，毛罕平，马淑英，等，2007. 国内温室营养液供给系统的现状研究[J]. 农机化研究（3）：223-224.
张晓龙，2016. 烟草移栽施肥机的设计与试验研究[D]. 合肥：安徽农业大学.
张永辉，郭士平，罗定棋，等，2011. 高海拔地区晾盘对烤烟漂浮育苗的影响[J]. 现代农业科技（19）：67-68.
章英，贺立源，2011. 基于近红外光谱的烤烟烟叶自动分组方法[J]. 农业工程学报，27（4）：350-354.
赵明，杜亚茹，杜会芳，等，2016. 植物领域知识图谱构建中本体非分类关系提取方法[J]. 农业机械学报，47（9）：278-284.
赵艳，2019. 现代烟草农业发展对策思考[J]. 南方农业，13（3）：139-140.
周婧宇，2019. 基于特征叶长的营养液调控系统研究[D]. 镇江：江苏大学.
周长吉，曹干，1997. 工厂化穴盘育苗技术在我国的发展[J]. 农业工程学报（A00）：102-107.
朱丙坤，徐立鸿，胡海根，等，2011. 基于节能偏好的冲突多目标相容温室环境控制[J]. 系统仿真学报，23（1）：95-99.
朱波，2015. 留叶数对重庆烟田微生态环境及烟叶品质的影响[D]. 郑州：河南农业大学.
朱德兰，涂泓滨，王瑞心，等，2022. 基于分段多区间的温室夏季温湿度智能控制策略[J]. 农业机械学报，53（9）：334-341.
朱庆，付萧，2017. 多模态时空大数据可视分析方法综述[J]. 测绘学报，46（10）：1672-1677.
邹春辉，陈怀亮，薛龙琴，等，2005. 基于遥感与GIS集成的土壤墒情监测服务系统[J]. 气象科技（S1）：161-164，180. DOI：10. 19517/j. 1671-6345. 2005. s1. 037.
邹振宇，叶进，杨仕，等，2016. 新型烟苗剪叶机设计研究[J]. 西南师范大学学报（自然科学版），41（4）：101-108.

AASLYNG J M, LUND J B, EHLER N, et al., 2003. IntelliGrow: a greenhouse component-based climate control system[J]. Environmental Modelling and Software, 18（7）: 657-666.

CASTELLANO G, FANELLI AM, 2000. Variable selection using neural-network models [J]. Neurocomputing, 31（1）: 1-13.

CLIFF M, LI J, TOIVONEN P, 2012. Effects of nutrient solution electrical conductivity on the compositional and sensory characteristics of greenhouse tomato fruit [J]. Postharvest Biology and Technology, 74（3）: 132-140.

FANGFANG JIA, GUOSHUN LIU, DIANSAN LIU, et al., 2013. Comparison of different methods for estimating nitrogen concentration in flue-cured tobacco leaves based on hyperspectral reflectance[J]. Field Crops Research, 150: 108-114.

FANGFANG JIA, GUOSHUN LIU, SONGSHUANG DING, et al., 2013. Using leaf spectral reflectance to monitor the effects of shading on nicotine content in tobacco leaves[J]. Industrial Crops & Products, 51: 444-452.

FANGFANG JIA, SHUANG HAN, DONG CHANG, et al., 2020. Monitoring Flue-Cured Tobacco Leaf Chlorophyll Content under Different Light Qualities by Hyperspectral Reflectance[J]. American Journal of Plant Sciences, 11（8）: 1217-1234.

JAMES M TIEN, 2013. Big Data: Unleashing information[J]. Systems Science and Systems Engineering, 22（2）: 127-151.

MARK PURDY, PAUL DAUGHERTY, 2017. How AI Boosts Industry Profits and Innovation[R]. Accenture & Frontier Economics.

MARSH L S, ALBRIGHT L D, 1991. Economically optimum day temperatures for greenhouse hydroponic lettuce production. I. A computermodel & Ⅱ: results and simulations [J]. Transactions of the Asae, 34（2）: 557-562.

MASUD M, GAO J, KHAN L, et al., 2008. A practical approach to classify evolving data streams: Training with limited amount of labeled data[C]//Proceedings of the IEEE International Conference on Data Mining

（ICDM）. Pisa，Italy：929–934.

MORRIS，BENNIE A，1977-04-19. Apparatus for automatically grading leaf tobacco：US05/527362[P].

SEGINER I，HWANG Y，BOULARD T，et al.，1996. Mimicking an Expert Greenhouse Grower with a Neural-net Policy[J]. Transactions of the ASAE，39（1）：299–306.

VS-STAR，2010. A visual interpretation system for visual surveillance[J]. Pattern recognition letters，31（14）：2265–2285.

WANG K，ZHOU Z，LIAO J，et al.，2015. The Application of High Resolution SAR in Mountain Area of Karst Tobacco Leaf Area Index Estimation Model[J]. Journal of Coastal Research，73：415–419.

ZHANG Z，MA X，LIU G，et al.，2012. Hyperspectral estimating models of tobacco leaf area index[J]. African journal of agricultural research，32（1）：289–295.

ZHUANG YUETING，WU FEI，CHEN CHUN，et al.，2017. Challenges and Opportunities：From Big Data to Knowledge in AI 2. 0[J]. Frontiers of Information Technology and Electronic Engineering，18（1）：3–14.